JN335097

Arduino実験キットで楽ちんマイコン開発

Rapid prototyping with Arduino compatible starter kits "Kacha-duino"

中尾 司 著

**ミニ・モジュールを
ブレッドボードに挿して
Let'sプログラミング!**

マイコン活用シリーズ

CQ出版社

はじめに

　現在，Arduinoはコンピュータらしい使い方，たとえばデータ収集やモータの制御などに多く使われています．その開発のしやすさから，コンピュータの専門でない利用者も急速に増えていて，様々なLEDの点灯や音楽用途などにも使われています．

　そして，いろいろなArduino，Arduino互換機が発売されています．また，I/Oを拡張するために使われる多様なシールドと呼ばれる基板も販売されています．

　最近ではArduino MEGAという，より高性能，大規模なマイコン・ボードも一般的になっていますが，従来型のArduinoもまだまだ捨てたものではありません．

　市販のシールドは，学習や実験で使う場合には多機能なのはよいのですが，組み込み機器など，特定の用途で使用する場合は，機能が過剰になったり，逆に不足したりと，なかなかぴったりのものは見つからないと思います．

　シールドによっては複数のものをスタックして複合で使えるものもあると思いますが，それぞれのシールドの一部の機能を使うために複数のものを組み合わせるのも不経済です．

　そうなると，やはり周辺回路（シールドに相当するもの）は自分で作りたくなるでしょう．

　本書で使用している自作Arduino互換機は，Arduinoに周辺回路（シールドなど）を付けるのではなく，周辺回路の中にArduinoを一部品として組み込むというコンセプトで設計してあります．第1章でも詳し

オリジナル・ボード

自作Arduino互換機．開発時は上側ボードを下側のボード上に重ねて使う．下側のボード単体でもアプリケーションは動く

電源アダプタ・ボード

SDカード・ボード

スイッチ・ボード

7セグメントLEDボード

CANボード

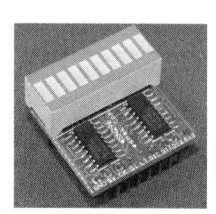

バーLEDボード

く説明しますが，同様のコンセプトで作られた製品にArduino MiniやNanoがあります．

　本書では，何個かのArduino（互換機）を組み合わせた製作例も掲載していますが，そういうとき，コンパクトで安価な互換機が真価を発揮できます．もちろん，標準機であるArduino Unoを使っても同様の工作をすることはできます．

　これらのボードを使う最大のメリットは，ほとんどをブレッドボード上に，はんだ付けなしで組み立てて，実験や試作をすることができることです．つまり，数か所のはんだ付けでさえ手間がかかり，検証も確実に行わないと動かないことも多くあります．そういう時間は，本書で紹介しているボードを組み合わせることで，短くできます．

　本書は，第1章から第3章までが，Aruduino互換機を含む個々のボードの説明です．第4章以降は，それらのボードを組み合わせた応用事例を説明しています．市販のセンサ・ボードなどを組み合わせることで，もっといろいろな応用も考えられます．ぜひ，本書を活用しながら，素早く，そして役立つコンピュータの応用機器を作ってください．

　本書は執筆開始から完成まで2年ぐらいかかってしまい，途中で内容を加えたような個所もあり，章の配分がいびつになってしまいました．そういうこともあり，関係各位にはいろいろお世話になりましたが，無事出版することができました．最後になりましたが，CQ出版（株）の吉田伸三殿並びに関係各位にお礼申し上げます．

2013年2月　中尾 司

応用事例

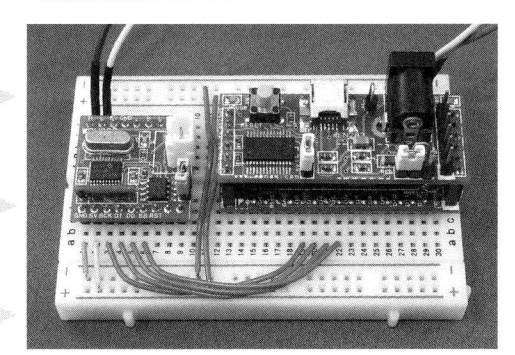

CANを利用した遠隔測定

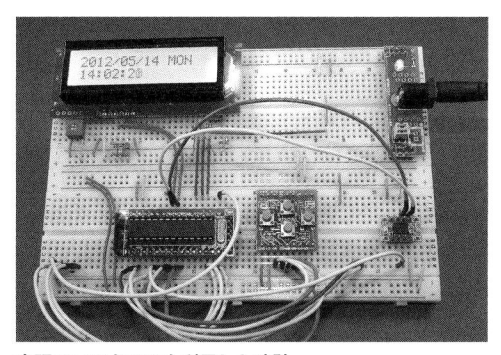

市販のLCDとRTCを利用した時計

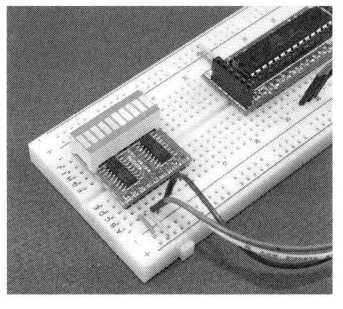

電源と3本の信号線だけの配線で使えるバーLED

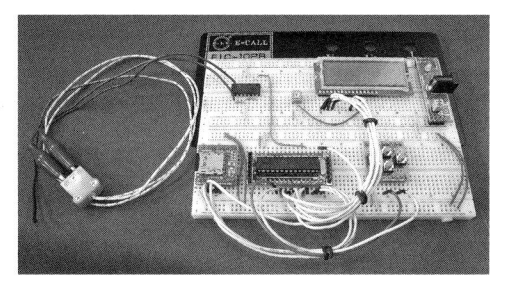

熱電対を使った温度測定と記録

CONTENTS

はじめに ………………………………………………………………………………… 2

組み込み用に使いやすいArduinoを作って使う
[第1章] Arduinoと本書で用いるArduino互換機 …………… 8
- 1-0　Arduinoにはいろいろな形状，種類がある ……………………………… 9
- 1-1　本書で用いるArduino互換機 ……………………………………………… 12
- 1-2　スケッチブックの準備 ……………………………………………………… 15
- 1-3　Arduino IDEの使用法 ……………………………………………………… 17
- 1-4　Arduinoで特徴的なプログラムの構造 …………………………………… 19
- 1-5　ブレッドボード用アダプタ基板 …………………………………………… 22
- 1-6　ブレッドボードについて …………………………………………………… 24
- 1-7　Arduino互換機の回路 ……………………………………………………… 25
- Column…1-1　配線に使うジャンパ・ワイヤについて …………………………… 11

入出力デバイスの使い方を覚える
[第2章] Arduinoの基本的な動作の確認 …………………………… 28
- 2-1　Arduinoのもつ標準機能の確認 …………………………………………… 28
- 2-2　PCと簡単に通信できるシリアル通信 …………………………………… 29
- 2-3　一番ベーシックな制御として…LEDの制御，PWM制御 ……………… 30
- 2-4　A-Dコンバータの利用 ……………………………………………………… 33
- 2-5　7セグメントLEDのしくみ ………………………………………………… 35
- 2-6　7セグメントLEDのダイナミック・ドライブ方法 ……………………… 37
- 2-7　4桁7セグメントLEDを使う ……………………………………………… 39
- 2-8　4桁7セグメントLED用ライブラリ ……………………………………… 43
- 2-9　Wire（I^2C）ライブラリの使い方 ………………………………………… 47
- 2-10　I^2C EEPROMの読み書き ………………………………………………… 51
- 2-11　Wireを使ったI^2Cスレーブの使い方 …………………………………… 55
- 2-12　2セットのArduino間でI^2C通信をする ………………………………… 57

- 2-13　I²C通信＋シリアル通信でPCにデータを送る……………………………………… 61
- 2-14　LiquidCrystalライブラリを使ったLCD（液晶表示器）…………………………… 63
- 2-15　I²C＋LCDを組み合わせた応用例 ………………………………………………… 65
- 2-16　インターバル・タイマ・オブジェクトwCtcTimer2A……………………………… 66
- Column…2-1　AVRマイコンのレジスタをちょっとだけ知る …………………………… 44

簡単なI/OからCANなどの機能モジュールまで

［第3章］製作したブレッドボード用アダプタ基板と使い方 ……… 70

- 3-1　アダプタ基板…スイッチ・ボード …………………………………………………… 70
- 3-2　スイッチ・ボードのサンプル・プログラム ………………………………………… 71
- 3-3　アダプタ基板…バーLEDボード ……………………………………………………… 74
- 3-4　バーLEDボードのサンプル・プログラム …………………………………………… 76
- 3-5　アダプタ基板…4桁7セグメントLEDボード ……………………………………… 78
- 3-6　4桁7セグメントLEDボードのサンプル・プログラム …………………………… 79
- 3-7　アダプタ基板…SDカード・ボード ………………………………………………… 82
- 3-8　SDカードのリード/ライト・サンプル・プログラム ……………………………… 84
- 3-9　アダプタ基板…CANボード …………………………………………………………… 86
- 3-10　CAN用ライブラリwCan2515 ………………………………………………………… 90
- 3-11　CAN用ライブラリwCan2515の使用法 ……………………………………………… 93
- 3-12　CAN通信の実験 ………………………………………………………………………… 94
- 3-13　CAN通信実験のプログラム …………………………………………………………… 96
- 3-14　SPIライブラリを使ったSPI通信の実例 …………………………………………… 100
- Column…3-1　CANコントローラMCP2515 ………………………………………………… 87
- Column…3-2　CANについて ………………………………………………………………… 88
- Column…3-3　SPIのデータ・モード ……………………………………………………… 103

応用事例

応用事例：スイッチ・ボード＋LCD表示器

［第4章］32時間制アラーム・クロック ……………………… 108

- 4-1　32時間制アラーム・クロックの機能と仕様 ………………………………………… 108

4-2	32時間制アラーム・クロックの製作	110
4-3	32時間制アラーム・クロックのプログラミング	112
Column…4-1	クリスタルの精度	119

応用事例：SDカード＋LCD表示器＋スイッチ・ボード＋電源ライン連結バー

[第5章] 熱電対を使った温度測定と記録 … 121

5-1	温度測定装置の機能と使用部品	121
5-2	温度測定装置の製作	124
5-3	温度測定装置のプログラミング	126
Column…5-1	使用したK型熱電対	122
Column…5-2	熱電対アンプAD595	123
Column…5-3	アナログ温度センサLM60について	127

応用事例：CANコントローラを2セット

[第6章] CANを利用した温度の遠隔測定 … 130

6-1	温度の遠隔測定装置の機能と構成	130
6-2	温度の遠隔測定装置の製作	132
6-3	温度の遠隔測定装置のプログラミング	137
Column…6-1	SPI制御の熱電対コンバータ・モジュールの利用	141

応用事例：7セグメントLED＋LCD表示器＋リアルタイム・クロックRTC-8564

[第7章] デバイスのI^{2}C化を推進 … 144

7-1	I^{2}C制御4桁7セグメントLEDの製作	144
7-2	I^{2}C制御LCDの製作	152
7-3	40文字×4行LCDの制御	158
7-4	40文字×4行LCDのI^{2}C化	163
7-5	I^{2}CインターフェースLCD ACM1602の使い方	165
7-6	用意したI^{2}Cデバイス用ライブラリ	168
7-7	I^{2}Cデバイスを組み合わせた応用例…ディジタル時計	181
Column…7-1	オブジェクト指向言語の用語	160
Column…7-2	マイコン回路の電源電圧	168
Column…7-3	リアルタイム・クロックRTC-8564の特徴	177
Column…7-4	BCDコードとは	179

Column…**7-5**	割り込みとポーリング	183
Column…**7-6**	製作した小物アダプタの基板	190

応用事例：LCD表示器＋SDカード＋LEDアレイ・ボード

[第8章] ログ機能付き放電器の製作 ……… 192

8-1	放電器の機能と仕様	192
8-2	放電器の製作	194
8-3	放電器のプログラミング	198
Column…**8-1**	電池容量 'C' について	194

Appendix A	各種Arduinoの大きさ比較	202
Appendix B	Arduino IDEバージョン1.0.1の画面周り	203
Appendix C	基板製作までの手順	205
Appendix D	アダプタ基板の回路図	213
Appendix E	アダプタ基板を含むパーツ・ギャラリ	218
Appendix F	自作ライブラリ一覧	220

索引	221
参考・引用＊文献	223
著者略歴	224

[第1章] 組み込み用に使いやすいArduinoを作って使う
Arduinoと本書で用いるArduino互換機

　Arduinoは"Creative Commons Attribution Share-Alike 2.5"という，オープン・ハードウェアのライセンスのもとで資料などが無償で公開されているハードウェアです．

　PCと通信するためのシリアル通信回路と，マイコン，クリスタルなど簡単な回路で構成されているので，公開情報から自作することも比較的容易です．

　本書では，筆者が製作したArduinoの互換機を使用し，それを中心にブレッドボード[*1]用の小型基板などを組み合わせて実験していきます．

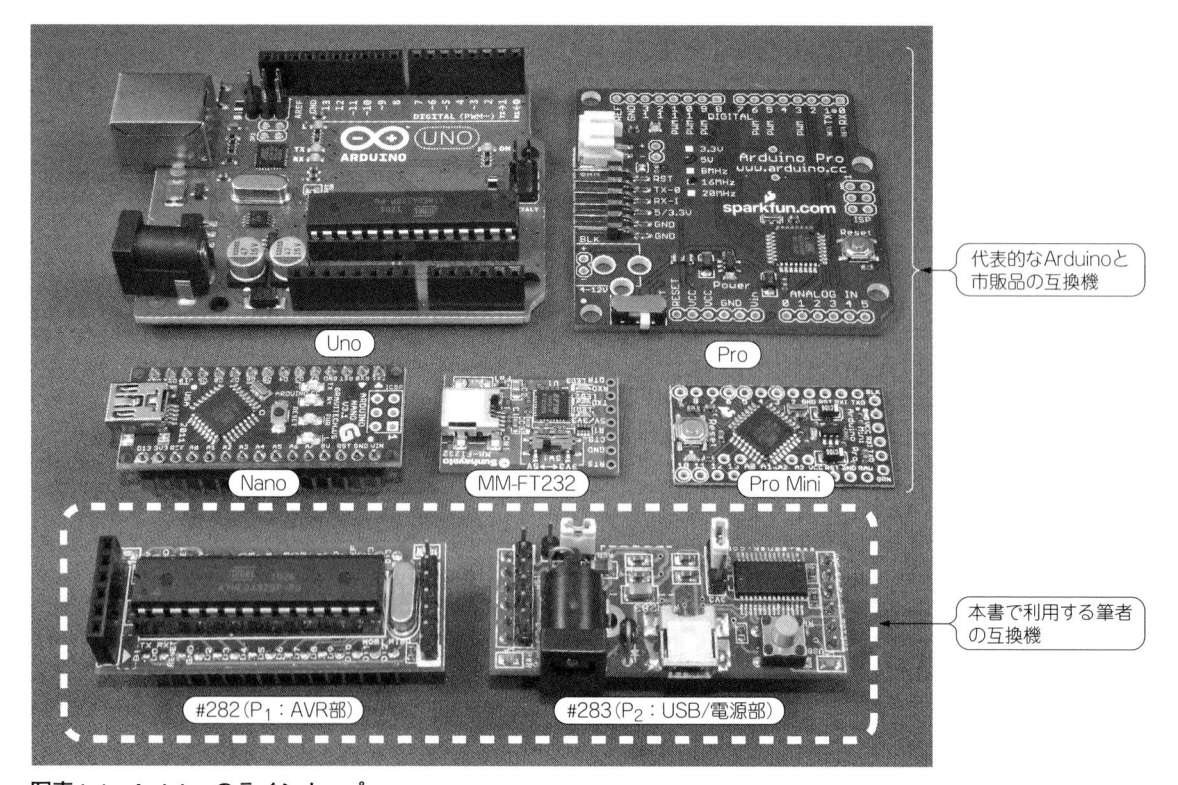

写真1-1　Arduinoのラインナップ
現在入手できるおもなArduinoと筆者製作の互換機（#282，#283）の外観．MM-FT232はProまたはPro Miniに接続できるUSB-シリアル変換ボード．

（*1）ソルダーレス・ブレッドボードとも呼ばれる．

Arduinoに搭載されているマイコンにはブートローダと呼ばれるプログラム（後述）が搭載されていて，PCにインストールした開発環境であるArduino IDEからの操作によって，USB経由でプログラムをアップロードすると即プログラムを実行できます．

ArduinoにはATMEL社のAVRという8ビットのマイクロプロセッサが使用されていますが，このブートローダのおかげで，AVRライタ（プログラマ）などのツールは一切不要です．

まずはこの章で，Arduino互換機と，Arduino IDEの使用法などについて説明します．

1-0　Arduinoにはいろいろな形状，種類がある

最初に，市販のArduinoと自作Arduino互換機の特徴や違いなどについて説明します．

● 各種Arduinoの特徴を比較

一般的に，ブレッドボードで試作する場合や，機器に組み込む場合は小型のものが適しています．まずは選定時の参考になるように，現在販売されているポピュラなArduinoと本書でメインに使用している互換機を比較してみます．

表1-1にArduinoのおもな仕様の対比表を示します．大きさ，形状に関しては，Appendix Aに対比図を掲載してあるので，そちらを参照してください．

現在発売されているおもなArduinoのラインナップを写真1-1に示します．

機能を拡張するために使われる市販のシールドを直結して使用するには，Arduino Duemilanove（2009）

表1-1　Arduinoのおもなモデルの仕様比較

	本書で利用する互換機（P1, P2）	Nano	Pro Mini	Pro	Uno/Duemilanove
基板外形（突起含まず）	50×25mm	43×18mm	33×18mm	52×53mm	69×53mm
USB-シリアル変換	FT232RL（#283併用）	FT232RL	なし（別基板）	なし（別基板）	AVR/FT232RL
AVRの外形	DIP	QFP	QFP	QFP	DIP
AVRの交換	○	×	×	×	○
電源電圧［V］	3.3/5	5	3.3/5[※1]	3.3/5[※1]	5
クロック［MHz］	8/16（クリスタル交換）	16	8/16 専用ボード[※1]	8/16 専用ボード[※1]	16
USB回路分離	○	×	×	×	×
ブレッドボード直接実装	○	○	○（A4, A5除く）	×	×
市販シールド使用	×	×	×	○	○
DCジャックより電源供給	○（#283併用）	×	×	○	○
電源レギュレータ	○（#283併用）	○	○	○	○
参考価格［円］[※2]	1200（#282）	4200	1900	2000	2800/−
USB-シリアル・ボード価格［円］[※2]	1700（#283）	−	2000[※3]	2000[※3]	−

（※1）5V/16MHz版，3.3V/8MHz版として別々の製品として販売されている．
（※2）参考価格は販売店や為替レートなどにより変わる．執筆時の価格．
（※3）サンハヤト MM-FT232を想定．
† ピン・ヘッダやピン・ソケットは付属していないものもあるので注意．Pro Mini，Proの価格はピン・ヘッダ，ソケット付属なしのもの．
† Duemilanoveは現在製造されていない．
† #283などの番号は筆者の製作したボードの管理番号．

やArduino Uno，Arduino Proを使う必要があります．現在，Duemilanove（Duemilanove：Unoの前に出ていた標準機）は製造されていないようなので，新しく購入する場合はUnoになります．両者の違いは，DuemilanoveがUSB-シリアル変換ICにFT232（FTDI社のもっとも一般的な変換IC）を使っているか，USB内蔵AVR（Uno）を使っているかです．ドライバのインストール時やArduino IDEの設定時に違いはあるものの，通常のアプリケーションでは同じように使用できます．

Arduinoでブレッドボードに直接実装できるのはNanoとPro，Miniだけですが，MiniはA$_4$，A$_5$［I^{2}C（周辺デバイスをつなぐときに使われるシリアル通信の規格の一つ）］のSDAとSCLのピンが特殊な位置にあるため，その両ピンを使う場合は，ブレッドボードに直結はできません．ただ，ジャンパ・ワイヤ（ブレッドボードの配線に適した電線．コラム1-1参照）などを使って信号線を引き出すことはできます．

● **自作Arduino互換機を使用するときの利点**

Nanoはコンパクトな形状をしており，ブレッドボードなどへの実装上の問題はありませんが，少々高価なのが難点です．

機器に組み込む際，小規模回路の場合はNano側から電源を供給するという方法もあります．ただ，サーボ・モータなど大きな電力を使う用途では，オンボード・レギュレータでは力不足で，外部電源が必要になる場合もあります．

そうなるとオンボード・レギュレータは無駄になります．NanoにはUSBのインターフェース回路が搭載されていますが，同様にUSBを使わないとか，RS-232C（マイコンとPCでよく使われるシリアル通信の規格）で使いたいという場合はかえって邪魔になります．

組み込み関連の現場では，サブコントローラとして複数のArduinoを使う場合も想定されますが，その場合は特にコストが全然違ってきます．

そこで，筆者製作のArduino互換機は，AVR部分とレギュレータ，USB回路を分離して別基板にまとめ，必要に応じて合体，分離できるようにしました．回路図は章末に掲載しました．

AVR部はAVRとクリスタル（水晶発振子）やLEDなどが載った単純な構造になっているため，安価に製作できます．

● **Arduino互換機とNanoの比較**

図**1-1**に自作Arduino互換機（#282…この番号は筆者のボード名）とNanoの外形の比較図を示します．

Arduino互換機（#282）のほうが一回り大きいですが，ピン配列はほぼNanoと互換性があるため，USB/レギュレータ回路が分離できるNanoもどきとして使用できます．合体した状態ではArduino

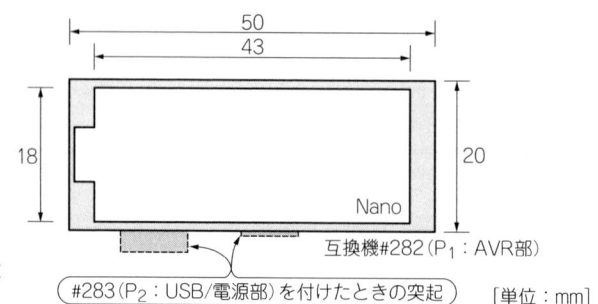

図1-1
互換機とNanoの寸法比較
自作互換機とNanoを同一縮尺で重ねた図（記載サイズは突起含まず）．

互換機#282（P$_1$：AVR部）

#283（P$_2$：USB/電源部）を付けたときの突起

［単位：mm］

Duemilanove（2009）相当になります．

　互換機（#282）ではAVRにDIP（Dual In-line Package．ソケットを使って抜き差しができるパッケージ）ICを使用しているため，極端な話，開発が終わったあとにAVRだけ取り外して組み込み機器に実装するということも可能です．また，フィールドでプログラムの変更が必要になったときに，IC交換だけでアップデートすることもできます．QFP（Quad Flat Package．MiniやNanoのように少ない実装面積用）のAVRで作らなかったのはそういう理由もあります．

Column…1-1　配線に使うジャンパ・ワイヤについて

　単線（対する言葉は撚線）の少し太めのワイヤがあれば，ジャンパとして使用できます．ブレッドボードとセットで販売されているものもあります．**写真1-A**は単線タイプのワイヤです．短距離で被覆（絶縁するため）が不要ならメッキ線や抵抗器などのリード線の切れ端も使用できます．

　少し高級になると，**写真1-B**のようにより線の柔らかいケーブルにピンが接続されたものもあります．**写真1-C**のように，片側または両側がソケットとなったものもあります．

　単ピンのソケットはPCのマザーボードへバラ線（互いに切り離された状態）を接続するのに昔からよく使われているので，こういうソケットが安価に販売されていないか，かなり前から探していたのですが，安価なものが見つからずになかなか使えませんでした．しかし，現在では比較的安価に入手できるようになり，なくてはならないものになっています．

　このソケット・タイプを使うと，本家Arduinoの拡張ピンやピン・ヘッダに直接リード線を接続できるので，ブレッドボードと組み合わせて使うのも容易になります．また，ナイロン・コネクタのピンに直接接続することもできるため，仮配線で接続したいときなど大変重宝しています．

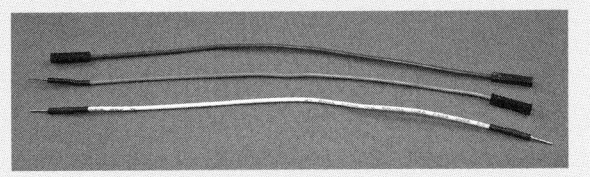

写真1-B　ジャンパ・ワイヤ3種
撚線の両端にピンやソケットを取り付けた比較的長いタイプのジャンパ・ワイヤ．ピン，ソケットの組み合わせで3種類ある．長さは10～15cm程度のものが市販されている．

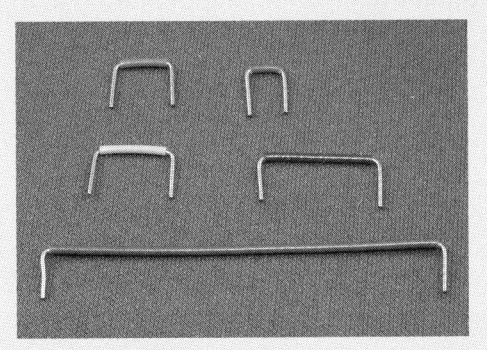

写真1-A　市販のジャンパ
ブレッドボードとセットで販売されている，単線の被覆電線を利用したジャンパ．短いものは被覆部分の色で長さが判別できるようになっている．長さは0.1インチ（ブレッドボードの穴間隔の1ピッチ）単位．この色は，赤の場合は2ピッチ，黄の場合は4ピッチというように抵抗器のカラーコードにあわせてある．

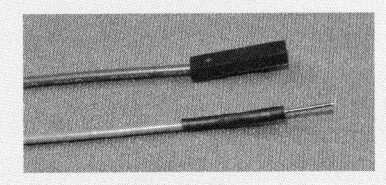

写真1-C　ピン，ソケット部分
ジャンパ・ワイヤのピン，ソケット部分の拡大写真．ソケットはPCのマザーボードなどでよく利用されている，1Pのピン・ソケットが流用されていると思われる．このソケットは標準的なピン・ヘッダに接続できる．2.45～2.5mmピッチの一般的なナイロン・コネクタにも直接接続が可能で，コネクタに仮配線するときに重宝している．

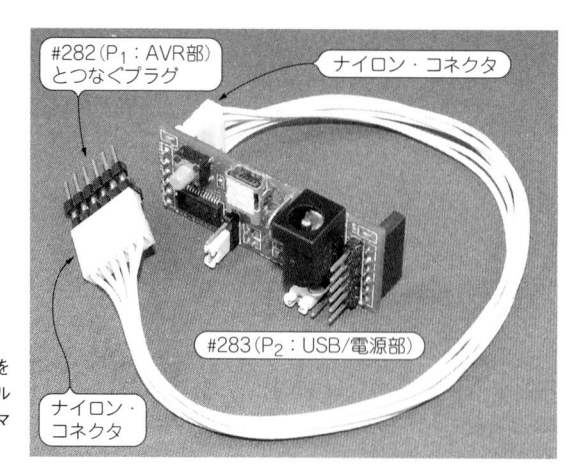

写真1-2
延長ケーブル
互換機のAVR部とUSB/電源部を延長して接続するためのケーブルの製作例。#283をISPプログラマ的に使用できる．

画像中のラベル：
- #282（P₁：AVR部）とつなぐプラグ
- ナイロン・コネクタ
- #283（P₂：USB/電源部）
- ナイロン・コネクタ

　本書の製作例ではUSB部分を使わない組み込み機器的なもの，また複数のArduino（互換機）を使うものが多いため，1個の#283（P₂：USB/電源部）ボードを使い回しして，#282（P₁：AVR部）ボードだけ複数用意すれば，かなりコストダウンができます．

　なお，互換機のAVR部（#282）と同USB/電源部（#283）はスタック（積み重ねる）して直結できますが，**写真1-2**のように6Pのナイロン・コネクタとピン・ヘッダで延長ケーブルを製作してワイヤ結線し，ISP（In-System Programing：基板にAVRが搭載されている状態で，プログラムの書き込みができる）プログラマ的に使用する方法もあります．

　複数のAVR部（#282）を1個のUSB/電源部（#283）で使い回しするような場合は，このようにケーブルで接続したほうが取り扱いが楽でしょう．当然ながら，ケーブル接続状態でもDuemilanove相当として動作します．

　Pro，Pro Miniはサンハヤト（プリント基板関連のパーツを多く作っているメーカ）のUSB-シリアル変換モジュールMM-FT232などを併用すると互換機（#282＋#283）と同様の使い方ができますが，先述のように実装上の制約があります．

● シールドとアダプタ基板

　Arduinoでは市販のシールドを用いていろいろな周辺回路を拡張できますが，ある機能を実現するために複数のシールドが必要だが物理的に複数使えない，という場合もあるかと思います．専用のシールドを設計すれば実現できても，少量生産では現実的ではありません．そこで，本書では単機能のモジュール（アダプタ基板）などを必要に応じて組み合わせて周辺回路を構成するという考え方をとっています．

　なお，本書で製作・利用しているArduino互換機（#282）やNanoでは形状の違いで市販のシールドが直結できませんが，少々手間はかかりますが，ジャンパ・ワイヤなどで結線すれば利用可能です．

1-1　本書で用いるArduino互換機

　はじめに筆者が製作したArduino互換機について説明します．本書では，この互換機を中心にブレッドボード上で筆者製作のアダプタ基板や市販のモジュールなどを接続して，いろいろな回路を製作して実験し

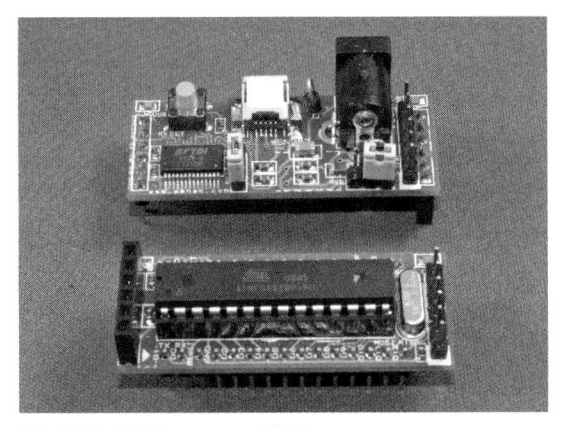

(a) 分離した状態のArduino互換機
筆者が製作したArduino互換機を示す．この互換機はAVR部（P$_1$ボード）とUSB/電源部（P$_2$ボード）に分離でき，用途に応じてAVR部（P$_1$）単独でも使用可能．写真下側がAVR部（P$_1$），上側がUSB/電源部（P$_2$）．AVR部はAVRとクリスタル，LEDなどが実装されたシンプルな構造になっている．USB/電源部にはシリアル-USB変換チップやミニUSB-Bコネクタ，三端子レギュレータなど，USB関係と電源関係の回路が実装されている．

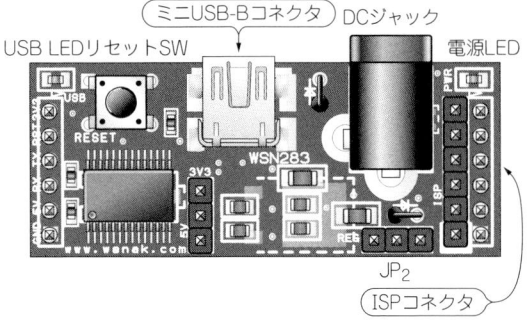

(ⅰ) #283 Arduino互換機（P$_2$：USB/電源部）

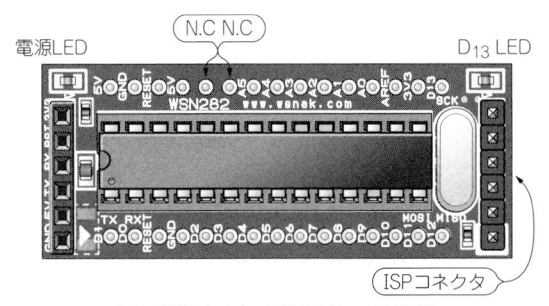

(ⅱ) #282 Arduino互換機（P$_1$：AVR部）

(b) Arduino互換機の部品配置図
(ⅰ) DCジャック，ミニUSB-Bコネクタ，USB-シリアル変換ICのFT232-RL，リセット・スイッチなどが実装されている．三端子レギュレータは背面に実装されている．図左側のピン・ヘッダ，右側のピン・ソケットはAVR部（P$_1$）と接続するためのもの．図右側のピン・ヘッダはAVR部（P$_1$）と接続した状態でISPプログラマでAVRにプログラムを書き込む際のISPコネクタとなっている．
(ⅱ) AVR（ATmega168/328）とクリスタル（16MHz），電源LED，D$_{13}$-LEDなどが実装されている．図左側のピン・ソケット，右側のピン・ヘッダはUSB/電源部（P$_2$）と接続するためのものであるが，ピン・ヘッダは，AVR部（P$_1$）単独使用時のISPコネクタとなる．

(c) 裏側
Arduino互換機を裏側から見たようす．AVR部にはピン・ヘッダが実装できるため，ICソケットやブレッドボードに接続できる．USB/電源部の背面には三端子レギュレータが実装されている．

(d) 側面
Arduino互換機を側面から見たようす．AVR部とUSB/電源部は6Pのピン・ヘッダ，ソケット2組で接続する．それぞれの基板で，一方をピン・ヘッダ，他方をピン・ソケットにしてあるのは，AVR部とUSB/電源部を誤って逆差ししないようにするため．

写真1-3　Arduino互換機の詳細

1-1　本書で用いるArduino互換機　13

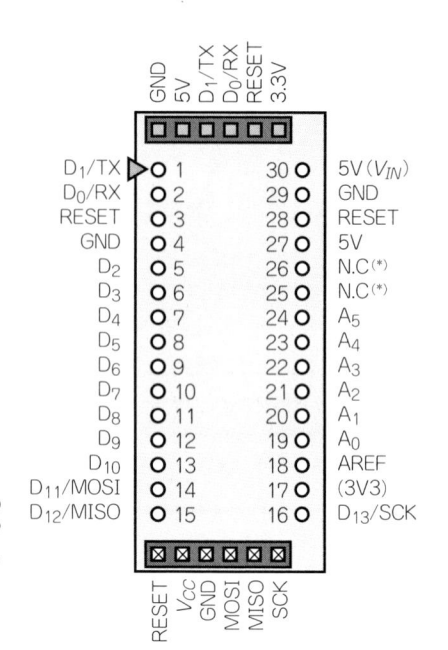

図1-2
Arduino互換機のピン配列
互換機を上面から見た際のピンの配置を示す．Arduino Nanoとほぼ互換性があるが，当互換機ではAVRにDIPタイプのICを使用している関係で，Nanoに実装されている25, 26ピンは未使用である．また電源ピン（5V, 5V-V_{IN}, 3V3）の扱いがUSB/電源部を接続するかどうか（どこから電源を供給するか）によって変わる．

ます．ソフトウェアに互換性があるため，本家Arduinoや他社互換機でも利用できます．多くの試作回路では，そのようなボードの組み合わせで実現できる場合がほとんどで，試作時間を短縮することができます．

● **Arduino互換機の特徴**

この互換機の特徴は，**写真1-3**のように「P_1：AVR部」と「P_2：USB/電源部」の二つのパートに分離でき，アプリケーションによっては，「P_1：AVR部」のみを使用してコストダウンできることです．通常のArduinoとしてアプリケーションを開発し，AVR部のみを分離して機器に組み込むということもできます．また，AVR部は30ピンの600mil幅[*2] DIP形状になっており，ブレッドボードに直接実装できます．基板サイズは約50×20mmです．

AVR部とUSB/電源部は二つの6Pピン・ヘッダ，ソケットで物理的，電気的に接続されます．DIPピンの配列は，Arduino Nanoとほぼピン・コンパチブルになっています（**図1-2**）．Nanoとの違いは，NanoがATmega328のQFPを使っているのに対して，当互換機ではDIPを使っているため，DIPに存在しない2本の信号がDIPピンに接続されていないということです．

それから「P_2：USB/電源部」を接続しない場合は，「P_1：AVR部」の3.3Vは無接続になります．

ソフトウェアはArduino Duemilanove（2009）と互換性があるので，Duemilanoveとして使用できます．

● **Arduinoのブートローダとは**

Arduinoのプロセッサには，ブートローダ（電源が入ったりリセットがかかった直後の起動時に各種初期設定をし，スケッチで作ったプログラムを動かせるように準備をするプログラム）が書き込まれていて，PCとUSBで接続すれば，Arduino IDE（Integrated Development Environment：統合開発環境ツール）からプログラムをアップロードし，そのまま実行できるようになっています．

[*2] 600mil幅（6/10インチ）．DIP ICのパッケージの幅の広いほうの形状．幅の狭い一般的なデバイスの形状は半分の300mil幅．

ブートローダを書き込むときは，Arduinoソフトウェアに同梱されている"ATmegaBOOT_168_atmega328.hex"というファイルを使用します．互換機にはISP（In-System Programmer：基板にAVRが搭載されている状態で，プログラムの書き込みができる）用のピンが用意してあるので，AVR ISP2などのプログラマを使ってヘキサ・ファイル（HEXファイル：コンパイルしたコード）を書き込めば，Arduinoとして動作するようになります．

Arduino IDEでのBoardの設定は"Arduino Duemilanove or Nano w/ATmega328"を選択します．

1-2 スケッチブックの準備

ここでは，Arduinoを使うためのツールやその使い方について簡単に説明します．

● スケッチとスケッチブック

Arduinoではプログラムを記述するソース・ファイル（テキスト・ファイル）を「スケッチ」といいます．このファイルの拡張子は旧バージョンでは"pde"でしたが，2011年11月にリリースされたArduino 1.0以降は"ino"と変更されています．なお，一部を除き"pde"のスケッチでも問題なく動作するため，旧スケッチでもほとんどそのまま使用できます．

スケッチはメインとなるスケッチと同名のフォルダへまとめられています．ここには複数のスケッチやヘッダ・ファイルを入れることができますが，それら一式をまとめたものをスケッチブックと言います．

スケッチブックに複数のスケッチが含まれる場合は，自動的にリンク（複数のコンパイルしたものをつなげる）されます．一般的なコンパイラや統合開発環境で使われるプロジェクト・ファイルをフォルダの内容で管理するようにしたものです．

● Arduinoファイルの入手

Arduinoソフトウェアはファイル一式がZIPファイルに圧縮された形で，ArduinoのWebサイト（http://arduino.cc）から無償でダウンロードできます．

原稿執筆時現在はArduino1.0.1にバージョンアップされています．本書のスケッチは1.0で作成しましたが，1.0.1でも同様に使用できます．1.0.1ではマルチランゲージ化されていて，メニューなどが日本語で表示できます（Appendix B参照）．

● Arduinoソフトウェアのインストール

インストールの方法はダウンロードした圧縮ファイルを適当なフォルダへ解凍するだけです．実行ファイルarduino.exeを実行させると即，Arduino IDEが起動するため，ショート・カットをデスクトップなどに作成しておくとよいでしょう．

なお，一度arduino.exeを実行させると拡張子inoがArduino IDEに関連付けされるため，エクスプローラなどで"*.ino"をダブルクリックするとそのスケッチブックでIDEが起動します．

● USBドライバのインストール

USB版のArduinoを使うには，ボード上に搭載されているシリアル-USB変換IC（FTDI社のFT-232RL）用のドライバをPCにインストールする必要があります．ドライバはFTDI社のWebサイトからダウン

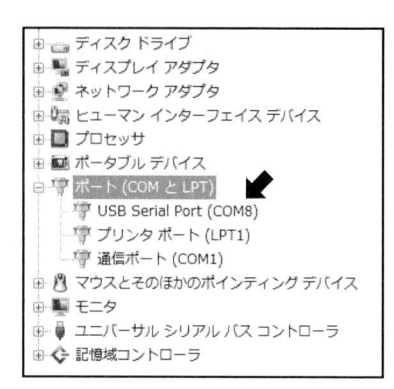

図1-3 COMポートを表示したデバイスマネージャの画面例
FT232RLのWindowsドライバをインストールした後のWindowsデバイスマネージャの画面例．正常にドライバが動作しているとFT232用のCOMポートが追加される．この例ではCOM8が追加されているため，このポートがArduino用のCOMポートとなる．

図1-4 シリアル・ポートCOM番号の設定
Arduino IDEのシリアル・ポートの選択画面例．FT232RLドライバのインストールで追加されたCOM番号（Windowsデバイスマネージャで調べたもの）を指定する．ここではCOM8を選択している．

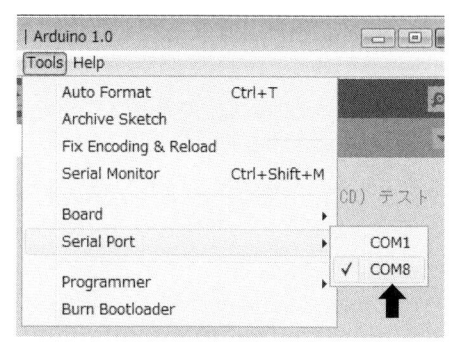

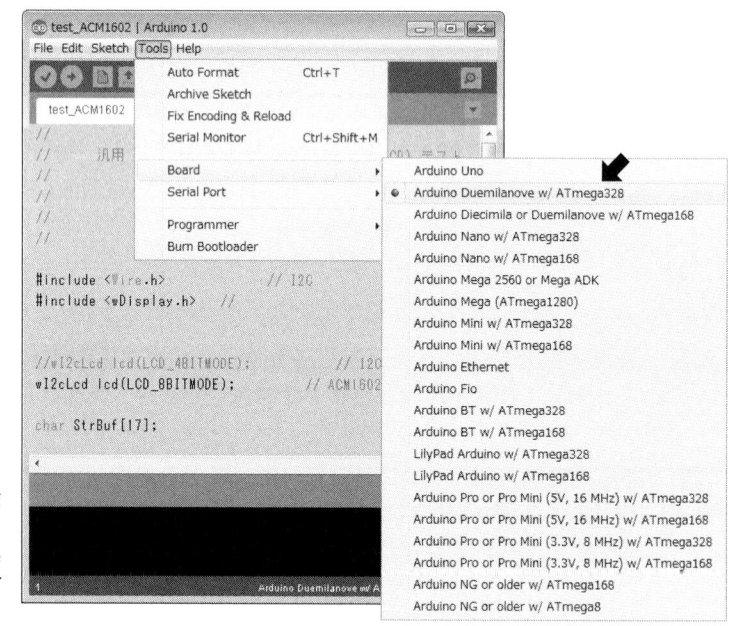

図1-5 使用するボードの設定
Arduino IDEのマイコン・ボードの選択画面例．本書で使用している互換機は，ソフトウェア的にArduino Duemilanoveと互換性があるため，"Arduino Duemilanove or Nano w/ATmega328"を選択する．

ロードできますが，Arduinoファイル一式にも同梱されているので，それを利用することもできます．

Arduino Duemilanoveまたは，その互換機を初めてPCへ接続したとき，USBドライバのインストールが自動で始まります．過去に一度もFT232RLのドライバがインストールされていない場合は，ドライバ・ファイルを要求されるため，用意したドライバ・ファイル（ダウンロードしたファイルに含まれる）を指定します．

● **Arduino IDE側の設定**

Windows側でドライバのインストールが完了すると，仮想COMポートが生成されます．このとき，**図1-3**のようにWindowsデバイスマネージャで生成されたCOM番号を調べて，その番号をIDEに設定します（**図1-4**）．つまり，パソコンとArduinoはUSBケーブルでつなぎますが，コンピュータ同士はUSBの通信ではなく，RS-232C[*3]の非同期シリアル通信を行っていることになります．

[*3] RS-232C：8ビット・マイコンなどに限らず組み込み系の装置では，シリアル通信としてRS-232Cを使うことが一般的で，開発装置（パソコン）もRS-232Cが搭載されていたが，近年，それがUSBに急速に切り替わっていった．

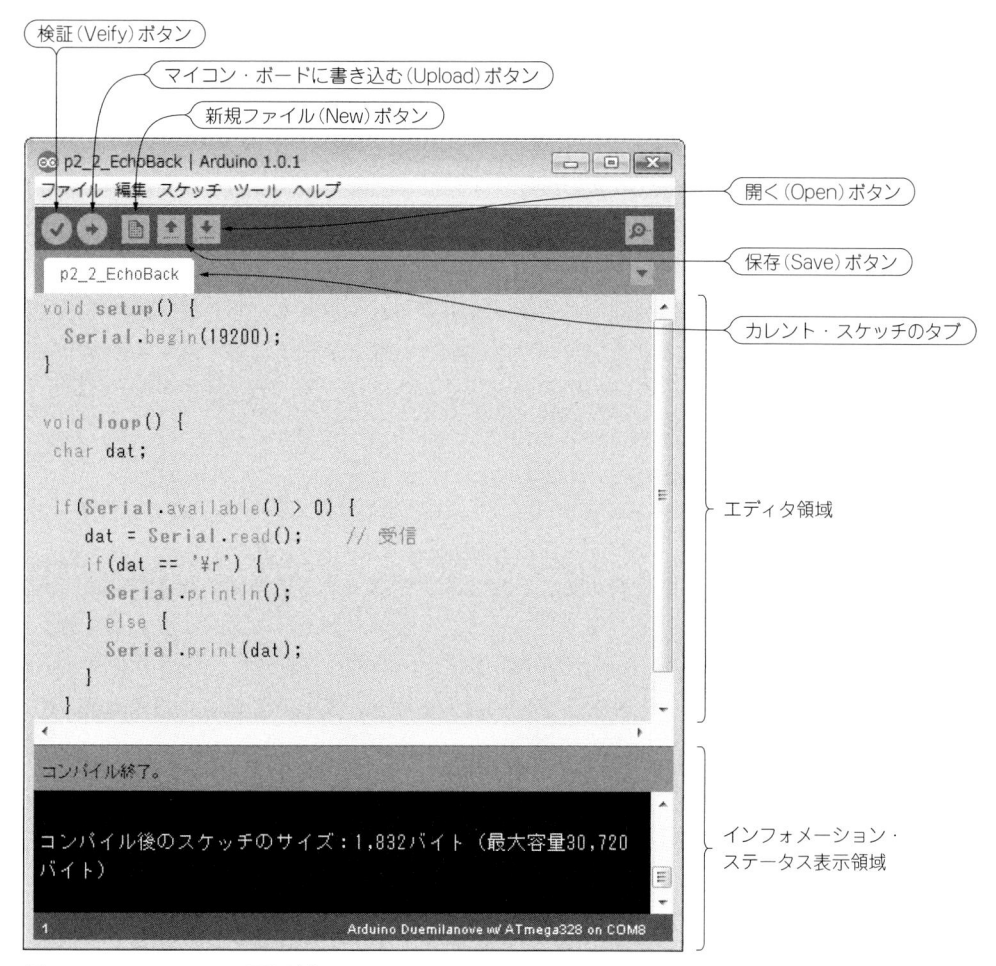

図1-6　Arduino IDEの画面例
あるスケッチを表示したときの画面例．スケッチブックのフォルダに複数のスケッチが含まれるときは，エディタ領域上側にあるタブがスケッチの分だけ追加される．このタブをクリックすると，表示するスケッチを変更できる．外部エディタを使用していないときは，その場で編集できる．Uploadボタンをクリックすると，自動的にコンパイルが始まり，コンパイル・エラーがない場合は続けてArduinoにプログラムが転送される．

この例ではCOM8にインストールされているため，IDEのメニューのTools-Serial Port（ツール-シリアルポート）で「COM8」に設定しています．
　また，接続するボードを設定する必要があります．本書で使用する互換機はArduino Duemilanove (2009)と互換性があるため，ツールメニューのTools-Board（ツール-マイコンボード）で"Arduino Duemilanove or Nano w/ATmega328"を選択しておきます（**図1-5**）．

1-3　Arduino IDEの使用法

ここでは，Arduino IDEの使い方を簡単に説明します．**図1-6**はArduino IDEの画面の例です．

● おもなツール・ボタンの説明

　☑ 検証［Verify］：スケッチ（プログラム）をコンパイルします．コンパイルとは，テキストで書かれたスケッチをマイコンが理解できる機械語に変換することで，コンパイラというのがその仕事をします．言語の文法的におかしなことが発見されたらコンパイル・エラーが発生し，画面下の情報ウィンドウ（インフォメーション・エリア）にエラー内容が表示されます．エラーがないか確認するためのボタンです．なので，オリジナルのプログラムを書き始めなどに使うことが多いようです．いったん動き始めたら，次のUploadを使って，実機で思ったとおりの動作をするかを確認しながら，プログラムを改良していきます．

　▶ マイコン・ボードに書き込む［Upload］：スケッチをコンパイルして，実行ファイルをArduinoハードウェアへ転送します．転送が完了するとプログラムの実行が始まります．通常は，このボタン操作だけでプログラムが実行できます．

● エディタでスケッチを書く

　Arduino IDEの中央にはエディタ領域があります．これに表示されているものがスケッチの中身です．ここでプログラムを記述します．

　スケッチブックには複数のスケッチを含めることができます．スケッチが複数ある場合は，エディタ領域上のタブにスケッチ名が列挙され，そこをクリックすると表示されているスケッチを切り替えることができます．

　オプションで外部エディタを使うこともできます．この場合は，IDEのエディタ領域は読み出し専用となります．また，背景色が薄いブルーに変わります．

　スケッチで日本語文字のコメントを使うこともできますが，文字エンコード[*4]をUTF-8（ユニコード）にする必要があります．外部エディタで保存するときには注意してください．

● コンパイルとプログラムの転送

　エディタ領域にプログラムを記述した後，Uploadボタンをクリックすると，自動的にコンパイルが始まり，エラーがなければ，実行プログラムがArduinoハードウェアへ転送されて，プログラムが実行されます．これら一連の動作はUploadボタンのワンクリックで行われます．

　何らかのエラーがある場合は，コンパイルが中断され，Arduino IDE下側のインフォメーション・エリアへエラー内容が表示されるので，これを頼りにスケッチの内容を修正して再びアップロードを試みます．

● スケッチブックの新規作成

　メニューのFile-New（ファイル-新規）をクリックすると，新しいArduino IDEが立ち上がります．とりあえず，File-Save（ファイル-保存）をクリックすると，ファイル保存のダイアログボックスが開くので，そこで適当な名前を付けて保存します．

　注意事項として，ファイル名には"-"（マイナス記号）を含めることはできません．また，ファイル名の先頭には数字も使えません．日本語（漢字，かななどの2バイト・コード）のフォルダ名やファイル名も使えないので，親フォルダなども含めて日本語は使わないようにしてください．なお，このあたりの仕様はバージョンによって変わることがあります（旧バージョンでは先頭の数字やマイナス記号が使えた）．

　保存が終了すると，先に指定した名前のフォルダが自動で作成され，その中に同名で拡張子がino（旧

(*4) 文字エンコード：Windows日本語版はShift-JISが一般的．

バージョンではpde)のスケッチが作成されます．このスケッチにプログラムを記述していきます．
この状態でIDEを見てみると，エディタ領域のタブにスケッチの名前が反映されています．

1-4 Arduinoで特徴的なプログラムの構造

プログラムを始める前に，プログラムの書き方などについて簡単に説明します．LCDなどのライブラリの説明は，実際に使用する際にその都度説明します．

● スケッチの構造

サンプル・プログラムなどを見るとわかりますが，スケッチの中には，"setup()"と"loop()"という二つの関数があります．この二つの関数はArduinoが動作するために最低限必要なものです(**図1-7**)．
setup()はArduinoが動き始めるときに一番最初に一度だけ実行される関数で，この中に初期化処理を記述します．loop()は繰り返し実行されるループ処理で，この中にユーザ(読者の方)が作るプログラムを記述します．この関数はスケッチ上では現れないmain()関数のループの中からコールされているため，loop()関数内で処理をループさせる必要はありません．

つまり，CやC++の教科書に書いてあるようなプログラムでは，仕事が終わればプログラムの実行は終わり，OSにメモリを返却しますが，Arduinoのような組み込み用コンピュータでは，電源が切られるまで，ユーザが作ったプログラムが永久に動き続けるという違いがあります．

● たくさん用意されているライブラリと本書で用意した独自ライブラリ

Arduinoには標準でLCD(キャラクタ文字表示用液晶)やServo(ラジコン用サーボ・モータ)などのドライバ，共通関数のようなものが用意されています．これらを総称してライブラリと呼びます．ライブラリがあれば，表示器やモータなどのドライバをユーザがいちいち作る必要がありません．

本書では，Arduino添付の標準的なもの以外に，筆者が作成した独自のライブラリも使用しています．ライブラリを利用すると，スケッチの記述もシンプルになり，簡単にハードウェアを制御することができます．個別の使用法に関しては第2章以降で説明します．ライブラリは，本書のサポート・ページ(http://mycomputer.cqpub.co.jp/)からダウンロードできます．

スケッチ(xxx.ino)

```
main() {
    setup();
    while(1) {
        loop();
    }
}
```

```
void setup(void) {
    初期化処理
}
```

```
void loop(void) {
    ループ処理
}
```

図1-7
スケッチの構造
Arduinoソフトウェアの構造を示す．プログラムのエントリ関数であるmain()は，ユーザからは見えなくなっている．ユーザはmain()から呼び出される初期化関数setup()と繰り返し関数loop()にユーザ・プログラムを記述する．当然ながら，両関数から呼び出されるサブ関数も定義できる．なお，サブ関数のプロトタイプ宣言はなくてもよい．

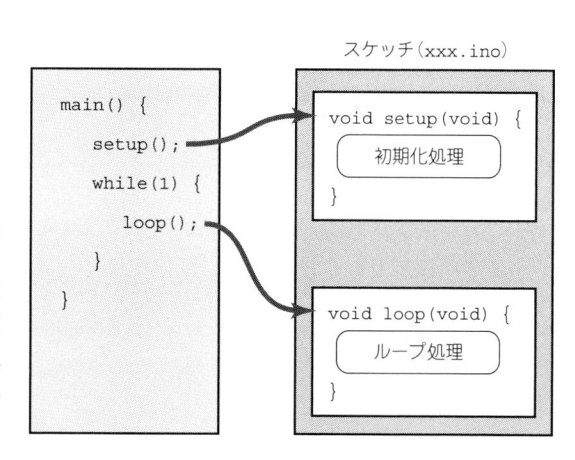

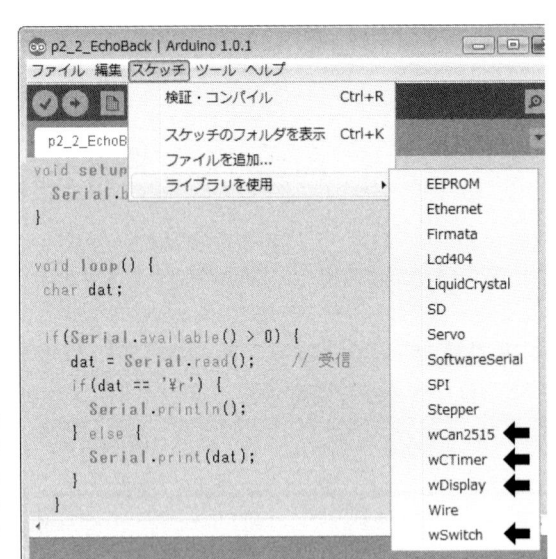

図1-8
ライブラリ一覧の表示
Arduino IDEでのライブラリ一覧の表示例．独自ライブラリ（wCan2515，wCTimer，wDisplay，wSwitch）が追加されているのが確認できる．なお，IDEの「ライブラリを使用」のメニューを使わずに，ライブラリのヘッダ・ファイル（ライブラリ名に".h"の拡張子を付けたもの）をインクルードするよう，スケッチに直接記述してもよい．

● ライブラリのリンク

ライブラリを使用するためには，ライブラリを利用するということをシステム側に伝えなければなりません．一般にライブラリをリンク（もしくはインクルード）するといいます．それには，メニューのSketch-Import Library（スケッチ-ライブラリを使用）をクリックして，ライブラリ一覧を表示させ，その中から必要なライブラリを選択します．この操作でスケッチにそのライブラリのヘッダ・ファイルが追加されます．これで作業は終わりです．

また，直接スケッチにヘッダ・ファイルをインクルードするように記述してもかまいません．ライブラリによってはインスタンスの作成（オブジェクトの実体化）を行うことで利用可能となるものもあります．

● 独自ライブラリについて

本書では，筆者が独自に作成したライブラリを多く使用しています．これらは，デバイスの制御を便利にするものや，特定のハードウェアを制御するためのものです（**図1-8**）．機能をブラックボックス化することで，詳細を知らなくても扱えるようになり，メインとなるプログラムの記述が簡潔になります．

● 独自ライブラリの名称について

独自ライブラリは標準ライブラリと区別するために，ライブラリ名の先頭に小文字の"w"を付けてあります．

当初は，一つのライブラリを一つのライブラリ・フォルダに入れていたのですが，登録数が多くなるとIDEのライブラリ一覧が大きくなって使い難くなってしまうため，関連するものまとめて，IDEへの登録数を減らすようにしました．従って，ライブラリのフォルダ名，ヘッダ・ファイル名と個別のライブラリ名は一致していない場合があります．

たとえば，7セグメントLED用ドライバのwD7S4LedはwDisplayに含まれています．IDEからはwDisplayを選択することでリンクできますが，インスタンス化は"wD7S4Led led7seg;"などと記述

リスト1-1　サンプル・プログラムBlink.ino

```
void setup() {
// initialize the digital pin as an output.
// Pin 13 has an LED connected on most Arduino boards:
pinMode(13, OUTPUT);
}
void loop() {
  digitalWrite(13, HIGH);   // set the LED on
  delay(1000);              // wait for a second
  digitalWrite(13, LOW);    // set the LED off
  delay(1000);              // wait for a second
}
```

する必要があります．

　どのライブラリがどのライブラリのグループに含まれているかは，Appendix Fのライブラリ一覧にまとめてあります．

　独自ライブラリはブレッドボード・アダプタ用のほかに，市販のLCD（液晶表示器）やRTC（リアルタイム・クロック）用のものも用意しています．

● ライブラリのインストール

　ライブラリ・ファイルはサポート・サイトなどからZIP圧縮ファイルとして入手できます．それを解凍して，Arduinoの"Libraries"フォルダへ丸ごとコピーして，Arduino IDEを再起動してください．再起動しないと認識されません．

　Arduino IDEのメニューよりSketch-Import Library（スケッチ-ライブラリを使用）を選択すると，先頭が小文字の"w"で始まるライブラリが追加されているのが確認できます（図1-8参照）．

● 試運転してみよう

　Arduino単体ですぐに動作確認できる，LEDの点滅プログラムを互換機にアップロードして少し動かしてみます．

　解凍したArduinoをインストールしたフォルダには，サンプル・プログラムとして，ボード上のLEDを点滅させるスケッチが入っています．"examples¥1.Basics¥Blink¥Blink.ino"というのがLED点滅のサンプル・スケッチ・ファイルです．リスト1-1にコードを引用します．

● サンプル・スケッチBlink.ino…点滅の処理

　リスト1-1のsetup()関数の中にある"pinMode(13, OUTPUT)"は，LEDがアサイン（割り当てられている，配線している）されているディジタル・ピン13（D_{13}）を出力に設定するという命令です．loop()の中にはLEDを点灯または消灯させる処理が入っています．

　"digitalWrite(13, HIGH)"，"digitalWrite(13, LOW)"はそれぞれ，D_{13}を"H"レベルまたは"L"レベルに設定する関数です．"H"レベルにするとLEDが点灯，"L"レベルにするとLEDが消灯します．

　delay(1000)はディレイ（遅延，待ち）関数で，その場で1000ms（1秒）待つ処理です．この間，処理が止まるので，LEDの点灯，または消灯の状態がそれぞれ1秒継続することになります．

なお，先に述べたように，`loop()`関数は外部のループからコールされているので，結果的に`loop()`関数を終了しても，またすぐにコールされて，これを繰り返すため，LEDが点滅することになります．

2か所の`delay()`の値をいろいろ変えて，点滅の仕方が変わることを確認してみてください．

● プログラムの実行はワンボタン・クリック

スケッチを開いた状態で，Uploadボタンをクリックすると，すぐにコンパイルが始まり，コンパイル終了後に実行プログラムがArduinoへ転送されて（PCとUSBケーブルで接続がすんでいると），すぐにプログラムが動き出します．ここではスケッチの内容は修正していないため，エラーなしですぐに動くはずです．

プログラムが動きだすと，Arduino上のLEDが1秒ごとに点灯，消灯を繰り返します．

● 便利な機能

スケッチ・ファイル（拡張子ino）は自動的にArduinoに関連付けされるため，Windowsのエクスプローラなどでスケッチ・ファイルを表示させておき，それをダブルクリックすると，そのスケッチを開いた状態でArduino IDEが起動します．そのままUploadボタンで実行できます．

同時実行はできませんが，複数のArduino IDEを同時に起動できるため，複数のプログラムをいろいろ試すときとか，同時に何個か使用する場合は便利です．筆者は外部エディタを使用している関係で，ソース・ファイルをエディタで編集して，エクスプローラでダブルクリックして起動，実行という方法をよく使います．

1-5 ブレッドボード用アダプタ基板

本書では筆者が製作したブレッドボード用の小型基板を多用しています．また，その基板や，市販デバイスを簡単に使うための，独自ドライバをライブラリとして用意しています．

● 製作したアダプタ基板

スイッチやLEDなどは個別部品を組み合わせてブレッドボードで使用することもできますが，マイクロSDカードのインターフェースや，少し込み入っているCAN[*5]のインターフェース回路などはブレッドボードで作るのは困難だったり，面倒だったりしますので，機能をまとめた小型のアダプタ基板を製作しました．基板の回路図はAppendix Dにまとめてあります．自作するときの参考にしてください．

● おもなアダプタ基板の概要（写真1-4）

本書で使用するおもな基板類を簡単に説明しておきます．ほかの一般的な市販部品も含めてAppendix Eにもまとめてありますので，そちらも参照してください．

(a) #285 ダイヤモンド配列スイッチ・ボード

4個のタクト・スイッチを上下左右に計4個並べたものです．それに加えてLEDが2個付いています．スイッチにはプルアップ抵抗器が付いています．

(b) #296 10セグメント・バーLEDボード

[*5] Controller Area Network．BOSCH社が提唱した医療機器，産業機器など多方面にわたって利用されるシリアル通信プロトコル．

(a) #285…ダイヤモンド配列スイッチ・ボード

(b) #296…10セグメント・バーLEDボード

(c) #292…CANモジュール

(d) #290…マイクロSDカード・ボード

(e) #337…電源ライン連結バー2

写真1-4 ブレッドボード用アダプタ基板例

シフト・レジスタにバーLEDを接続して，クロック，データ，ラッチの3本の制御信号で制御できるようにしたものです．

(c) #292 CANモジュール

周辺デバイスをつなぐ規格の一つであるSPI (Serial Peripheral Interface) で制御できるCANコントローラとCANトランシーバをまとめたものです．

(d) #290 マイクロSDカード・ボード

マイクロSDカードのコネクタと3.3Vレギュレータ，レベル・コンバータをまとめたものです．5V系回路に直結できます．

(e) #337 電源ライン連結バー2

ブレッドボードの両サイドにある電源ラインの＋と－をそれぞれ連結し，DCジャックなどから電源を供給できるようにするボードです．

● 各ボードのライブラリも用意してある

各ボードは，ユーザ・プログラムから簡単に使えるように，ボード専用のドライバをライブラリとして提供します．ただしSDカードのドライバは既存のものを利用します．最近のバージョンのArduinoソフトウェアにはSDカードのドライバが標準装備になっているので，手軽に使用できるようになりました．

第2章以降で説明する，標準以外のライブラリは筆者自作のものです．それらは各機能基板に特化したドライバですが，Arduinoで標準で用意されているライブラリの"Wire"や"Servo"などと同じような感覚で使用できるようになっています．

1-6 ブレッドボードについて

● ブレッドボードの選び方

いろいろな実験に使うには，ある程度大きいほうが使いやすいですが，大きくなると配線の仕方によってはジャンパ・ワイヤが長くなってしまいます．

ただ，配線している途中でスペースがなくなると，大変悲しい思いをしますので，少々むだなようでも，大きめのものの中央から配線を始めるのが楽です．

図1-9のように上下に電源ラインのあるタイプは穴が少し大きめのようで，通常のピン・ヘッダでも何

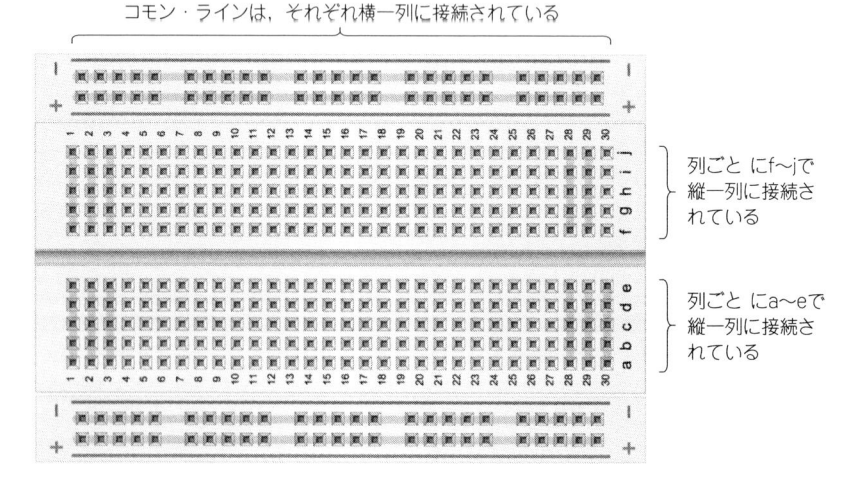

図1-9 ブレッドボードの構造
30穴のブレッドボードを示す．上下にコモン・ライン（通常は電源ラインとして使用）が2本ずつある．このコモン・ラインのブロックは分離可能なため，複数ボードを連結する際など適当に付けたり，外したりできる．一つ大きいサイズ（63穴）のボードのほうが，余裕があって便利．本書の製作例では63穴のものを多用している．

とか刺さります．最近は細いタイプのピン・ヘッダも販売されていますが，それを使うと，ジャンパ・ワイヤのメス（ソケット・タイプのもの）が接続できなくなるので，痛し痒しです．

同じような回路を何回も作り直すのも面倒なので，ある程度まとまったものを1枚のボードに作っておいて，それを適宜組み合わせるという方法もあります．第7章などで製作するI²C化LCDボードや4桁7セグメントLEDはそのようにしています．

筆者がよく使用するのは横長の63穴のものです．ブレッドボード自体は複数個連結できるので，必要に応じて増築できます．この方法は，回路をまとめたボードを何個か連結して1セットにまとめるときなどに重宝します．

1-7 Arduino互換機の回路

● AVRマイコン部の回路について

図1-10に互換機のAVR部（P_1ボード）の回路図を示します．AVRとクリスタル，外部と接続するためのピン・ヘッダ，ソケットなどが付いただけの簡単な回路です．USB/電源部とはCN_1（ピン・ヘッダ）とCN_2（ピン・ソケット）で電気的，物理的に接続します．

CN_1（ピン・ヘッダ）はISP用コネクタで，ここにAVR ISP2などのプログラマを接続すれば，AVRへプログラムをダイレクトに書き込むことができます．このピン・ヘッダはそのままUSB/電源部にも接続されますが，これは電気的な接続のほか，USB/電源部の基板を保持する役目もあります．

なお，AVR ISP2などでプログラムを書き込むときは，DIPピンなどから電源を供給する必要がありますが，P_2：USB/電源部を接続して同基板のDCジャックまたはUSBから電源を供給する方法もあります．

CN_2はシリアル信号やリセット信号，電源を接続するためのもので，CN_1と同様に基板保持の役目もあります．

● USB/電源部の回路について

図1-11にUSB/電源部（P_2ボード）の回路図を示します．こちらも，シリアル-USB変換用のICと5V出力用の三端子レギュレータなどが付いただけのシンプルな回路です．三端子レギュレータの出力はジャンパJP_2によりバイパスして，DCジャックの入力を直接使うこともできます．

DCジャックに5Vの安定化された電源を接続するか，AVR部とUSB/電源部が接続された状態で，AVR部のDIPピンから電源を供給する場合は，レギュレータをバイパスさせます．

USBが接続されていて，なおかつDCジャックにも電源が接続されている場合は，どちらか電圧が高いほうの電力が供給されます．この切り替えはダイオードD_1，D_2で行われます（電圧の高いほうのダイオードが導通する）．

こちらの基板にもISP用のコネクタ（CN_4）がありますが，これは電源/USB部が接続された状態でもISPでプログラムできるようにするためのものです．AVR ISP2などを利用する場合は，AVRに電源を供給する必要がありますが，USB/電源部を接続しておけば，USBまたはDCジャックから電源を供給することができます．

● 電源の接続について

プログラム書き込み時や，USBを使用する場合は，P_2：USB/電源部は接続しておく必要がありますが，

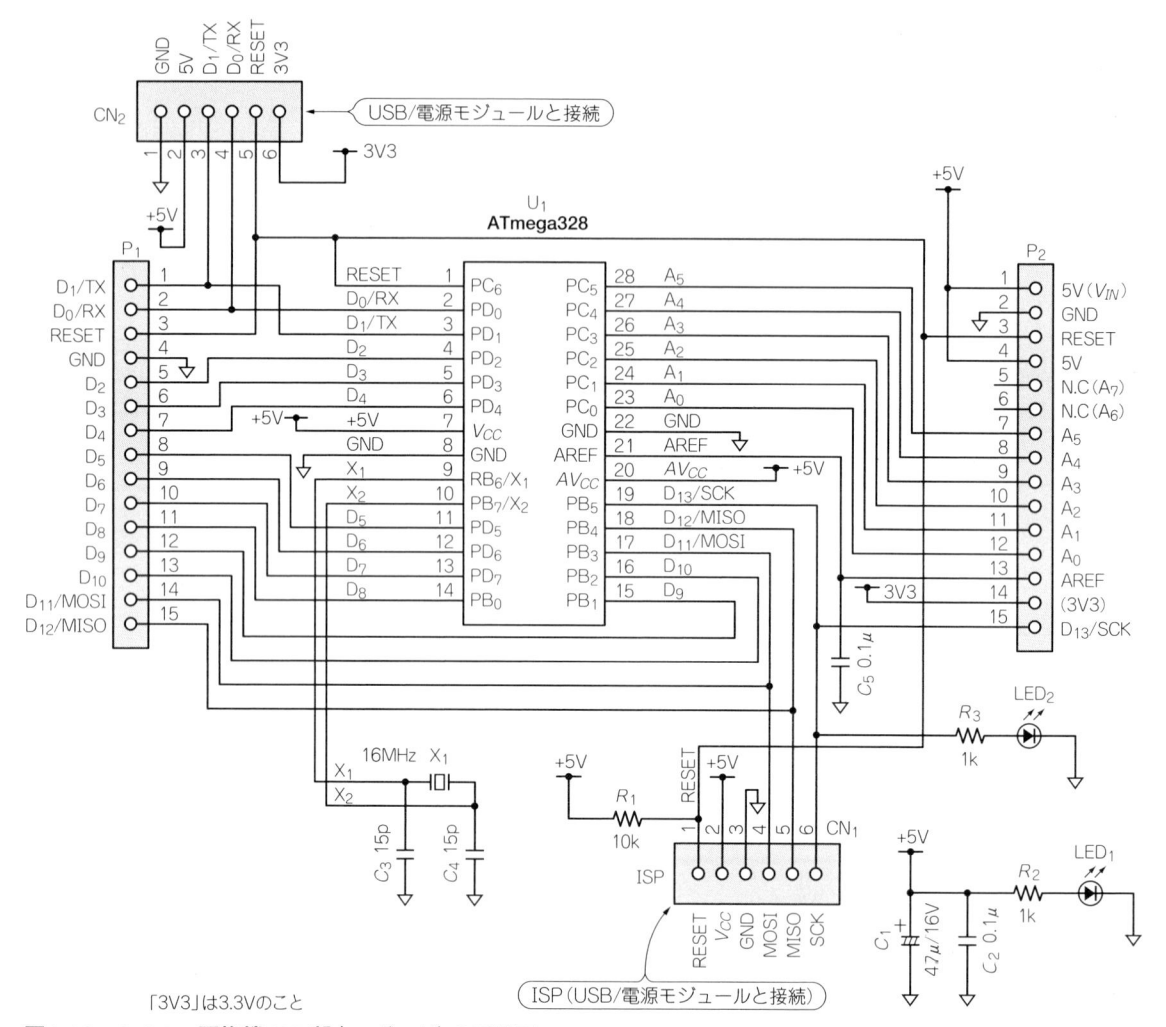

図1-10　Arduino互換機AVR部（P₁ボード）の回路図
回路図を示す．AVRとクリスタル，コネクタやソケット類など動作に必要な基本的なものしか実装されていない．回路が簡単なため，この回路そのものをブレッドボードで作ることも容易である．

　いったんプログラムをアップロードしたあとは，P₂ボードは切り離し可能です．
　P₂ボードが接続されていて，USBでPCに接続されている，または，DCジャックから電源が供給されている場合，P₁：AVR部側から見ると，P₁ボードの"+5V"，"GND"端子は電源出力（供給する側）になります．
　また，P₂ボードなしでP₁単体で利用する場合は，"+5V"，"GND"端子は電源入力となります．この場合，ブレッドボード側から電源を供給する必要があります．
　第3章以降の基板の実体配線図では，動作時に必要なP₁ボードだけ書かれていますが，プログラムのアップロード時やシリアル通信の機能を使う場合はP₂ボードが必要な場合があります．

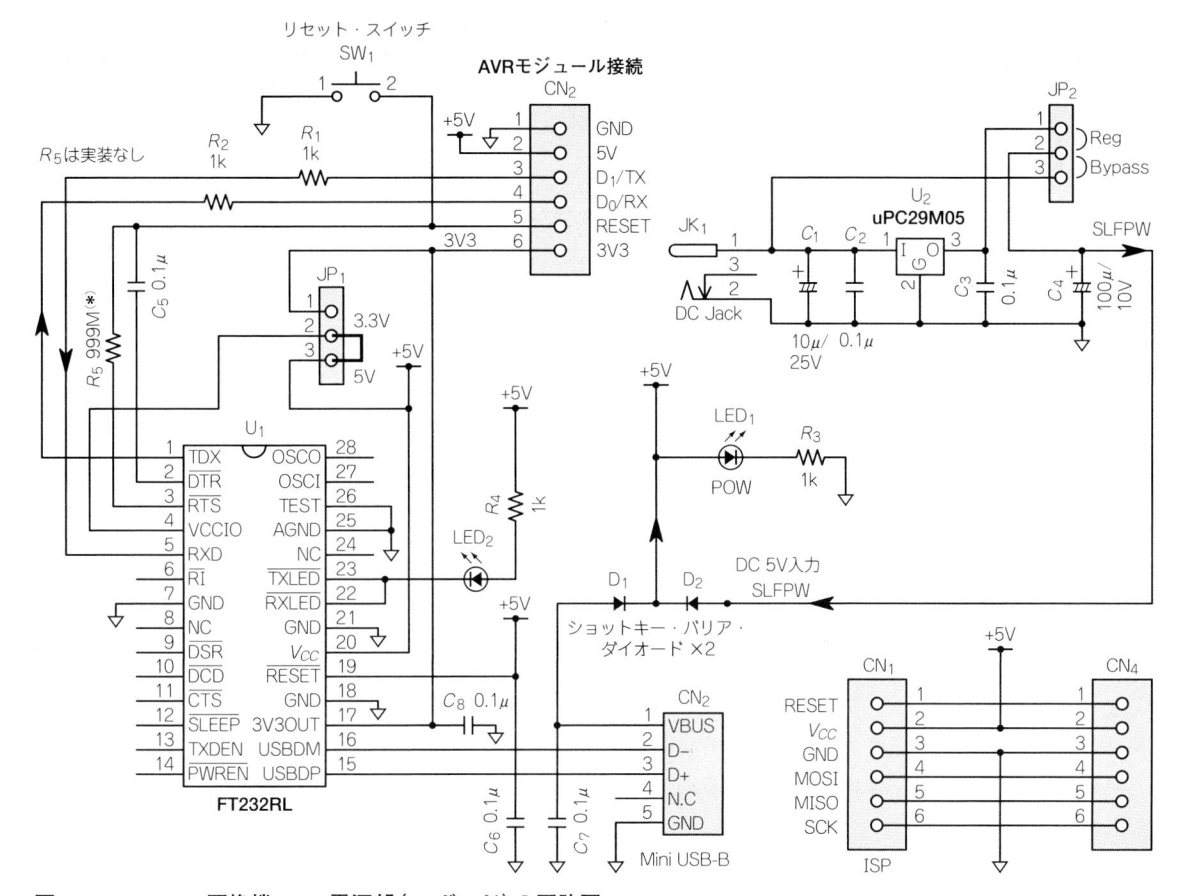

図1-11 Arduino互換機USB/電源部（P_2ボード）の回路図

回路図を示す．USB-シリアル変換用のFT232RLと5V出力の三端子レギュレータ，リセット回路など基本的なものしか実装されていない．ショットキー・バリア・ダイオードを使用して簡単な電源切り換え回路を付けてある．このダイオードにより，USB電源か，電圧がDCジャックからの電源でどちらか電圧の高いほうが電源として使用される．

（＊）R_5は実装不要．

1-7 Arduino互換機の回路

[第2章] 入出力デバイスの使い方を覚える

Arduinoの基本的な動作の確認

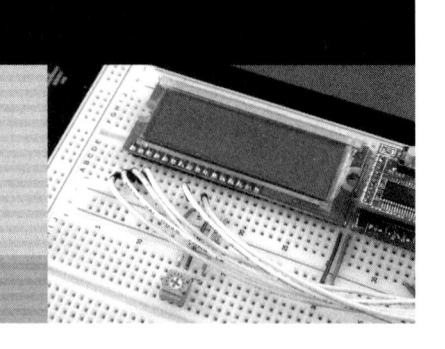

　この章では，まずArduinoに標準で備わっている機能の基本的な使い方を中心に説明し，簡単なサンプル・プログラムで動作を確認します．

　続いて，7セグメントLEDやLCDなどの市販のデバイスを接続し，ライブラリを利用してそれらを動かして使い方を確認します．

2-1　Arduinoのもつ標準機能の確認

　まずは，Arduinoに標準で備わっているシリアル通信やA-D変換，PWM出力などの機能の説明とその使い方を，サンプル・プログラムを使って説明します．

　実際に動かしたり，プログラムに修正を加えてどのような動きになるかを確認したりすれば理解しやすいと思います．

● Arduinoの標準機能とは

　初めはArduino単体または，7セグメントLEDやLCDなどの市販のデバイスを使って簡単に配線できるものを取り上げます．この章では次のようなものを説明します．
- ▶ シリアル通信（PCと通信を行う）
- ▶ A-D変換（アナログのデータを取り込む）
- ▶ LED，PWM制御（明るさの増減を行う）
- ▶ LCD（白黒液晶表示器．数字，アルファベットなどで測定結果などを見えるようにする）
- ▶ I^2C，I^2C方式のEEPROM（小さな容量のデータ保存用メモリ）制御（リード/ライトの確認）
- ▶ 4桁7セグメントLED（見やすい数字の表示器）制御（数字の表示）

　7セグメントLEDに関しては，使うことが多いと思いますので，動作原理などを少し詳しく説明して，実際に4桁の表示器に数字を表示させるプログラムで動作を確認します．さらに表示を行う部分であるドライバをライブラリ化して，簡単にスケッチからプログラミングする方法も掲載しています．

　また，I^2Cというのは基板内もしくは近辺で2本のデータ線だけでシリアル通信を行う規格で，EEPROM（電源を切ってもデータが消えない半導体メモリ）のリード/ライトのほかに，2セットのArduinoを使った簡単なマスタ-スレーブ間通信の実験も行います．マスタは支配権をもち，スレーブはマスタの要求にこたえてデータを送受信します．2-9項で詳しく説明します．

● シリアル通信の確認について

　シリアル通信の確認には，PC側にターミナル・ソフト（Windows XPまで標準で搭載されていたハイパーターミナルのようなアプリケーション）が必要ですが，Arduinoにはシリアル・モニタ（Serial Monitor）という簡易的なターミナル機能が用意されているため，とりあえずこれで確認できます．

　シリアル・モニタは，ブートローダとシリアル・ポートを兼用していることから，プログラムのアップロード完了後から利用可能になります．この機能は，Arduino IDEのメニューのTools-Serial Monitor（ツール-シリアルモニタ）で起動します．

2-2　PCと簡単に通信できるシリアル通信

　初めは外付け部品が不要なシリアル通信の確認です．Arduino標準のシリアル通信の機能を使うと，簡単にPCと通信することができます．この機能を利用することで，PCでArduinoを制御したり，Arduino内のデータをPCで受信するような処理が作られます．デバッグ（プログラムが思ったように動かないとき，どこが期待通り動作していないかなどを調べ修正する作業）をするときなどのメッセージの表示にも利用できます．

● シリアル・ポート（接続するのはUSB）

　Arduinoには，ユーザ・プログラムをアップロードするために非同期シリアルの通信ポートが必ず実装されています．通常機種ではUSBポートになっていますが，これはユーザ・プログラム側からみるとシリアル・ポートとして扱えます．

　プログラムのアップロードが終わってユーザ・プログラムが動き出すと，シリアル・ポートは開放されます．これ以降はユーザ・プログラムからシリアル・ポートを利用できます．

● 通信確認プログラム

　シリアル通信を簡単に確認するために，ループバック（自分で出した内容を受け取る）という簡単なプログラムを作成します．この処理のスケッチを**リスト2-1**に示します．

　`Serial.begin(19200)`という関数は，シリアル・ポートのビットレート（データを送るスピードの割合）を19200bps（bit/secondという1秒間に送れるビット数の単位）に指定して初期化するものです．特に指定されていませんが，データ長は8ビット，パリティなしとなっています（これらの設定値は一般的によく使われるもの）．

　`Serial.available()`は受信したデータ数を調べる関数で，受信データがある場合は，0より大きな数値（受信バイト数）を返します．この関数で受信の有無を判断し，`Serial.read()`で受信したデータを1バイトずつ取り出します．

　受信データが"¥r"（キャリッジ・リターン）コードの場合は，改行コードを出力する`Serial.println()`関数を実行します．改行コードが出力されると，PCのターミナル・ソフト上で改行表示されます．"¥r"をそのまま返してもよいのですが，ターミナル・ソフトによっては，そのほかに"¥n"も出力しないと改行できない場合があります．`Serial.println()`を使うと，この二つのコードが文字列の最後に付加されて出力されます．

　受信データが"¥r"以外のときは，通常の文字と考えてそれをそのまま`Serial.print()`で出力します．

リスト2-1　ループバック・テスト（p2_2_EchoBack.ino）

```
void setup() {
  Serial.begin(19200);
}

void loop() {
 char dat;

 if(Serial.available() > 0) {
    dat = Serial.read();    // 受信
    if(dat == '\r') {
      Serial.println();
    } else {
      Serial.print(dat);
    }
  }
}
```

　このとき，出力された文字がターミナル上に表示されます．つまり，キーボードから入力した文字がターミナルに表示されるということです．このように送信した文字が戻ってくることをエコーバックといいます．

　なお，Arduino IDEのSerial Monitorを使用する場合は，一番上の入力欄に文字を入力してSendボタンをクリックすることで文字がPCへ送信されます．

● 簡単なコマンド処理プログラム

　少し処理を加えて，受信した文字に応じてLEDをONまたはOFFにするプログラムを作成します．受信した文字をswitch-case文で判別して，文字に応じてLEDを制御します．

　文字 '1' を入力するとLEDをON，'2' を入力するとLEDをOFFすることにします．

　プログラムを**リスト2-2**に示します．**リスト2-1**と違い，文字の判定にswitch-case文を使っていますが，やっていることはif文のときと同様です．

　このプログラムを実行させて，PCのターミナル・ソフトから '1' と入力すると，D_{13}に接続されたLEDが点灯し，'2' を入力すると同LEDが消灯します．

　最後にSerial.println(dat);をコールしているのは，確認のために，入力した文字をPC側へエコーバックするためです．

2-3　一番ベーシックな制御として…LEDの制御，PWM制御

　電子機器にとって，LED（発光ダイオード）はもっとも手軽な表示器だと思いますが，通常の表示だけでなく，赤外線リモコンの赤外線パルス発生，いくつかのLEDを組み合わせた数値表示器，最近では照明器具など，いろいろなところに利用されています．ここでは，LEDのON/OFFだけではなく，PWM（パルス幅変調）を使った明るさ制御などについて説明します．

リスト2-2　シリアル・コマンド処理(p2_2_SerCmd.ino)

```
int ledPin = 13;                       // ディジタル出力ポート13(D13)にはオンボードLEDがつながっている

void setup() {                         // 初期化関数
  Serial.begin(19200);                 // シリアル・ポートの初期化
  pinMode(ledPin, OUTPUT);             // D13を出力ポートに設定
}

void loop() {                          // ユーザ・ループ関数
   char dat;

  if(Serial.available() > 0) {         // 受信バイト数の判定
    dat = Serial.read();               // 受信あり時データ取り出し

    switch(dat) {                      // データ判定
      case '1':
        digitalWrite(ledPin, HIGH);    // LED ON
        break;
      case '2':
        digitalWrite(ledPin, LOW);     // LED OFF
        break;
    }
    Serial.println(dat);               // 文字を出力(入力確認のため)
  }
}
```

● LEDのON/OFF制御

　ON/OFF制御は第1章の試運転のところで説明したように，LEDが接続されているポートの電圧レベルを"H"または"L"レベルに設定することでON/OFFさせます．

　LEDには極性があり，片方がアノード(A)，もう一方をカソード(K)といいます．LEDはダイオードの一種で，電流がアノードからカソードへ流れるときに発光するようになっています．つまり，アノードがプラス，カソードがマイナスということです．通常，足の長いほうがアノード(プラス)となっています．

　出力ポートに接続する際は**図2-1**のように2通りの接続方法があり，Ⓐは出力ポートが"L"レベルのときに発光する接続方法，Ⓑは出力ポートが"H"レベルのときに発光する方法です．

　Ⓐのように"L"レベルでアクティブ(この場合は発光すること)になるのを負論理，Ⓑのように"H"レベルでアクティブになることを正論理といいます．通常は正論理で作ることが多いのですが，場合によっては負論理で作ることもあります．このように，接続方法によってON/OFFの制御方法が変わります．なお，直列に入っている抵抗器RはLEDに流れる電流を制限するものです．

● PWM制御とは

　PWMとはパルス幅変調のことで，簡単にいうと，断続的に電流を高速にON/OFFして，供給する電力の量を加減するような制御方法です．**図2-2**のように繰り返しの周期は一定で，ONするパルスの幅を変えることで電力を増減させます．

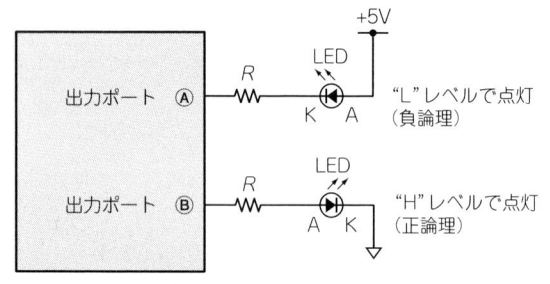

図2-1　LEDの接続には2通りがある
ディジタル出力ポートにLEDを接続する際の接続方法を示す．"L"レベルで点灯させるか（負論理駆動），"H"レベルで点灯させるか（正論理駆動）の2通りの方法がある．"L"レベルで駆動するというのは，電流を吸い込む（IC内部でGNDに接地される）という動作である．

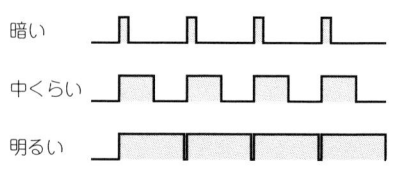

図2-2　PWMの波形例
PWMでLEDを点灯させる場合の駆動電流（または電圧）のパルス波形と明るさの関係を示す．パルス周期は一定で，パルスの幅を変えることにより，LEDに加える「電力」を増減させて明るさを変える．直流モータの回転数制御にも利用できる．

リスト2-3　PWM点滅（p2_3_PwmLed.ino）

```
void setup() {
  pinMode(9, OUTPUT);      // LED D9
}

byte dat = 255;

void loop() {
  analogWrite(9, dat);     // PWM出力
  dat--;                   // 出力値更新
  delay(5);                // 5ms遅延
}
```

　LEDをPWMで制御すると，パルス幅を変えることでLEDの明るさを変えることができます．この機能の応用として，DCモータの回転数を変えるような用途にも利用できます．また，市販のLED電球もPWM技術が使われています．

● PWM制御の方法

　ArduinoのライブラリにはたもPWM駆動の機能があります．この機能を使ってPWMの実験を行います．
　PWMの制御には，`analogWrite()`関数（アナログ出力）を使います．ディジタル出力ポートを使うのに，なぜアナログ出力かというと，PWM出力の電力を平均化することで電力に応じた電圧を発生させる，つまりD-Aコンバータ（ディジタルをアナログに変換する装置）とした用途が想定されているためです．

● PWM制御プログラム

　PWMの使用例として，LEDの明るさを徐々に明るくしたり，暗くしたりするプログラムを作成します．LEDが電流制限用抵抗器を通してD9に接続されているものとします．**リスト2-3**はパッと明るく点灯

して徐々に暗くするプログラムです．`analogWrite(dat)`関数でPWM値を設定しますが，`delay(5)`関数で5msごとに出力値を-1してパルス幅を狭くしていくことでLEDが徐々に暗くなります．

更新処理を`dat++`とすると，逆に徐々に明るくなるようにできます．なお，`dat`は8ビットですので，255に1を加えると，桁あふれして0に，逆に0から1引くと255に戻ります．従って点滅を繰り返すことになります．

遅延時間を変えるなどして，変化の仕方を変えて動作を試してみてください．

● サーボ・モータ用Servoライブラリについて

最近安価に入手できるラジコン用のサーボ・モータの制御信号も，意味は少し異なりますが一種のPWMです．Arduinoにはサーボ・モータ制御用のライブラリServoが用意されているので，サーボ・モータを制御する場合はそちらを使います．

2-4 A-Dコンバータの利用

Arduino（AVR）には，分解能が1024段階である10ビットのA-Dコンバータが内蔵されていて，アナログ電圧をディジタル値として読み出すことができます．ここではA-Dコンバータに半固定抵抗器をつないで，ディジタル値を読み取る実験を行います．

● A-Dコンバータとは

A-Dコンバータとはアナログ電圧をディジタル値に変換する変換器のことです．たとえば，アナログ式の温度センサは温度に応じた電圧を発生させますが，それをA-Dコンバータへ入力してディジタル値へ変換すれば，温度に応じたディジタル値が求められます．これを適当な換算式で計算すれば，温度値が求められます．なお，温度の読み取りについては応用編で説明します．

● アナログ電圧値の簡単な読み取り

一番簡単なのは，ボリューム（可変抵抗器）で電源電圧を分圧した可変電圧をArduinoのアナログ入力につなぎ，それを読み取ることです．

図2-3のようにボリュームの両端に電圧をかけると，出力には0V～電源電圧までの電圧が得られます．この出力をAVRマイコンに内蔵されたA-Dコンバータに入力してやれば，ディジタル値に変換できます．

● A-D変換の確認プログラム（**p2_4_AdcPwm.ino**）

読み取って変換されたディジタル値を確認したいところですが，現時点では数値など表示するものは何もないので，2-2項で説明したPWM制御を利用して，ディジタル値により，PWM値の値を変えて，ボリュームを回せばLEDの明るさが変わるようなアプリケーションを作ります．回路は**図2-3**のようにしました．LEDはD$_9$に接続します．

処理としては，A-D変換して得た数値をPWM出力し，それを繰り返すだけです．**リスト2-4**にスケッチを示します．A-D変換値は10ビットですが，PWMで指定できるのは8ビットのため，変換値を2ビット右シフトした値（4で割ったのと同じ）をPWM出力として使います．

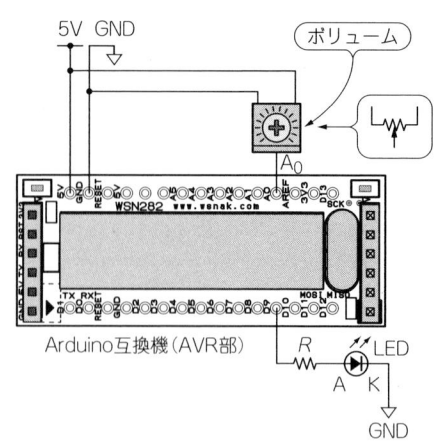

図 2-3
PWM出力を利用する回路
Arduino互換機でPWM制御のLEDを動作させる回路の例．電源電圧をボリュームで分圧して0V～5VまでのВ電圧を生成し，それをArduinoのA-Dコンバータで読み取って，A-D変換値の値に応じたパルス幅を生成しLEDの明るさを加減する．

(＊) PCと通信するため，電源/USB部が必要．
(＊) USBより給電するため，外部電源は不要．

リスト2-4　PWM出力 (p2_4_AdcPwm.ino)

```
int ledPin = 9;          // LED D9
int analogPin = 0;       // アナログ・ピン A0

void setup() {
  pinMode(ledPin, OUTPUT);
}

void loop() {
  int dat;
  dat = analogRead(analogPin);           // アナログ電圧の読み出し
  analogWrite(ledPin, (byte)(dat >> 2)); // PWM出力 (0～255)
  delay(10);
}
```

リスト2-5　シリアル出力 (p2_4_AdcSer.ino)

```
int analogPin = 0;       // アナログ・ピン A0

void setup() {
  Serial.begin(19200);   // シリアル通信初期化
}

void loop() {
  int dat;
  dat = analogRead(analogPin);    // アナログ電圧の読み出し
  Serial.println(dat);            // 変換値をシリアル送信
  delay(1000);          // 1秒待つ
}
```

● A-D変換値をPCへシリアル送信するプログラム（p2_4_AdcSer.ino）

次は，A-D変換で得られたディジタル値をPCへシリアル通信で送信するプログラムを作成します．これは，Arduinoで読み出した温度をPCで表示させる，というようなアプリケーションの原型となります．シリアル通信を利用するため，P_2：USB/電源部ボードが必要です．

リスト2-5にスケッチを示します．A-Dコンバータから読み出した値をシリアル送信しているだけです．`Serial.println()`は引数に整数値を与えると，それを文字列に変換してシリアル送信してくれます．

`delay(1000)`で時間待ちしているため，`loop()`内の処理は約1秒ごとに繰り返されます．通信結果はArduino IDEのSerial Monitorで見ることができます．

2-5　7セグメントLEDのしくみ

7セグメントLEDは使うことが多いと思いますので，最初に表示のしくみについて少し詳しく説明します．

● 7セグメントLEDの構造

7セグメントLEDは図2-4（a）のように，通常，小数点（DP）を含めると8セグメントのLEDで構成されています（1セグメントに複数のLEDが接続されている場合もある）．数値を表示させるには，このセグメントを数字になるように組み合わせてON/OFFさせます．

● セグメントの表示制御の方法

7セグメントLEDの内部は，図2-4（b）のようになっています．"a"～"g"，"DP"（右下のドット）の各セグメント用LEDが並んでいて，全LEDのアノードまたはカソードのどちらか一方が内部で接続されて，それがコモン信号（COM）としてパッケージの外に出ています．図2-4（b）ではカソード側が接続されていますが，このようなタイプをカソード・コモン（またはコモン・カソード）と呼びます．

図2-4（b）のスイッチSWは等価的なもので，実際の回路ではトランジスタなどに置き換わります．ス

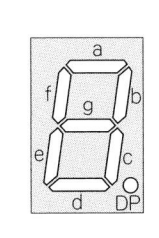

（a）7セグメントLEDの各セグメントの名称

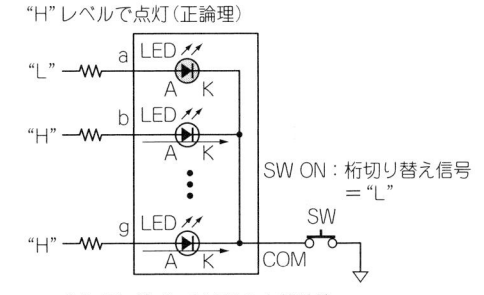

（b）7セグメントLEDの内部結線

図2-4　7セグメントLEDの構造
一般的な7セグメントLEDの内部構造と，個々のLEDとセグメントの対応を示す．7セグメントLEDにはアノードをコモン（共通）とする方式と，カソードをコモンとする方式の2種類ある．この違いは個々のLEDを"L"レベル（負論理）で点灯させるか，"H"レベル（正論理）で駆動するかである．

配列要素	点灯パターン	2進数表記
SegPat[0]	0x3F	00111111
SegPat[1]	0x06	00000110
SegPat[2]	0x5B	01011011
SegPat[3]	0x4F	01001111
SegPat[4]	0x66	01100110
SegPat[5]	0x6D	01101101
SegPat[6]	0x7D	01111101
SegPat[7]	0x07	00000111
SegPat[8]	0x7F	01111111
SegPat[9]	0x67	01100111

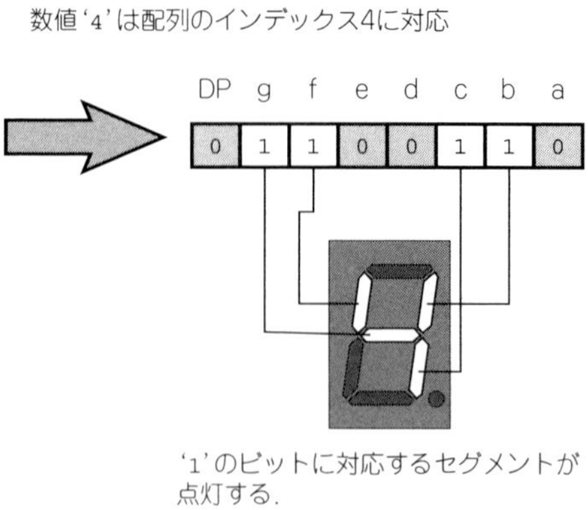

数値'4'は配列のインデックス4に対応

'1'のビットに対応するセグメントが点灯する．

図2-5　表示データとセグメントの対応
各セグメントに接続された出力ポートへ出力するデータと実際のセグメントとの対応を示す．セグメントに対応したビットを"H"レベルにすると，そのセグメントが点灯する．実際のプログラムでは，表示する数値に対応した点灯パターンを配列で用意し，数値に対応した配列要素のデータを出力ポートに出力することで，文字に応じたパターンで7セグメントLEDを点灯させる．

イッチをON（COM信号を"L"レベルにすることに相当）にした状態で，"a"～"g"，"DP"のセグメント信号を"H"レベルにすると，LEDが点灯します．このセグメント信号を数字や文字のパターンで出力してやれば，数字や文字が表示できます．

セグメント信号を出力したままでも，スイッチをOFF（COM信号を"H"レベル，または無接続にすることに相当）にすると，すべてのLEDは消灯します．このCOM信号はダイナミック・ドライブ（後述）の桁切り替えの信号になります．

● **プログラムからの制御方法**

実際のプログラムではどのように制御するかを説明します．

図2-5のように，配列SegPat[10]にセグメントの表示パターンが入っているとします．'0'～'9'の数字に対応した配列SegPat[0]～SegPat[9]の10個です．各配列要素は8ビットで，LSB（最下位ビット）から順に7セグメントLEDの"a"～"g"のセグメントに対応しています．

'1'のビットに対応するセグメントが点灯，'0'のビットに対応するセグメントが消灯するようにします．この図は'4'を表示する例です．"a"～"g"が接続された出力ポートにこのビット・パターンを出力し，COM信号を"L"レベルにすることで数字が表示されます．

● **スタティック・ドライブとは**

表示桁が複数ある場合に，7セグメントLEDを桁ごとに個別に制御するような制御方法をスタティック・ドライブといいます．この方式は制御が単純ですが，桁数が増えると，制御する信号も桁数倍になるので，桁数が多い場合はコストが増えます．たとえば4桁の場合は，7セグメント×4桁で合計28本の出力ポートが必要になります．

● 利用の多いダイナミック・ドライブとは

　スタティックに対して，複数の桁を同時にではなく，1桁ずつ順番に表示させて全桁が点灯しているように見せかける方法があります．表示桁の切り替えを高速に行うことにより，すべての桁が同時に点灯しているように見えます．このような方式をダイナミック・ドライブといいます．この方式だと，桁を切り替える信号(1桁につき1本)と，全桁共通のセグメント用信号7～8本ですみます．4桁の場合は，7セグメント＋4桁で合計11本の出力ポートで足ります．

　ダイナミック・ドライブのこの方式は，切り替えが遅いと表示がちらつくとか，制御が複雑になるなどの欠点もありますが，通常はこの方式が多く用いられています．

2-6　7セグメントLEDのダイナミック・ドライブ方法

　ここでは，ダイナミック・ドライブ点灯のプログラムからの制御法などを説明します．

● 桁信号の切り替え

　前述のように，桁信号(COM)を"L"レベル(GNDに接続)にしたLEDだけが点灯することを利用して，複数並べた7セグメントLEDの表示桁を切り替えます．

　4桁の場合は，図2-6のように4本の桁切り替え信号(COM)で点灯させる桁を切り替えます．なお，実用回路では，7～8セグメント分の電流がCOM信号に集中し，マイコンの出力ポートでは許容電流不足(流せる電流に限界がある)になることもあるため，その場合はトランジスタなどを入れて，スイッチングできる電流を増やします．

● 桁信号の切り替えタイミング

　4桁の場合の桁信号の切り替えのタイムチャートを図2-7に示します．この図のように，1の位から1000の位まで，1桁ずつ，順に"L"レベルに設定し，また1の位に戻るという動作を繰り返します．

　"L"レベルの桁はGNDと接続されることと等価なため，その桁が点灯する桁になります．この図では桁が切り替わる際，どの桁もONしていないタイミングがあります．これは，隣接する桁の表示が干渉し

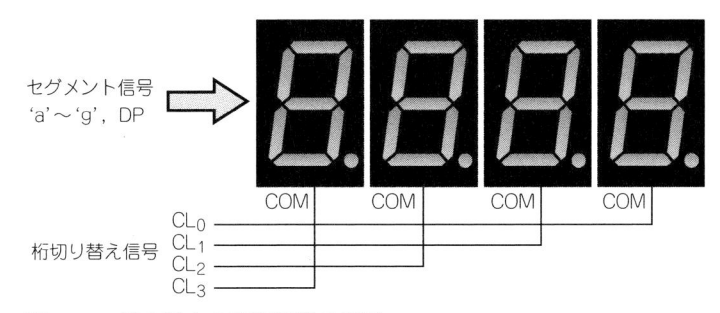

図2-6　4桁の場合の桁切り替え信号
4個の7セグメントLEDをダイナミック・ドライブ結線した場合の，桁信号(コモン信号)の対応を示す．カソード・コモン対応のLEDの場合，桁信号を"L"レベルにすることで，対応する桁が点灯可能になる．桁信号が"H"レベルのものは，セグメント信号の状態にかかわらず，桁全体が消灯する．

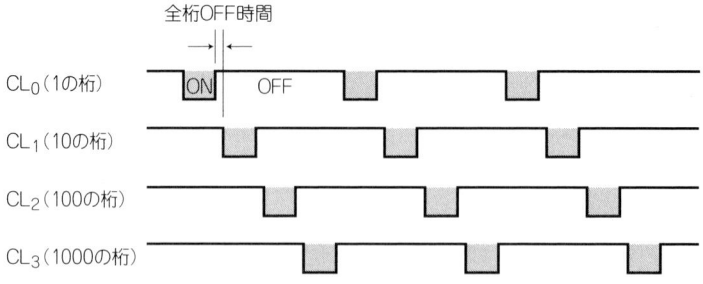

図2-7 桁信号のタイムチャート
このチャートはダイナミック・ドライブで，桁信号を1桁ずつ順次アクティブにするようすを示したもの．セグメント信号用ポートに表示するデータのパターンを出力したのち，対応する桁を"L"レベルにすることで，その桁に数値が表示される．いったん全桁を消灯状態にした後，次の桁を同様に表示させる．このような動作を繰り返すことで，全桁を表示させる．

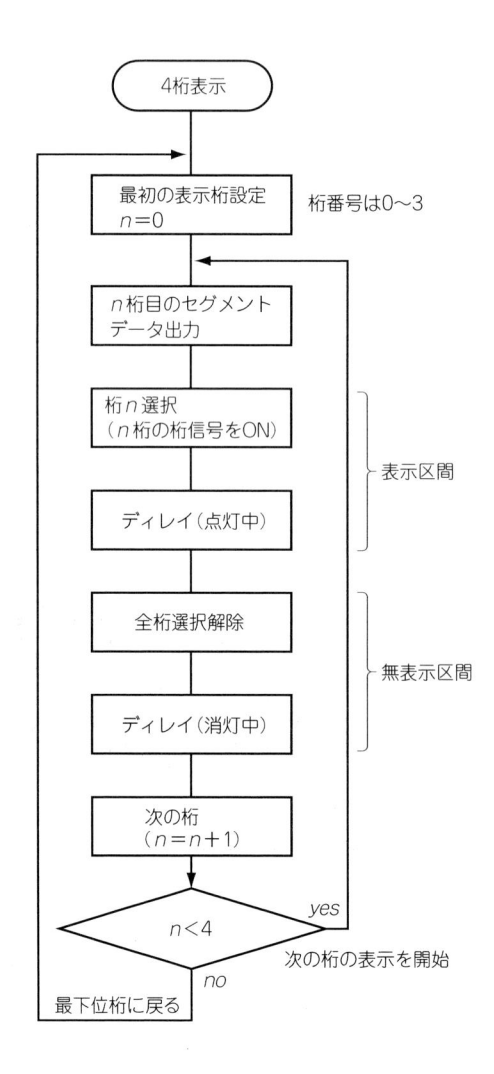

図2-8 ダイナミック・ドライブのフローチャート
セグメント・データをセグメント用出力ポートに出力し，桁信号をONにして点灯し，それを桁を切り替えながら順次繰り返すという，一連の動作を示す．点灯時間（桁信号ON）と全桁消灯時間はディレイで調整する．

て表示がぼやけて見苦しくなるのを防ぐためによく使われる方法です．

● 表示処理のフローチャート

ダイナミック・ドライブの処理を簡略化したフローチャートを**図2-8**に示します．

適当なディレイでタイミングをとりつつ，桁を切り替えながら桁ごとのセグメント・データを出力し，それを繰り返すという処理です．

なお，実用プログラムではディレイ中もほかの処理ができるようにするために，少し複雑になります．

● 省配線化について

次項で，実際に4桁の7セグメントLEDを点灯させますが，4桁で11本の出力ポートを使います．実際に作ってみると実感すると思いますが，I/O数の少ないArduinoにとっては11本でも大きな負担となる場合があります．

そこで，第7章ではI^2Cというシリアル通信で制御できる4桁7セグメントLEDのセットを製作しました．このセットはArduinoと2本の信号線，2本の電源線だけで接続できます．

2-7　4桁7セグメントLEDを使う

ここでは，ダイナミック・ドライブ接続された4桁の7セグメントLEDが簡単に入手できるようになったので使ってみました．

● 4桁の7セグメントLED OSL40562-LRについて

ここで使用するLEDはOptoSupply社のOSL40562-LRというもので，**写真2-1**のように，7セグメントLEDが四つ並んでいて，内部でダイナミック・ドライブ用に結線されています．

ピン配列は**図2-9**のように，通常のICと同じように，リードが横方向に2列並んだDIP形状なので，ブレッドボードに直接実装できます．

内部は**図2-10**のような結線になっています．"a"～"g"，"DP"が各セグメントを点灯させる信号です．今回はカソード・コモン・タイプを使うため，LEDの説明で述べたように正論理での駆動になります（"H"レベルで点灯）．

カラム信号（DIGx）が表示桁を決定する信号で，この信号を"L"レベルにすると，その桁が点灯できる条件になります．この条件でセグメント信号（"a"～"g"，"DP"）を"H"レベルにすると，その桁のセグメントだけ点灯することになります．

なお，実際はLEDに直列に電流制限用の抵抗器を入れる必要があります．

● OSL40562-LRの接続

OSL40562-LRの各々のセグメントとピン配列は**図2-9**のようになっています．どちらも表示面から見たときの図です．セグメント信号が順番に並んでいないのと，電流制限用の抵抗器が必要なため，少し面倒です．

今回は各セグメントに流れる電流を少なくすることで，桁切り替え信号にはトランジスタは使わず，直接ディジタル出力ポートに接続しています．抵抗値は1kΩとしました．

写真2-1　4桁7セグメントLED OSL40562の外観

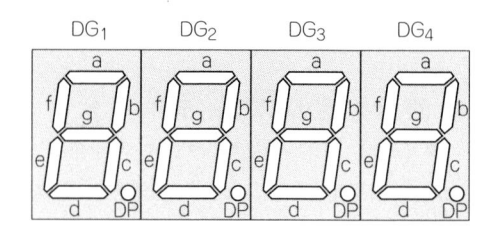

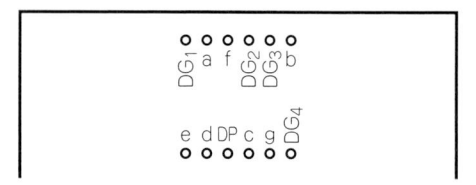

図2-9[7]　OSL40562のピン配列図
上面（表示面）から見たピンの並びと各信号の対応を示す．このLEDのピン配列はDIP形状のため，ブレッドボードに直接実装できる．DPは小数点のセグメントで，これを含めると，8セグメントになる．

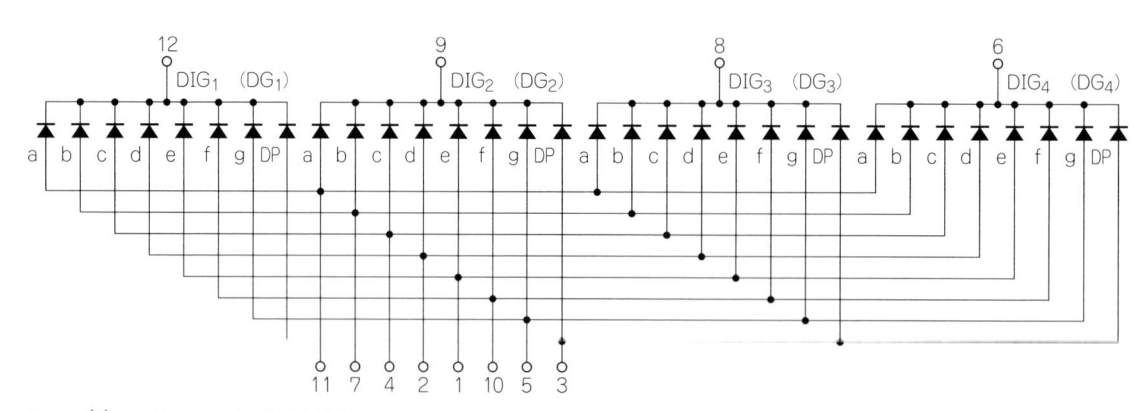

図2-10[7]　OSL40562の内部結線図
ダイナミック・ドライブ用の結線が内部で施されているOSL40562の等価回路を示す．セグメント信号（a～g，DP）はそれぞれ全桁で並列に接続されている．DIG₄（右端）の桁が1の桁，DIG₁（左端）の桁が1000の桁である．

図2-11は後述するサンプル・プログラムを動かすためのブレッドボード上の実体配線例です．"D_0"～"D_{11}"はArduinoのディジタル・ポートの番号を示しています（"D_7"は未使用）．"D_0"～"D_6"の順にセグメント"a"～"g"が対応しています．桁信号は7セグメントLEDの右桁から順に"D_8"～"D_{11}"（"DIG₄"が"D_8"）としているので注意してください．

● 固定値表示プログラム（p2_7_7seg.ino）
　最初に，ダイナミック・ドライブ方式で4桁の固定値を表示させるだけの単純な動作のプログラムを作成します．このプログラムは表示することだけが目的なので，表示に専念するように極力単純にしてありますが，実用では，割り込みを併用するとか，delay処理中にもほかの処理ができるようにするなどの工

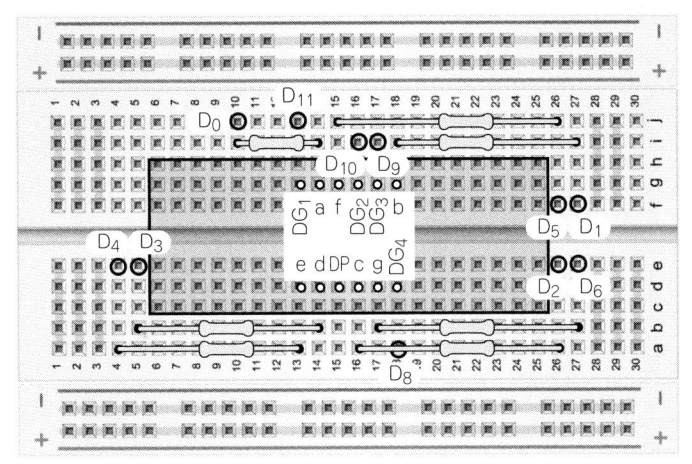

D₁からD₁₁（D₇は欠番）はArduinoのディジタル・ポート番号を示す．

図2-11　Arduinoとの接続例
OSL40562をブレッドボードに配置し，Arduinoへ接続する際の結線例を示す．電流制限用抵抗器（1kΩ）をLEDのセグメント信号とArduinoの出力ポートとの間に入れる必要がある．D₀～D₁₁はArduinoの出力ポートの接続先を示す．この図の例では，抵抗器のリード線の長さを変えて実装することでジャンパ・ワイヤは使わずに済むようにしている．D₇はDP（小数点）で今回は使わないので接続していない．

夫が必要です．そのような使用方法は後述します．

サンプル・プログラムを動かすための接続は**図2-11**のようにしました．

数値とセグメントの点灯，消灯を結びつけるのに，10個の配列要素を用意し，配列のインデックスで点灯パターンが参照できるようにします．数値が'0'の場合はインデックスが'0'，数値が'9'の場合は，インデックスは'9'という具合になります．

各配列要素は8ビット長で1ビットが一つのセグメントのON/OFFに対応するようにします．数字の'0'～'9'を表示させるために，パターンを記憶させる配列は10個使います．これが16進数の場合は，"A"～"F"の分が増えて16個必要になります．

プログラムを**リスト2-6**に示します．固定の数字"1234"を表示させるだけのものです．数値を変えて結果をみるとか，ディレイ時間を変えてちらつき具合を確認するなどすれば，いろいろ試せます．

このスケッチでは，ArduinoのディジタルI/O関係のライブラリは使わずに直接AVRのレジスタを操作しています．本来はプログラムの互換性上，好ましくないのですが，Arduinoでは8ビット一括で出力する方法がなく，セグメントの8ビットのデータをビット単位で出力するように作ると，処理が煩雑になり，わかり難くなってしまいます．処理速度の問題もあります．そこで，ここではレジスタPORTDに直接，8ビットを一気に出力するようにしました．PORTDはArduinoのD₀～D₇にアサインされています．

"`SEL_COL1`"～"`SEL_COL4`"は桁信号をアクティブ（"L"レベル）に設定するマクロ[*1]です．PORTBの指定のビットを論理演算で'1'に書き換えています．

`UNSEL_ALL`は，全桁を非アクティブ（"H"レベル）に設定するマクロです．桁を切り替える際の全桁消灯状態を作るときに使用します．

（*1）マクロ；複数の処理を記述したもの．サブルーチンや関数とは異なる．

リスト2-6　固定値表示プログラム (p2_7_7seg.ino)

```c
#define OUT_SEGDAT PORTD        // パターン・データの出力ポート

// カラム切り替え("L"で点灯)
#define SEL_COL1 PORTB &=~ (1<<0)   // D8(PB0)  1の桁 ON
#define SEL_COL2 PORTB &=~ (1<<1)   // D9(PB1)  10の桁 ON
#define SEL_COL3 PORTB &=~ (1<<2)   // D10(PB2) 100の桁 ON
#define SEL_COL4 PORTB &=~ (1<<3)   // D11(PB3) 1000の桁 ON

#define UNSEL_ALL PORTB |= (0x0F)   // 全桁OFF

byte ColNum;        // カラム番号(n) 0～3

byte BcdVal[4] = {4, 3, 2, 1};     // 表示する数値"1234"最下位桁から

// セグメント・パターン LSBがセグメント'a'
byte SegPat[10] = {
  0x3F,   // 00111111 数字'0'のパターン
  0x06,   // 00000110 数字'1'のパターン
  0x5B,   // 01011011 数字'2'のパターン
  0x4F,   // 01001111 数字'3'のパターン
  0x66,   // 01100110 数字'4'のパターン
  0x6D,   // 01101101 数字'5'のパターン
  0x7D,   // 01111101 数字'6'のパターン
  0x07,   // 00000111 数字'7'のパターン
  0x7F,   // 01111111 数字'8'のパターン
  0x67    // 01100111 数字'9'のパターン
};

// 初期化
void setup(void) {
  // D0～D11を出力に設定
  DDRD = 0xFF;  // D0～D7 output
  DDRB |= 0x0F; // D8～D11 output
  UNSEL_ALL;    // 全桁OFF

  ColNum = 0;   // 1の桁から始める
}
// メイン・ループ
void loop(void) {
  byte pat;     // セグメント表示(パターン)データ
  byte ix;      // セグメント・パターン配列のインデックス

  ix = BcdVal[ColNum];   // 表示桁の数字を取り出す            …(A)
  pat = SegPat[ix];      // 数字から表示パターンを得る

  OUT_SEGDAT = pat;      // パターン(セグメント・データ)の出力

  // 表示区間の始まり
  switch(ColNum) {
    case 0:
      SEL_COL1;    // 1の桁をON
      break;
```

```
    case 1:
      SEL_COL2;       // 10の桁をON
      break;                                              …(B)
    case 2:
      SEL_COL3;       // 100の桁をON
      break;
    case 3:
      SEL_COL4;       // 1000の桁をON
      break;
  }
  //delay(500);              // 500ms                   …(C)
  delayMicroseconds(500);    // 500us

  // 全桁非表示区間
  UNSEL_ALL;                 // いったん全桁OFF
  delayMicroseconds(100);    // 100us

  ColNum++;                  // 次の桁番号に設定         …(D)
  if(ColNum > 3) {
    ColNum = 0;              // 全桁の表示終わったとき，最初の桁に戻す
  }
}
```

このプログラムはほぼ，2-6項の**図2-8**のフローチャートに沿っています．

(**A**)の部分が桁ごとにセグメント・データを出力しているところ，(**B**)の部分が表示させる桁を切り替えているところです．表示桁は`ColNum`の値で切り替わります．

これら一連の処理を一定の周期で繰り返しています．

(**C**)のディレイ時間は繰り返しの周期用タイマで，500msなど大きな値にすると，1桁ずつ順番に点灯する動作が確認できます．

(**D**)の部分で桁を切り替えます．`ColNum`はループのたびに更新され，0～3の値を繰り返します．

本来，このような処理はドライバとして作成するのですが，今回はダイナミック・ドライブの動作を理解するためにアプリケーション側で処理させています．

ここでは，レジスタ操作など特殊な方法をとっているので，わかり難ければ，こういうことをドライバでやっている，という程度にとどめておいてかまいません．後述の専用ライブラリを使うと，このような処理は意識しなくても済みます．

2-8　4桁7セグメントLED用ライブラリ

2-7項では4桁7セグメントLED OSL40562-LRの制御用プログラムをAVRのレジスタを直接操作することで制御しましたが，ここでは，ドライバをライブラリ化したものを利用して，もっと簡単に制御します．

● 4桁7セグメントLED用ドライバwD7S4Led

2-7項で説明したダイナミック・ドライブの処理をドライバとしてまとめたものを，`wD7S4Led`として

Column…2-1　AVRマイコンのレジスタをちょっとだけ知る

　本書の一部のスケッチではArduinoで使われているAVRマイコンのレジスタを直接操作しているところがあるので，関連するレジスタを簡単に説明しておきます．

　Arduinoのディジタル・ポートはAVRのPORTBとPORTD，アナログ・ポートはPORTCに接続されています．**表2-A**にArduinoのI/Oポートと，AVRのレジスタとの対応を示します．また，**図2-A**はレジスタのビット・アサインの図です．'x'の部分には，ポート識別名（'B'，'C'，'D'）が入ります．以下同様です．

　なお，各レジスタはポートによって実装されているビット数が異なります．PORTBとPORTC関係は8ビット，PORTC関係は下位7ビットが有効です．

　DDR_x（Port x Data Direction Register）はディジタルI/Oポートを出力にするか，入力にするかを設定するレジスタです．

　このレジスタはポートごとに三つあります．レジスタの1ビットがポートの1ビットに対応していて，該当ビットを'1'に設定すると出力ポート，'0'に設定すると入力ポートに設定されます．PICマイコンを知っている人は，TRISxレジスタと論理が逆ですので注意してください．

　$PORT_x$（Port x Data Register）は，出力ポートに8ビット（PORTCの場合は7ビット）のデータを一度に出力するレジスタです．PORTDの場合，$PORTD_0$が出力ポートのPD_0というように，n番ビットの$PORT_{xn}$が出力ピンのP_{xn}に対応しています．このレジスタを読み出すと出力ラッチの状態が返ります．

　PIN_x（Port x Input Pins Address）は，入力ピンの状態を8ビット（PORTCの場合は7ビット）で読み出すレジスタです．AVRでは入力ポートと出力ポートが別アドレスにマッピングされているため，$PORT_x$からデータを読み出すと，$PORT_x$の出力ラッチの状態を読み出すことになるので注意してください．

　なお，出力ポートに設定した状態でPIN_xに'1'を設定すると，該当するポートのプルアップが有効になります．

　以上のように，PIN_x，$PORT_x$は8または7ビット同時にデータの入出力が可能です．本書では，何ビットかまとめて扱いたい場合に直接$PORT_x$レジスタに値を設定している場合があります．

　ArduinoではPORTCはアナログ入力専用となっていますが，このポートもほかのポートと同じく設定次第ではディジタルI/Oポートとして使用できます．本書ではスイッチやジャンパ状態の入力用にディジタル・ポートとして使用しているアプリケーションがあります．また，A_4，A_5はI^2C（Wireライブラリ）を使用する際は，I^2C信号のSDAとSCLに切り替わります．これらの信号は，I^2Cバスのドライブ時はオープン・ドレイン出力となります．

　なお，PORTCをディジタル入力として使用する場合は，DIDR0（Digital Input Disable Register 0）レジスタでディジタル入力バッファを有効にしておく必要があります．'0'に設定するとバッファが有効になります．

　$PORT_x$の一部を変更したい場合は，いったん$PORT_x$から全ビットを一度に読み出して，そのデータをビット演算などで加工して，再び$PORT_x$へ書き戻すようにすれば，部分的な出力状態の変更が可能です．

　PORTDのPD_0，PD_1の二つのポートは，UART（非同期シリアル通信モジュール）のRx，Tx信号と兼用になっています．シリアル通信を使用している場合はこれら二つのポートはディジタルI/Oとしては使用できないため，関係するレジスタは書き換えないように注意してください．

　レジスタ操作などの詳細はAVRのデータシートなどを参照してください．筆者はAVRのデータシートで済ませていますが，どうもPICのに比べると読みにくいような気がします．書籍「AVRマイコン・リファレンス・ブック」（CQ出版社）などでも詳細に解説されていますので参考にしてください．

表2-A　ArduinoのポートとAVRのピン，レジスタ・アサイン一覧

Arduinoの ポート番号	AVR ポート番号	I/Oポート	出力レジスタ	I/O方向 レジスタ	入力レジスタ	ディジタル入力 バッファ禁止レジスタ	備考
D_0	PD_0 (Rx)	PORTD	PORTD	DDRD	PIND	—	UARTと兼用
D_1	PD_1 (Tx)						UARTと兼用
D_2	PD_2						
D_3	PD_3						
D_4	PD_4						
D_5	PD_5						
D_6	PD_6						
D_7	PD_7						
D_8	PB_0	PORTB	PORTB	DDRB	PINB	—	
D_9	PB_1						
D_{10}	PB_2						
D_{11}	PB_3 (MOSI)						SPIと兼用
D_{12}	PB_4 (MISO)						SPIと兼用
D_{13}	PB_5 (SCK)						SPIと兼用
$A0$	PC_0 (ADC_0)	PORTC	PORTC	DDRC	PINC	DIDR0	
A_1	PC_1 (ADC_1)						
A_2	PC_2 (ADC_2)						
A_3	PC3 (ADC_3)						
A_4	PC_4 (ADC_4/SDA)						I^2Cと兼用
A_5	PC_5 (ADC_5/SCL)						I^2Cと兼用
A_6 (Nano)	ADC_6						QFPのみ
A_7 (Nano)	ADC_7						QFPのみ

※ A_0〜A_7のアナログ値はADCL, ADCH (ADC Data Register) から読み出す．

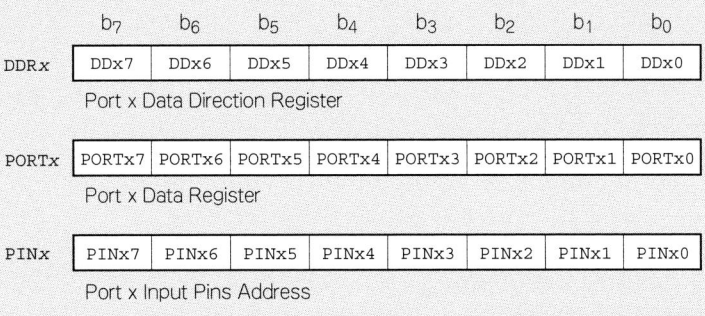

DDRx [DDx7|DDx6|DDx5|DDx4|DDx3|DDx2|DDx1|DDx0]
Port x Data Direction Register

PORTx [PORTx7|PORTx6|PORTx5|PORTx4|PORTx3|PORTx2|PORTx1|PORTx0]
Port x Data Register

PINx [PINx7|PINx6|PINx5|PINx4|PINx3|PINx2|PINx1|PINx0]
Port x Input Pins Address

x=B, C, D

DIDR0 [×|×|ADC5|ADC4|ADC3|ADC2|ADC1|ADC0]
Digital Input Disable Register 0

※DIDR0を除く各レジスタのビットは，ポートによっては実装されていないものもある．

図2-A　ディジタルI/O関係のレジスタ一覧

用意しました．このドライバはライブラリのwDisplayに含まれています．ドライバをライブラリ化することで，7セグメントLEDを簡単に制御することができます．

使用するディジタル出力ポートは2-7項で使用したものと同じく"D_0"～"D_{11}"に固定してあります．利用できるおもなパブリック・メンバには，次のようなものがあります．

▶ メンバ関数
- `setNum(n)`…表示する内容（$n = 0$～9999の数値）を設定
- `setZeroSup(on_off)`…ゼロ・サプレス有無の設定（デフォルト値0；ゼロ・サプレスなし）
- `process()`…ダイナミック点灯処理．繰り返し処理

▶ メンバ変数
- `onDelay`…桁表示区間のディレイ値（デフォルト値4）
- `offDelay`…桁非表示区間のディレイ値（デフォルト値1）
- `digRvs`…桁並び逆順［右端がMSB（most significant bit，最下位ビット），デフォルト値false］

● 動作のしくみ

このドライバは`process()`をメイン・ループ内に配置して，繰り返し実行させることで，ダイナミック・ドライブの桁切り替えなどの制御を行います．`process()`がコールされるたびに内部のカウンタの状態により桁ごとに順次表示を切り替えます．`onDelay`の設定回数だけ，ある桁を表示し，その後，`offDelay`回，非表示状態にします．これを桁を切り替えながら繰り返します．

各桁のON時間，OFF時間は，`process()`を呼び出す周期と，`onDelay`, `offDelay`の設定値により決まります．サンプル・プログラムでは，ちらつきがないような数値に設定してあります．

`setNum()`で数値（0～9999）を設定すると，7セグメントLEDに数値が表示されます．

リスト2-7　専用ライブラリ使用のプログラム（p2_8_D7sLib.ino）

```
#include <wDisplay.h>    // ライブラリのリンク

wD7S4Led led;            // インスタンス化

// 初期化
void setup(void) {
//   led.digRvs = true;    // 桁並び逆順(最上位桁右端)
//   led.setZeroSup(1);    // ゼロ・サプレスあり
//   led.setZeroSup(0);    // ゼロ・サプレスなし

  led.setNum(123);        // 数値表示
}

// メイン・ループ
void loop(void) {
//   delay(100);                  // 動作確認用スロー切り替え
  delayMicroseconds(500);      // 500μs
  led.process();
}
```

● ライブラリを使った表示プログラム（p2_8_D7sLib.ino）

ライブラリを使った表示用のサンプル・スケッチを リスト2-7 に示します．主要な処理はドライバが行っているので，2-7項のプログラムに比べるとずっと簡単です．ライブラリを利用するために`Display.h`をインクルードし，`wD7S4Led`のインスタンスを生成します．

表示する値は"0123"の固定値です．メイン・ループの中で，この値を変更するような処理を入れれば表示する値を変えられます．

ループの周期は単純にタイマ関数`delayMicroseconds(500)`で約500μsに設定してあります．ディレイ時間を長くすると1桁ずつ，点灯，消灯を繰り返しているようすが確認できます．ゼロ・サプレスの有無の設定と逆順指定はソース・ファイル中でコメントにしてありますが，コメントを外せば切り替わります．

2-9 Wire(I²C)ライブラリの使い方

ここでは，I²Cの概要と，Wireライブラリの使い方を説明します．

● I²C（Inter-Integrated Circuit）とは

I²Cとは，SCL（シリアル・クロック）とSDA（シリアル・データ）の2本の信号線で通信できる半二重，同期式シリアル通信方式の一種です．図2-12のように，マスタと呼ばれる機器一つに対し，スレーブと呼ばれる複数の機器が接続された構成になっています．マスタが複数あるマルチ・マスタという接続方式もありますが，本書では触れません．

スレーブにはそれぞれ固有のアドレスが割り当てられていて，マスタは通信する際にアドレスを指定して特定のスレーブと通信します．通信の主導権は常にマスタにあり，マスタの動作により，マスタがスレーブへデータを送信したり，マスタがスレーブからデータを受信したりできます．

● I²Cのスレーブ機器

このように，I²Cで接続される機器は，マスタの指示で動作するようなものになります．具体的にはメモリのEEPROMや，RTC（リアルタイム・クロック），温度センサなどの周辺デバイスを接続するのが本来の目的ですが，別のマイコンと通信させるような使い方もできます．

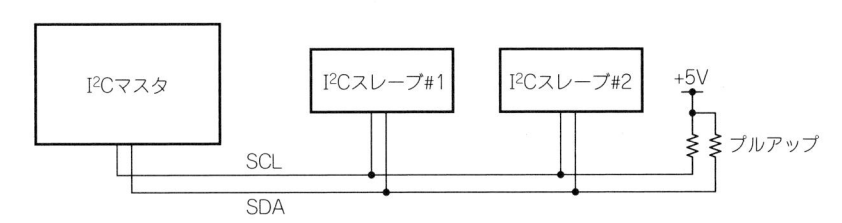

図2-12 I²C機器の接続例
スレーブが二つある場合の接続例．コモン・ライン（GND）は省略しているが，全デバイスのGNDは接続しておく必要がある．各デバイスのSCL，SDAポートはオープン・ドレイン出力となるため，それぞれ，適当なところでプルアップする必要がある．

● **標準で用意されているWireライブラリ**

WireはI^{2}C通信を制御するArduino標準のライブラリです．

初期化の仕方により，マスタ，スレーブ両方に設定できるため，二つのArduinoを用意して片方をマスタ，もう一方をスレーブとして，2セット間で通信させることもできます．

単純な例では，スレーブにI^{2}C制御のEEPROMを接続し，マスタ（Arduino）からデータを書き込んだり，書き込んだデータを読み出したりできます．次項ではマイクロチップ社などから発売されている24LC64という8KバイトのEEPROMを使って動作を確認します．

● **Wire使用時の結線**

Arduino（AVR）にはTWI（Two Wired Interface）というI^{2}C用のハードウェアが内蔵されています．Wireはこのハードウェアを利用するため，接続するポートは決められています．ArduinoではSCLがA$_5$，SDAがA$_4$にアサインされています．従って，Wireを使うときは，両ポートはアナログ・ポートとしては使えません．

また図2-12のように，両信号ライン上の適当なところへ，5Vへのプルアップ抵抗器（論理を安定にはっきりさせるために信号と電源の間につなぐ抵抗）をつける必要があります．

● **Wireの利用法**

Wireは，初期化関数begin()の引数の有無によってマスタかスレーブかを決定します．引数があるときは，その引数はスレーブ・アドレスを表し，I^{2}Cスレーブとして初期化されます．

また，引数を省略すると，I^{2}Cマスタとして初期化されます（マスタはアドレスをもたないため）．

● **Wireのメンバ（I^{2}Cマスタ時）**

I^{2}Cマスタ動作時に使うメンバを次に示します．

- begin()…WireをI^{2}Cマスタとして初期化（引数なし）
- requestFrom(address, count)…マスタ受信を開始する（スタート・コンディション発行，コントロール・バイト送信）
- beginTransmission(address)…マスタ送信を開始する（スタート・コンディション発行，コントロール・バイト送信）
- endTransmission()…マスタ送信を終了する（ストップ・コンディションの発行）
- send()/write()[*2]…1バイトのデータをマスタ送信する
- receive()/read()[*2]…1バイトのデータをマスタ受信する

● **Wireライブラリを使ったI^{2}Cマスタ送信**

I^{2}Cでは常にマスタが主導権をもっています．送信手順の一般型のフローチャートを図2-13に示します．横に書いてあるシンボルは対応するWireの関数です．

マスタ送信の手順は，

(1) スタート・コンディションを発行
(2) コントロール・バイトを送信（Writeフラグ）

(*2) 旧バージョンではメンバ名がsend/receiveであったが，Arduino1.0ではwrite/readに変更になっている．コンパイル・エラーになったら，スケッチのこの部分をチェックすること．

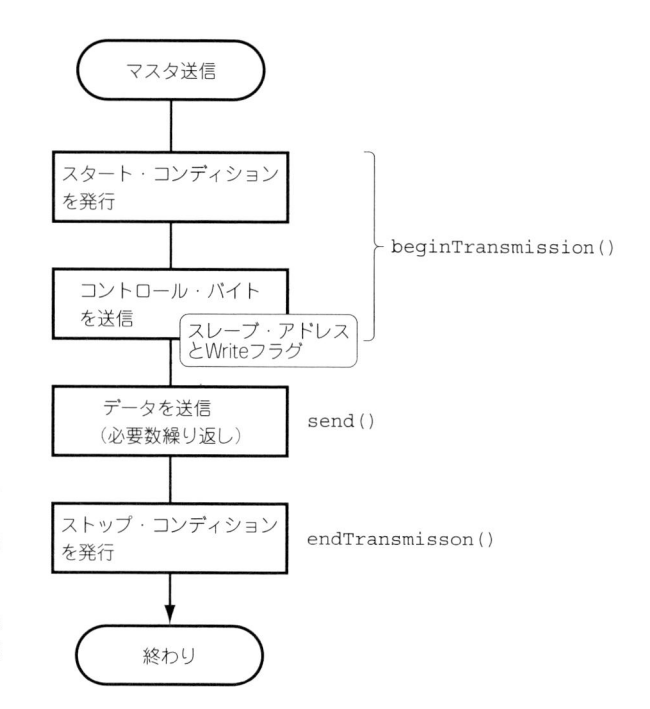

図2-13
I²Cマスタ送信のフローチャート
I²Cマスタがデータを送信する場合の一般的な処理手順を示す．通常，スタート・コンディションの発行後にコントロール・バイトの送信が必要だが，ArduinoのWireライブラリでは，beginTransmission()関数でこの二つの動作がまとめて実行される．必要なだけデータ送信を繰り返したのち，ストップ・コンディションを発行してスレーブへ通信の終了を通知する．

（3）データを必要数送信
（4）ストップ・コンディションを発行
となっています．Wireの関数では**図2-13**のように一部機能が複合されています．

コントロール・バイトには，7ビットのスレーブ・アドレスを1ビット左にシフトして左詰めにしたものと，最下位ビットにReadまたはWriteを示すフラグが格納されています（**図2-14**）．マスタ送信時には，このフラグは'0'（Write）に設定されます．この1バイトで特定のスレーブを選択して，リード/ライトをスレーブへ知らせます．

● Wireライブラリを使ったI²Cマスタ受信

受信の際もマスタが主導権をもっています．受信の一般的な処理を**図2-15**のフローチャートに示します．横に書いてあるシンボルは対応するWireの関数です．

マスタ受信の手順は，
（1）スタート・コンディションを発行
（2）コントロール・バイトを送信（Readフラグ）
（3）データを必要数受信
（4）ストップ・コンディションを発行
となっています．Wireの関数では**図2-15**のように一部機能が複合されています．

コントロール・バイトには送信時と同様，スレーブ・アドレスが格納されていますが，Read/Writeフラグは'1'（Read）に設定されています（**図2-14**）．

図2-14
コントロール・バイトの構造
スタート・コンディション発行後に一番始めにI²Cマスタより送信されるコントロール・バイトの構造を示す。上位7ビットが通信対象のスレーブ・アドレス、最下位ビットがリードかライトかを示すフラグとなっている。

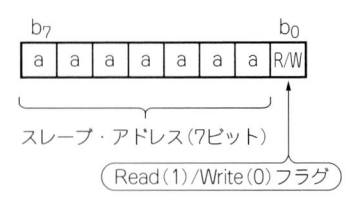

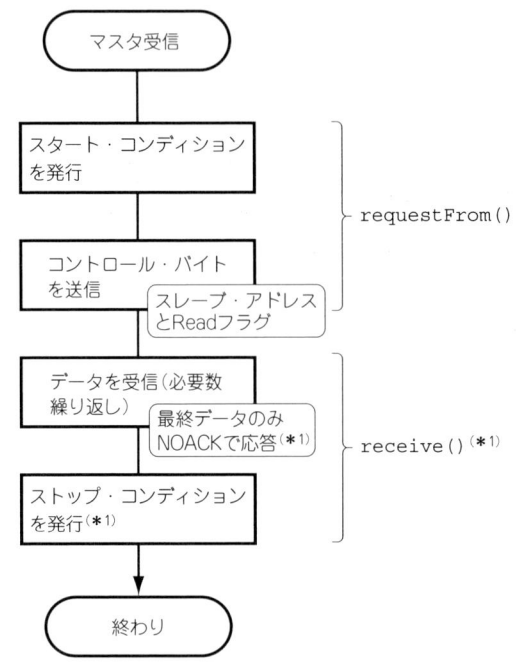

b7							b0
a	a	a	a	a	a	a	R/W

スレーブ・アドレス（7ビット）
Read（1）/Write（0）フラグ

図2-15
I²Cマスタ受信のフローチャート
I²Cマスタがデータを受信する場合の一般的な処理手順を示す。受信の際も最初にスレーブ・アドレスを指定するため、コントロール・バイトを送信してから、必要なだけデータ受信を繰り返す。なお、最終データ受信時は、受信の終了をスレーブに知らせるために、NOACKで応答することに注意。最後はストップ・コンディションで通信の終了をスレーブへ通知する。

```
       マスタ受信
          │
          ▼
   ┌─────────────┐
   │ スタート・コンディション │
   │   を発行    │
   └─────────────┘
          │
          ▼
   ┌─────────────┐     スレーブ・アドレス
   │ コントロール・バイト │ ─── とReadフラグ
   │   を送信    │
   └─────────────┘
          │             } requestFrom()
          ▼
   ┌─────────────┐     最終データのみ
   │ データを受信（必要数 │ ─── NOACKで応答(*1)
   │    繰り返し）   │
   └─────────────┘
          │
          ▼
   ┌─────────────┐
   │ ストップ・コンディション │
   │   を発行(*1)  │     } receive()(*1)
   └─────────────┘
          │
          ▼
        終わり
```

(*1) receive()は1バイトごとに呼び出す必要があるが，requestFrom()で指定されたバイト数で最終バイト判断して，NOACK応答とストップ・コンディションを自動で処理する

　なお通常は，最終データを受信した際は，マスタがスレーブへ送信する応答をNOACK[*3]にして，通信の終了をスレーブへ知らせます（最終以外のデータはACKで応答）．
　Wireの関数は複数の機能をまとめて，スタート・コンディションやストップ・コンディションを意識しないで済むようになっています．

● I²C通信のフォーマット

　Wireでは，スタート・コンディションやストップ・コンディションなどをあまり意識しないでプログラミングできるようになっていますが，予備知識がないとイメージがつかみにくいと思いますので，通信フォーマットについて簡単に説明しておきます．
　実際はSCLというクロック信号に合わせてSDA信号のレベルが切り替わってビット値が送受信される

(*3) NOACK．ACKとともにスレーブがマスタに対して返す応答信号．ACKは肯定的な返答で，NOACK（NACK）は否定的な返答．

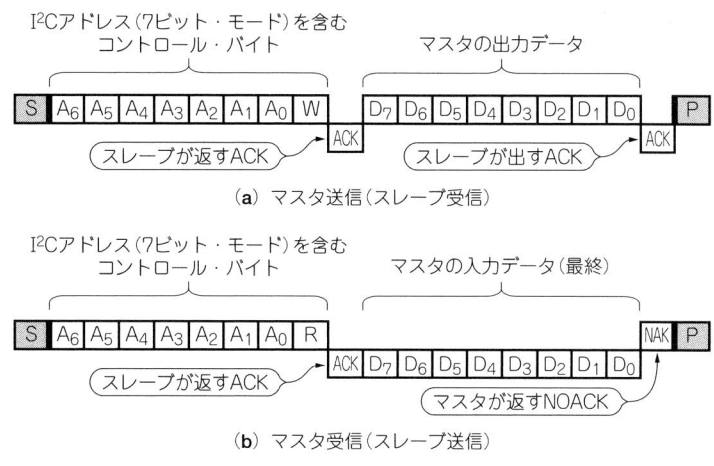

図2-16 わかりやすいI²C通信フォーマット
SDA（データ・ビット）に注目してI²Cの通信のようすを説明した．

のですが，ここでは**図2-16**のように，簡易的にSDA（データ・ビット）のみを表したもので示します．このフォーマットがI²C通信のすべての基本型になります．"S"と"P"を除く各コマはデータの1ビットを表しています．上段はI²Cマスタの出力（スレーブ入力），下段はI²Cマスタの入力（スレーブ出力）です．"S"はスタート・コンディション，"P"はストップ・コンディションを表しています．

図(a)はマスタがコントロール・バイトを出力した後，続けてデータを出力している状態，図(b)はマスタがコントロール・バイトを出力した後，データを入力している状態を示した図です．

2-10　I²C EEPROMの読み書き

ここでは，実際にWireオブジェクトを使ってI²C式の不揮発性メモリ（電源を切っても保存される）EEPROM 24LC64にデータを書き込み，それを読み出してみます．24LC256など容量の大きいものでも同様に扱えます．

● EEPROMライト/リード・プログラム（p2_10_i2c_eeprom.ino）

実際にEEPROMに2バイトのデータを書き込んで，それをすぐに読み出し，結果をシリアル通信でPCへ送信するプログラムを作成します．このプログラムのスケッチを**リスト2-8**に示します．

データの書き込みは単純ですが，読み出しは，EEPROMアドレスを書き込んだあと，読み出すという操作が必要ですので少し複雑です．**図2-17**は配線例です．5V，GND，SCL，SDAの4本をArduinoに接続するだけです．

● 初期化

まず，Wireを使うためにWire.hをインクルードします．Wireの場合，このヘッダ・ファイルの中で，すでにインスタンスが作成されているため，ユーザ・プログラム側で作成する必要はありません．

引数なしでWire.begin()をコールして，I²Cマスタとして初期化します．それに続くRomAdrsなど

リスト2-8 EEPROMライト/リード・プログラム (p2_10_i2c_eeprom.ino)

```
#include <Wire.h>

int EprAdrs;                   // EEPROMのI2Cスレーブ・アドレス

byte RomDat[2];                // EEPROM書き込みデータ
byte RomDat2[2];               // EEPROM読み出しデータ
unsigned int RomAdrs;          // EEPROMアドレス
char StrBuf[16];

// 初期化/メイン処理
void setup(void) {
  byte i;
  Serial.begin(19200);         // シリアル通信初期化
  Wire.begin();                // マスタ初期化
  EprAdrs = 0x50;              // EEPROMのI2Cスレーブ・アドレス

  RomAdrs = 0x0010;            // EEPROMアドレス
  RomDat[0] = 0x12;            // EEPROMデータ1
  RomDat[1] = 0x34;            // EEPROMデータ2

  // ---------- EEPROM 2バイト書き込み ----------
  Wire.beginTransmission(EprAdrs);   // スタート・コンディションの発行，コントロール・バイトの送信
  Wire.write((byte)(RomAdrs>>8));    // EEPROM上位アドレス
  Wire.write((byte)RomAdrs);         // EEPROM下位アドレス

  for(i = 0; i < 2; i++) {
    Wire.write(RomDat[i]);           // データ書き込み
  }

  Wire.endTransmission();            // ストップ・コンディション

  delay(5);                          // 書き込み完了待ち(5ms以上必要)

  // ---------- EEPROM 2バイト読み出し ----------
  Wire.beginTransmission(EprAdrs);   // スタート・コンディションの発行，コントロール・バイトの送信
  Wire.write((byte)(RomAdrs>>8));    // EEPROM上位アドレス
  Wire.write((byte)RomAdrs);         // EEPROM下位アドレス
  Wire.endTransmission();            // ストップ・コンディション
  // いったん終了

  // EEPROMデータ受信
  Wire.requestFrom(EprAdrs, 2);      // スタート・コンディションの発行，コントロール・バイトの送信
  for(i = 0; i < 2; i++) {           // EEPROMデータの読み出し
    RomDat2[i] = Wire.read();
  }

  // ---------- シリアル送信 ----------
  sprintf(StrBuf, "%02X %02X", RomDat2[0], RomDat2[1]);
  Serial.println(StrBuf);            // 文字を出力
}

// メイン・ループ
void loop(void) {
}
```

図2-17
EEPROMとの接続
ArduinoへI²C制御のEEPROMを接続する際の接続図を示す．I²C通信でWireライブラリを使用する場合，SCLはArduinoのA₅ポート，SDAはA₄ポートに接続することが決まっている．この場合，A₄，A₅はアナログ・ポートではなく，I²C制御用のディジタル・ポートとして切り替わる．

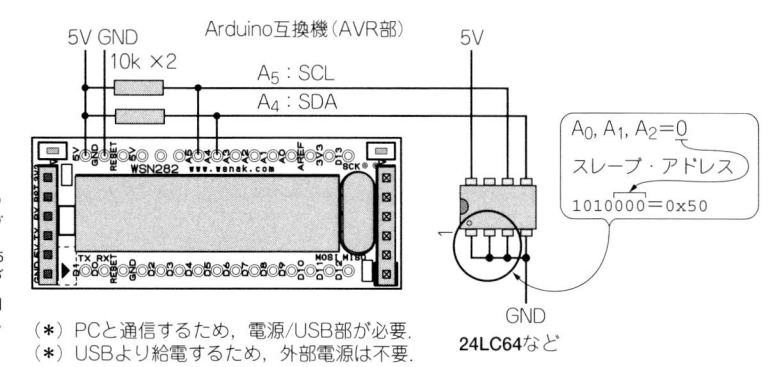

（＊）PCと通信するため，電源/USB部が必要．
（＊）USBより給電するため，外部電源は不要．

は，意味を明確にするためにあえて変数にしています．ここで，I²Cのスレーブ・アドレスとEEPROM上のアドレスを混同しないように注意してください．

● EEPROM 2バイト書き込み

書き込みは簡単です．まず，`Wire.beginTransmission()`でスタート・コンディションを発行してコントロール・バイト（I²Cスレーブ・アドレスとWriteフラグ）を送信します．

次に`Wire.write()`でEEPROMのアドレス2バイトとデータ2バイトをマスタ送信します．最後に`Wire.endTransmission()`でストップ・コンディションを発行して通信を終えます．

● EEPROM 2バイト読み出し

読み出しは少し複雑で，EEPROMのアドレスを送信するパートと，EEPROMのデータを受信するパートの二つに分かれます．

最初のパートは，書き込みの手順とほぼ同様にEEPROMのアドレスを送信します．ただし，データ送信の部分はありません．ここでいったん通信を終了させます．次のパートはマスタ受信ですが，`Wire.requestFrom()`で再び，スタート・コンディションを発行してコントロール・バイト（I²Cスレーブ・アドレスとReadフラグ）を送信し，`Wire.read()`で要求したバイト数分のデータを読み出します．

なお，24LC64の読み出し手順として，最終データはNOACKで応答し，最後にストップ・コンディションを発行する必要がありますが，`Wire.requestFrom()`で受信バイト数を指定していることで，自動的に処理されます．

なお，24LC64などではシーケンシャル・リードといって，読み出し操作を繰り返すと自動的にROMアドレスがインクリメントされ，連続したアドレスのデータを続けて読み出すことができます．

● PCへデータをシリアルで送信する

読み出したデータをシリアル通信でPCへ送信します．

PC側では，ターミナル・ソフトやArduino IDEのSerial Monitorで確認できます．**図2-18**，**図2-19**は，ロジック・アナライザという測定器で実際のSCL，SDA信号を測定した結果です．

図2-18は2バイト書き込み，**図2-19**は2バイトの読み出しの結果です．読み出し時には，最終データがNOACKで，ストップ・コンディションが発行されていることが確認できました．参考にしてください．

EEPROMデータの書き込み

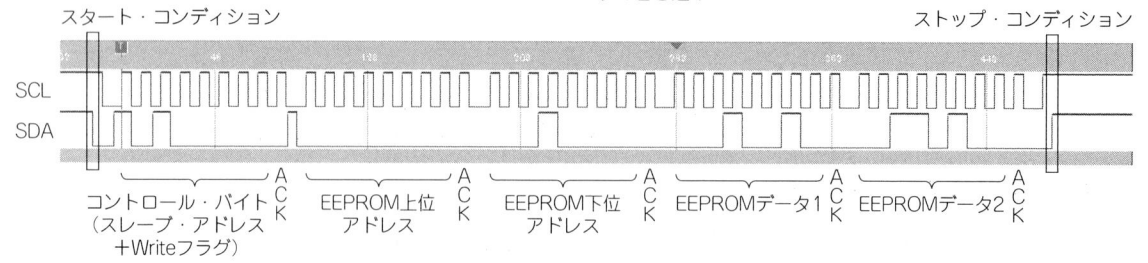

図2-18　2バイト・データの書き込み
実際にEEPROMへ2バイトのデータを書き込んだ際のロジック・アナライザの測定波形を示す．SCLに合わせてSDAが切り替わってビットが順次転送されているのが確認できる．バイト単位で見ると，上位ビットから順次8ビット分転送されたあと，スレーブからACKが返ってくる．スレーブが接続されていない（該当するスレーブが存在しない）または，何らかの異常がある場合はACKが返らない（NOACK状態）．

EEPROMデータの読み出しパート1（EEPROMアドレス設定）

EEPROMデータの読み出しパート2（EEPROMデータ読み出し）

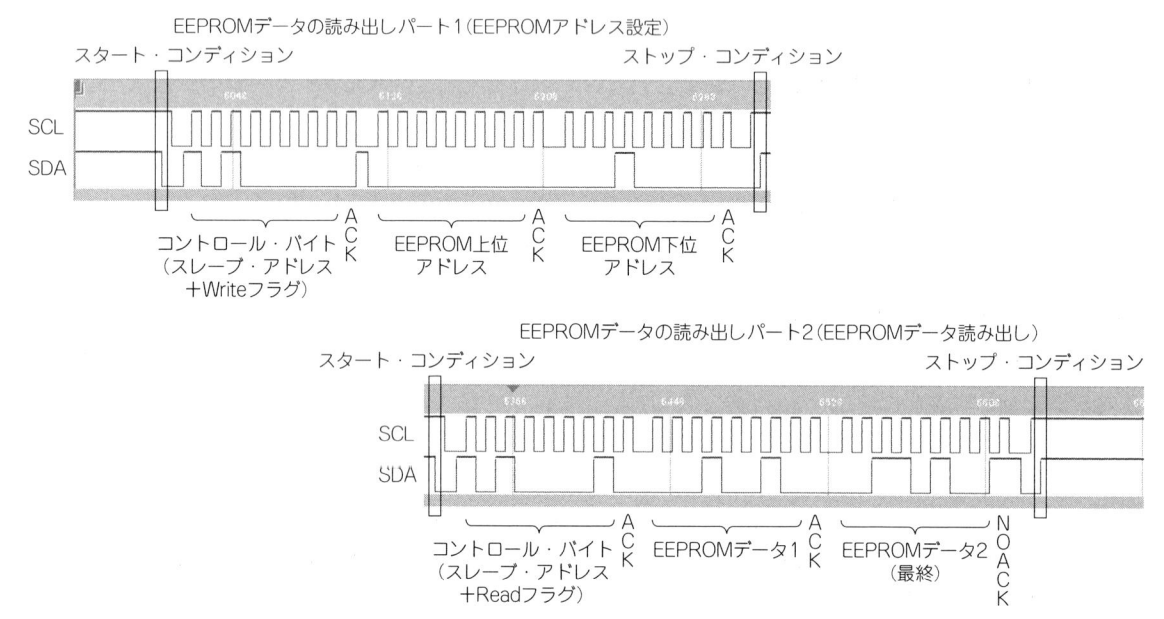

図2-19　2バイト・データの読み出し
EEPROMから2バイトのデータを読み出した際のロジック・アナライザの測定波形を示す．2バイトのEEPROMアドレスをスレーブ送信して読み出すアドレスを設定した後，いったん通信を終了する．その後続けて読み出し動作を開始する．その際は再びスタート・コンディションを発行してコントロール・バイトを送信し，続けてデータを2バイト分スレーブ受信する．受信時は，受信応答としてマスタ側がACKを発行するが，最終バイト受信時にはNOACKで応答していることに注意．

なお，波形から算出した結果，ビットレートは100kbpsでした．この速度はそれほど速いものではありませんが，RS-232Cのシリアル通信の19.2kbpsに比べるとかなり高速で，大量のデータの読み書きでなければ，十分な速度といえます．

● EEPROM使用上の注意

　EEPROMのデータの書き込みには時間がかかり，24LC64では1回の書き込みで5ms程度必要です．サ

ンプル・プログラムでは，単純に5msのディレイを入れています．
　24LC64の場合，コントロール・バイトを送信して，NOACKが返ってきたら書き込み中と判断できるようになっているのですが，ArduinoのWireではマスタ送信時にNOACKを判定する手段がないためこの方法は使えません．

● 24LC64のページ・ライト・モードで効率を上げる

　24LC64の内部にはページ・バッファと呼ばれる32バイトの一時記憶領域があります．これまで説明してきたEEPROMデータの書き込みというのは，実は，実際にEEPROMに書き込まれているわけではなく，このページ・バッファへデータを転送して格納しているだけです．本当に書き込まれるのは，データの転送が終わったあとのストップ・コンディションの受信タイミングです．従って，正常にストップ・コンディションが発行されないと，書き込みに失敗することになります．
　このようにページ単位で一気に書き込むことで，1バイトあたりの書き込み時間を短くして効率を上げています．もし，1バイトずつ書き込むと，1回の書き込みに5ms程度かかるため，5msにバイト数を掛けたぐらいの時間がかかってしまいます．

● リピート・スタート・コンディションについて

　通常，EEPROMのデータ読み出し時には，アドレスを送信したあと，ストップ・コンディションを発行しないで，そのまま続けてスタート・コンディションを再発行してデータを受信します．このように，ストップ・コンディションを発行しないで，スタート・コンディションを発行した場合をリピート・スタート・コンディションといいます．
　ArduinoのWireではリピート・スタート・コンディションを発行することができないようで，対応策としてサンプル・プログラムのように二つのパートに分けてアクセスしています．
　この方法が通用するのは，24LC64がパート1で送信したアドレスを内部で保持していて，続けて操作すると，そのアドレスからアクセスができるようになっているおかげです．ただ，通常はこのようにアクセスできるデバイスが多いため，実用上は問題なさそうです．

2-11　Wireを使ったI²Cスレーブの使い方

　ここでは，WireをI²Cスレーブとして使用する方法を説明します．

● Wireライブラリを使ったI²Cスレーブ

　I²Cスレーブは自分から通信を始めることができないため，常に受動的な動作になります．従って，プログラムの構造は，マスタからデータが送信されたとき，または，マスタからデータを要求されたときに動作するという，イベント・ドリブン（イベント駆動）型になります．

● スレーブ用初期化

　EEPROMのところで説明したように，I²Cマスタと同じように，Wire.hをインクルードしてWireライブラリをリンクし，`begin()`で初期化します．このとき，引数に自分自身のスレーブ・アドレスを指定します．Wireは引数が与えられるとI²Cスレーブとして初期化されます．この設定値が，マスタから

```
                        Wireオブジェクト            イベント・ハンドラ
   I²Cマスタからの要求   ┌─────────┐           ┌─────────────┐
                        │         │   呼び出し │ スレーブ送信用の関数│
   スレーブ送信の要求 ──▶│         │──────────▶│   (ハンドラ)      │
                        │         │           └─────────────┘
                        │         │           ┌─────────────┐
                        │         │   呼び出し │ スレーブ受信用の関数│
   スレーブ受信の要求 ──▶│         │──────────▶│   (ハンドラ)      │
                        └─────────┘           └─────────────┘
```

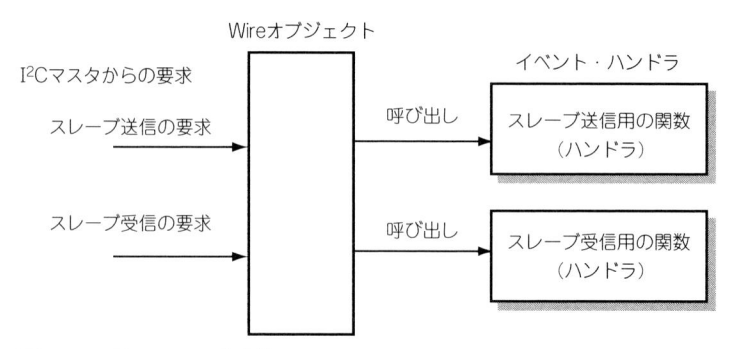

図2-20　I²Cスレーブ受信のハンドラ
この図はI²Cスレーブがマスタの要求に応じてデータを送受信する際のしくみを簡略化したもの．Wireオブジェクトを使う場合，マスタの要求に応じて特定の関数（イベント・ハンドラ）がコールされるため，そこで，1バイト送信または受信の処理を行う．

アクセスされるためのスレーブ固有のアドレスとなります．スレーブは，いくつもこの2本線につなげていてもよく，マスタは，アドレスによって通信するスレーブ・デバイスを特定します．

● スレーブ・プログラムの構造

　受動的とはどういうことかというと，マスタから何らかの要求があるのを常に待機し，要求があったときに，動作を開始するということです．Arduinoに使われているAVRにはI²C制御用のハードウェアが内蔵されているため，ソフトウェアでは，割り込みやレジスタのポーリングなどにより，I²Cマスタからの要求を検知できるようになっています．

　Wireでは，このような要求を受け付けたときに特定のハンドラと呼ばれる関数をコールするようになっています．ハンドラとは，要求が発生したときに起動されるプログラムのことです．このような関数を一般的にイベント・ハンドラと呼びます．具体的には，図2-20のように，マスタからスレーブ送信の要求があったとき，または，スレーブ受信の要求があったとき，それぞれ，特定の関数が呼び出されるようになっています．その関数の中にユーザ・プログラムを記述しておけば，マスタの要求に応じてユーザ・プログラムを実行させることができます．

● Wireオブジェクトでのハンドラの登録

　Wireでは，イベント・ハンドラを登録する関数が用意されています．
- Wire.onReceive()…スレーブ受信ハンドラを登録する関数
- Wire.onRequest()…スレーブ送信ハンドラを登録する関数

　これらの関数はほかの関数とは違い，ハンドラ登録時以外に直接コールするものではありません．ハンドラを登録する，というのは，言い換えると呼び出される関数を登録するということです．

　具体的に，次項で説明するサンプル・プログラムで使用しているハンドラで説明します．ハンドラには次の二つの関数を用意します．これはユーザが定義し，中身を記述する処理の実体部分です．

```
    void hI2CSlvRcv(int cnt);  …スレーブ受信時のハンドラ
    void hI2CSlvSnd(void);     ………スレーブ送信時のハンドラ
```

　これらをそれぞれ，イベント・ハンドラとして使用するために，初期化処理などで，次のように定義し

ます．
```
Wire.onReceive(hI2CSlvRcv);
Wire.onRequest(hI2CSlvSnd);
```
　関数のシンボル（関数のアドレス）を引数として，ハンドラ登録関数に渡しています．この登録以降，I²Cマスタから送受信の要求があると，`hI2CSlvRcv()`または`hI2CSlvSnd()`が呼び出されるようになります．具体的には次項のサンプル・プログラム（**リスト2-10**）のコードを参照してください．

2-12　2セットのArduino間でI²C通信をする

　I²C通信の簡単な応用として，2セットのArduinoでマスタ-スレーブ通信させる実験を行います．

● 実験内容

　ここでは，具体的にマスタ用，スレーブ用2セットのArduinoを用いて，簡単な通信の実験を行います．
　動作は，マスタから2バイトのデータを送信し，スレーブはそのデータを記憶します．次にマスタはスレーブから2バイトのデータを受信します．スレーブは先に受信して記憶しているデータをマスタへ送信します．つまり，マスタから見ると，自分で出したデータをいったんスレーブに保存し，それを再び読み出すということになります．
　スレーブ側はスレーブ受信時にLEDを点灯，スレーブ送信時にLEDを消灯させます．マスタ側も同様に送受信でLEDが点消灯するようにしておきます．
　この実験では，マスタ側，スレーブ側のLEDが同時に点滅する以外には実行結果を見ることはできませんが，次の2-13項ではシリアル通信を組み合わせたサンプルを説明します．ロジック・アナライザの測定波形は**図2-22**に掲載しておきます．

● Arduinoの接続

　2セットの互換機の接続は**図2-21**のようにします．両ボードのA₄（SDA）とA₅（SCL）をそれぞれ接続し，10kΩ程度の抵抗器で+5Vにプルアップします．片側にI²Cマスタのプログラム，もう一方にI²Cスレーブ（後述）のプログラムをアップロードします．

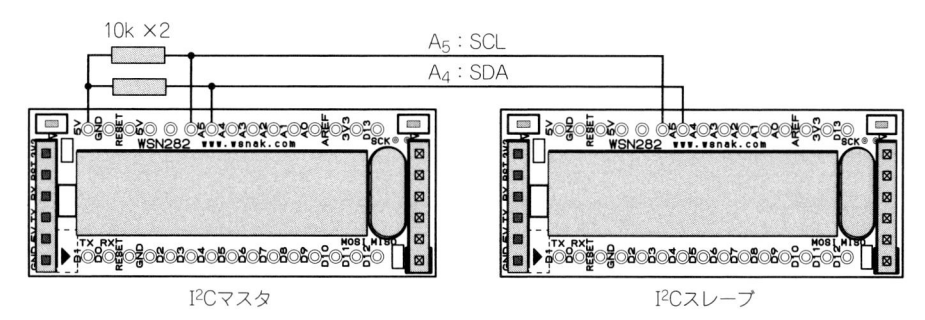

図2-21　I²C送受信テストの接続図
二つのArduino互換機を使用してI²C通信の実験を行う場合の接続図を示す．一方はI²Cマスタ，他方はI²Cスレーブとなる．電源は省略してあるが，GNDラインは接続する必要がある．

なお，いったんプログラムをアップロードしたあとは，USB接続は不要なので，5Vの電源さえ用意すれば，P_2（USB/電源部）ボードは不要です．電源をP_1（AVR部）ボードに接続すれば，プログラムが動き出します．

● I²Cマスタのスケッチ（p2_12_i2cMst.ino）

マスタ側スケッチのコードを**リスト2-9**に示します．単純に2バイトのデータを送り，約1秒待ってから，2バイト受信します．また約1秒待ってデータを送信します．これを繰り返します．単純な送受信なのでEEPROMのアクセスのときよりもシンプルですが，これがすべての基本になります．

スレーブのアドレスは0x10，送信データは0x34と0x56の2バイトに固定です．

リスト2-9　マスタ側スケッチ（p2_12_i2cMst.ino）

```
#include <Wire.h>

int I2CAdrs;
byte Buf[10];

// 初期化
void setup(void) {
  pinMode(13, OUTPUT);      // オンボードLED
  I2CAdrs = 0x10;           // 送信先I²Cスレーブのアドレス
  Buf[0] = 0x34;            // 送信データ1
  Buf[1] = 0x56;            // 送信データ2
  Wire.begin();             // I²Cマスタとして初期化
}

// メイン・ループ
void loop(void) {
  byte i;
  // マスタ送信
  Wire.beginTransmission(I2CAdrs);    // スタート・コンディションの発行，コントロール・バイトの送信
  for(i = 0; i < 2; i++) {
    Wire.write(Buf[i]);               // データ書き込み
  }
  Wire.endTransmission();             // ストップ・コンディション
  digitalWrite(13, HIGH);             // LED ON
  delay(1000);                        // 1秒待つ

  // マスタ受信
  Wire.requestFrom(I2CAdrs, 2);       // スタート・コンディションの発行，コントロール・バイトの送信

  for(i = 0; i < 2; i++) {            // 受信データの読み出し
    Buf[i] = Wire.read();
  }
  digitalWrite(13, LOW);              // LED OFF

  delay(1000);                        // 1秒待つ
}
```

● I²Cスレーブのスケッチ（p2_12_i2cSlv.ino）

スレーブ側スケッチのコードを**リスト2-10**に示します．このプログラムはメイン・ループでは何もやっていません．すべてハンドラで処理するので，`loop()`関数の中身は空ですが，この関数そのものはシステムからコールされるため必要です．

初期化時に`begin()`でスレーブ・アドレスを指定して，スレーブとして初期化しています．

`onReceive(hI2CSlvRcv)`と`onRequest(hI2CSlvSnd)`は，ハンドラを登録する関数です．`hI2CSlvRcv()`は受信時にコールされるハンドラで，引数に受信バイト数が入っています．そのバイト数を取り出して，そのバイト数分，`read()`関数でデータをスレーブ受信します．また，動作確認用にLEDをONさせます．

`hI2CSlvSnd()`はスレーブ送信要求時にコールされるハンドラで，マスタがスレーブ送信を要求したときにコールされます．このハンドラがコールされたときは，`write()`関数でデータをスレーブ送信します．また，LEDをOFFさせます．

リスト2-10　スレーブ側のスケッチ（p2_12_i2cSlv.ino）

```
#include <Wire.h>

int I2CAdrs;
byte Buf[10];

// 初期化
void setup(void) {
  pinMode(13, OUTPUT);         // オンボードLED
  I2CAdrs = 0x10;              // 自分のスレーブ・アドレス
  Wire.begin(I2CAdrs);         // スレーブ初期化
  Wire.onReceive(hI2CSlvRcv);  // 受信ハンドラの登録
  Wire.onRequest(hI2CSlvSnd);  // 送信ハンドラの登録
}

// メイン・ループ
void loop(void) {
}

// スレーブ受信時のハンドラ
void hI2CSlvRcv(int cnt) {
  byte i;
  for(i = 0; i < cnt; i++) {
    Buf[i] = Wire.read();
  }
  digitalWrite(13, HIGH);      // LED ON
}

// スレーブ送信時のハンドラ
void hI2CSlvSnd(void) {
  Wire.write(Buf, 2);          // データ・スレーブ送信
  digitalWrite(13, LOW);       // LED OFF
}
```

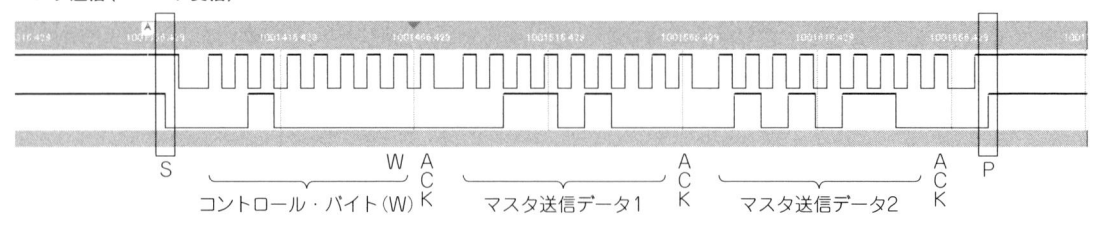

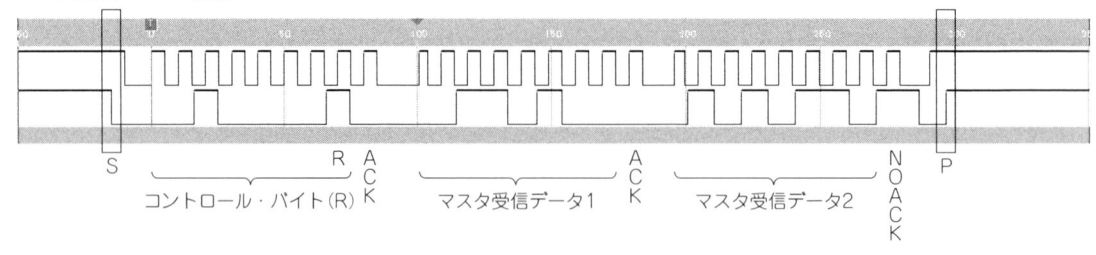

図2-22　2バイト・データのI²C送受信をしたときの測定波形
上側がマスタ送信，下側がマスタ受信した際のロジアナの測定波形を示す．I²C制御のEEPROMのときと違いシンプルである．マスタ送信時はコントロール・バイトのR/Wフラグが'W'("L"レベル)，マスタ受信時は同フラグが'R'("H"レベル)になっていることに注意．また，図では判別できないが，マスタ送信時はスレーブがACKを発行し，マスタ受信時はマスタがACKまたはNOACKを発行している．マスタ受信の最終バイトはNOACKで応答していることにも注意．

　今回の処理では，EEPROMのときと比べると，送信するデータが固定なので処理が単純ですが，EEPROMのように，アドレス(データの種別)を指定してそれを読み出すようにも作ることができます．その場合は，スレーブは最初にアドレス(種別)をスレーブ受信してデータ種を判別し，続くスレーブ送信で目的のデータを送信するようにします．このような手順はマスタ，スレーブ間の取り決め次第です．

● 実行結果

　プログラムを実行させると，見かけ上はLEDが1秒間隔で点灯，消灯を繰り返すだけですが，これで送受信ができていることは確認できます．実際の信号の状態をロジック・アナライザで測定した結果を**図2-22**に示します．マスタ送信(スレーブ受信)，マスタ受信(スレーブ送信)の間隔は約1秒にしてあるので，通信されている区間だけ切り出して掲載してあります．

　どちらもほとんど同じに見えますが，ポイントは，コントロール・バイトのR/Wフラグと，マスタ受信時の最終バイトがNOACKで応答されているところです．これらの結果から，正常に動作していることが確認できます．

● 応用として考えられるもの

　I²Cではマスタ側のタイミングで送受信が行われるので，スレーブ側からの要求に応じる場合は，マスタ側からスレーブ側の要求をポーリングするなどの工夫が必要です．通常は，スレーブは受動的なものなので，スレーブ側の意志でマスタへスレーブ送信するようなことはできません．

　応用として，送受信するデータをコマンドとして扱い，コマンドに応じてスレーブ側のLEDやリレー

などをON/OFFさせるとか，スレーブ側のスイッチの状態や温度センサの温度値を読み出すなどの処理が考えられます．

第7章では，実用的な応用例として，LCDなどをI^{2}C化して，I^{2}Cで制御するデバイスを製作しています．

2-13 I^{2}C通信＋シリアル通信でPCにデータを送る

2-12項の応用として，ここではスレーブから受信した内容をシリアル通信でPCに送信し，PCのターミナル・ソフト上で表示させます．

● 実験は2セットのArduinoを使う

2-12項と同じ構成で，2セットのArduinoをI^{2}Cで接続します．マスタ側はPCとUSBで接続し（通常のアップロード終了時の状態），PCのターミナル・ソフトより簡単なコマンドを送信して，マスタ送受信させます．マスタ受信の際に受信した内容をPCに送り返して，ターミナル・ソフト上に内容を表示させます．

マスタ送信させるデータはあらかじめ何種類か用意しておき，PCからもシリアル通信（コマンド）により，マスタ送信内容を切り替えます．

スレーブ側のプログラムは2-12項で作成したものをそのまま使います（自分が受信したデータを送り返す）．マスタ側はコマンドの判定処理とコマンドに応じたデータをマスタ送信するように拡張します．

● シリアル通信コマンドの定義と動作

'1'～'4'の数字をPCから送信すると，それに応じてあらかじめ決められた4種類の2バイトのデータをマスタ送信します．このデータは一時的にスレーブへ保存されます．次に'0'の数字をPCから送信すると，スレーブに保存された2バイトのデータをマスタ受信して，その内容をPCにシリアル通信で送り返します．

なお，2-15項で作成する，受信内容をLCDへ表示するタイプのスレーブを使用すると，マスタから送信した内容をスレーブ側のLCDで確認することができます．

● マスタ側のプログラム（p2_13_i2cSer.ino）

スレーブ側は2-12項とまったく同じものを使うので，ここでは，マスタ側のプログラムについてのみ説明します．

リスト2-11にスケッチのコードを示します．`Serial.read()`でシリアル受信した文字はswitch-case文で分類され，'1'～'4'の数字の場合は，それぞれに固有の2バイトのデータをスレーブへI^{2}Cマスタ送信します．'0'の場合は，2バイトのデータをI^{2}Cマスタ受信して，それをシリアル送信でPCへ送信します．

I^{2}C送信処理は，`I2cSendData()`という関数でまとめてあります．この関数は，グローバル配列変数の`Buf[2]`の2バイトの内容をマスタ送信します．

PCからシリアル受信で'0'コマンドを受けた場合は，I^{2}Cマスタ受信して受信内容を`Buf[2]`へ書き込み，それを`sprintf()`で16進数の文字に変換して，`Serial.println()`関数でPCへシリアル送信しま

リスト 2-11　マスタ側スケッチ (p2_13_i2cSer.ino)

```
#include <Wire.h>

int I2CAdrs;
byte Buf[10];
char StrBuf[16];

// 初期化
void setup(void) {
  Serial.begin(19200);     // シリアル通信の初期化
  I2CAdrs = 0x10;
  Wire.begin();           // マスタ初期化
}

// メイン・ループ
void loop(void) {
  byte i, dat;

  // シリアル・コマンドの受信処理
  if(Serial.available() > 0) {
    // 受信あり
    dat = Serial.read();     // 受信文字の取り出し
    switch(dat) {
      case '1':          // マスタ送信
        Buf[0] = 0x11;
        Buf[1] = 0x11;
        I2cSendData();
        break;
      case '2':          // マスタ送信
        Buf[0] = 0x22;
        Buf[1] = 0x22;
        I2cSendData();
        break;
      case '3':          // マスタ送信
        Buf[0] = 0x33;
        Buf[1] = 0x33;
        I2cSendData();
        break;
      case '4':          // マスタ送信
        Buf[0] = 0x44;
        Buf[1] = 0x44;
        I2cSendData();
        break;
      case '0':          // マスタ受信
        Wire.requestFrom(I2CAdrs, 2);     // スタート・コンディションの発行，コントロール・バイトの送信
        Buf[i] = Wire.read();             // データの読み出し
        sprintf(StrBuf, "%02X %02X", Buf[0], Buf[1]);
        Serial.println(StrBuf);           // 文字を出力
        break;
      default:
        Serial.println("?");              // エラー表示
        break;
    }    // switch文の終わり
```

```
    }
  }
}
// I²C 2バイト・データ送信処理
void I2cSendData(void) {
  byte i;
  Wire.beginTransmission(I2CAdrs);      // スタート・コンディションの発行，コントロール・バイトの送信
    for(i = 0; i < 2; i++) {
      Wire.write(Buf[i]);               // データ書き込み
    }
    Wire.endTransmission();             // ストップ・コンディション
}
```

す．
　I²Cの送受信は，2-12項の送受信処理を組み合わせただけなので，内容的にはほぼ同じです．そちらを参照してください．

2-14　LiquidCrystalライブラリを使ったLCD（液晶表示器）

　ここでは，Arduino標準ライブラリのLiquidCrystalを使ったLCDの使い方を説明します．その標準ライブラリでは対応していない，40文字×4行の大型でちょっと特殊なLCDに関しては，第7章で説明しています．

● 電子工作でおなじみのLCD液晶表示器

　16文字×2行のLCD（写真2-2）は電子工作でおなじみだと思いますが，このLCDをArduino標準のライブラリLiquidCrystalで制御する方法を説明します．この標準ライブラリでは1行当たり20文字，2行というLCDにも対応しています．市販品で一番入手しやすく種類が多いのが16文字×2行です．
　最近入手が容易なのは，接続用のピン配列が7ピン2列のタイプと，16ピン1列のものです．一列のものはブレッドボードに直接実装できるため試作には好都合です．図2-23にArduinoとの結線例を示します．

● ライブラリLiquidCrystalの使い方

　このライブラリは，液晶表示器を制御するものです．使い方はLiquidCrystal.hをインクルードして，インスタンス化します．このとき，接続する信号線が定義できます．接続する信号は制御線2～3本とデータ線4本ですが，データ信号も含めて自由にアサインできるため（データ信号のポートも連続している必要はない），配線の自由度は高くなっています．制御信号のR/W信号は省略可能で，その場合はディジタル・ポートを1本省けます．
　LCDの文字数と行数を指定するために，初期化時にbegin()関数をコールする必要があります．初期化が終わったら，あとは文字を表示させたり，画面を消去することが可能です．

写真2-2 Arduino互換機とLCDとの配線例
16文字×2行のLCD SD1602をブレッドボードに実装したときのようす．下側にある半固定抵抗器はLCDのコントラストを調整するためのもの．ここでは4ビット・モードでLCDを制御するため，LCDのデータ信号は4本，制御信号は2本でArduinoと接続している．

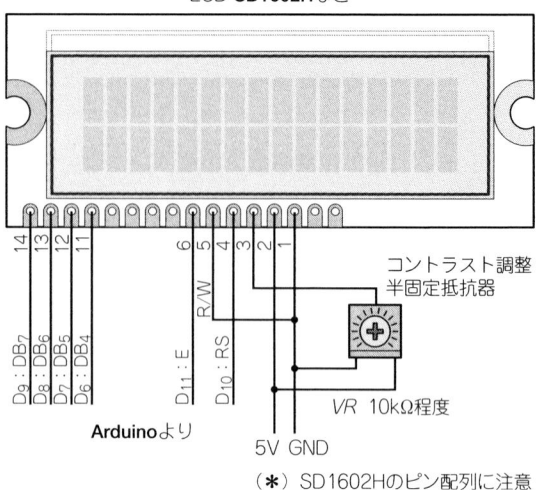

図2-23 Arduino互換機とLCDの配線図
ArduinoにSD1602を接続する場合の接続図を示す．D_6〜D_9，D_{10}，D_{11}はArduinoのディジタル・ポートの番号を示す．電源を半固定抵抗で分圧したものをLCDのコントラスト調整用電圧として使用している．

リスト2-12　LCD表示プログラム（p2_14_lcd.ino）

```
#include <LiquidCrystal.h>

#define LCD_RS 10        // D10
#define LCD_E  11        // D11
#define LCD_D4 6         // D6
#define LCD_D5 7         // D7
#define LCD_D6 8         // D8
#define LCD_D7 9         // D9

// LCDのインスタンス化
LiquidCrystal lcd(LCD_RS, LCD_E, LCD_D4, LCD_D5, LCD_D6, LCD_D7);

// 初期化
void setup(void) {
  lcd.begin(16, 2);      // LCDを16文字2列に設定
  lcd.print("LCD TEST"); // LCDに文字列を表示
}

void loop(void) {
}
```

● LCD表示プログラム（p2_14_lcd.ino）

リスト2-12にサンプル・スケッチのコードを示します．

まず，信号の意味がわかるように，ディジタル・ポート番号のシンボルを定義し，それを使ってインス

リスト2-13　LCDにカウント値を表示するプログラム (p2_14_lcd2.ino)

```
#include <LiquidCrystal.h>
#include <stdio.h>
(中略)

// LCDのインスタンス化
LiquidCrystal lcd(LCD_RS, LCD_E, LCD_D4, LCD_D5, LCD_D6, LCD_D7);

char StrBuf[16];      // 文字列用配列
int Count = 0;        // カウント値

// 初期化
void setup(void) {
  lcd.begin(16, 2);      // LCDを16文字2列に設定
}

void loop(void) {
  sprintf(StrBuf, "%04d", Count);
  lcd.setCursor(0, 1);       // 表示位置を指定(2行目左端)
  lcd.print(StrBuf);         // LCDに文字列を表示
  Count = (Count + 1) %10000;    // カウント値更新
  delay(1000);               // 1秒待つ
}
```

タンス化します．一度だけ文字列を表示させるため，`setup()`関数の中で，`print()`関数をコールしています．

● 数値の表示 (p2_14_lcd2.ino)

　数値を表示させたいときは，C言語ライブラリの`sprintf()`を使うと便利です．`lcd.print()`単独でも基数表現(2進，10進，8進，16進数)などできますが，自由度がありません．
　単純増加のカウント値を表示する例を**リスト2-13**に示します．繰り返し処理になるため，`loop()`の中に表示処理を入れます．カウント値を`sprintf()`で文字列化して文字列配列`StrBuf[]`に格納し，それを`print()`で表示させます．
　`sprintf()`は書式指定子でフォーマットを指定できます．"`%04d`"は0詰めの10進数4桁の数字に変換することを表しています．カウント値更新時に"`%10000`"と剰余を求めているのは，カウント値が4桁を超えないようにするためです．
　このプログラムを実行すると，約1秒ごとに10進数4桁のカウント値がLCDに表示されます．

2-15　I^{2}C＋LCDを組み合わせた応用例

　ここではもう少しおもしろい応用として，2-13項のI^{2}C通信とLCD表示を組み合わせたものを製作します．二つのArduinoでI^{2}Cマスタ，スレーブを作り，スレーブ側にLCDを付けて，マスタ(PCで操作)からのコマンドによりスレーブ側のLCDに受信データを表示させます．

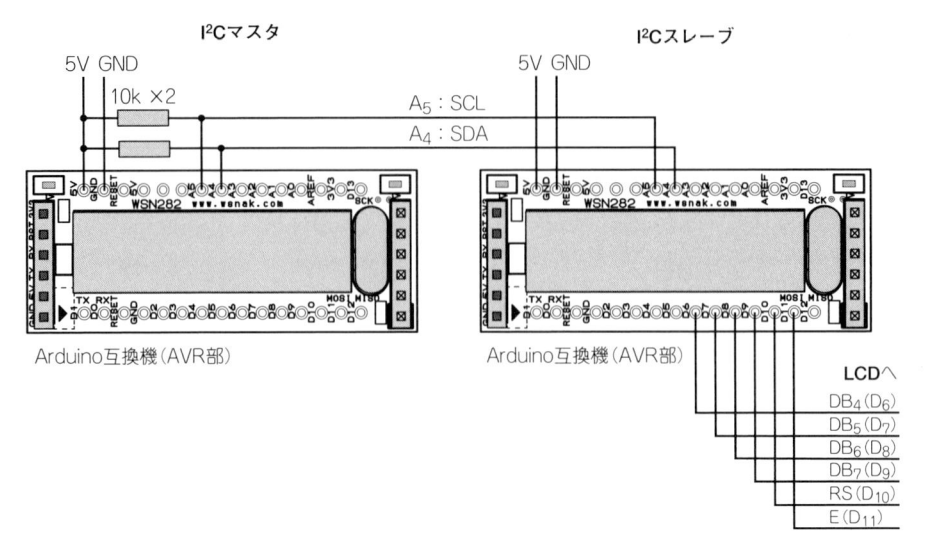

図2-24　I²Cマスタ，スレーブの配線図
スレーブ側にLCDを接続する場合のI²Cマスタ，スレーブ通信実験のための接続図を示す．LCD側の配線は2-14項の図2-23を参照のこと．

● スレーブ側の準備

マスタ側は2-13項のスケッチ`p2_13_i2cSer.ino`をそのまま使います．操作なども同じですが，スレーブ側は受信したデータをその都度LCDへ表示させるようにします．準備としては2-14項で使ったLCD表示のセットからI²C用の信号（SCL，SDA）を取り出し，マスタのArduinoと接続するだけです．接続は**図2-24**のようになります．LCD部分は2-14項の**図2-23**を参照してください．

● スレーブ側のプログラム（**p2_15_i2cSlvLcd.ino**）

プログラムは2-13項で使ったスレーブ受信のプログラムに手を加え，スレーブ受信したときにLCDに受信内容を表示させるようにします．

スレーブ側スケッチのコードを**リスト2-14**に示します．`Wire`オブジェクトをインクルードして初期化処理でI²Cスレーブに設定し，I²C送受信のハンドラを登録します．

今回2-14項から変更するのは，スレーブ受信ハンドラ`hI2CSlvRcv()`の一部です．受信したデータを`sprintf()`で16進数に変換し，それをLCDに表示させます．処理を簡単にするため，受信データ長は2バイトのみ有効とし，1バイトずつ16進数に変換しています．

PCのターミナル・ソフトを使ってマスタからコマンドを送信することで，それに応じた数値がスレーブ側のLCDへ表示されるようになります．

2-16　インターバル・タイマ・オブジェクトwCtcTimer2A

ここでは筆者が作成した，AVR内蔵のTIMER2とコンペア・レジスタを利用したインターバル・タイマの`wCtcTimer2A`オブジェクトの使い方を説明します．インターバル・タイマというのは，一定時間間

リスト2-14　スレーブ側のスケッチ（p2_15_i2cSlvLcd.ino）

```
#include <LiquidCrystal.h>
#include <Wire.h>
#include <stdio.h>

#define LCD_RS 10        // D10
#define LCD_E  11        // D11
#define LCD_D4 6         // D6
#define LCD_D5 7         // D7
#define LCD_D6 8         // D8
#define LCD_D7 9         // D9

int I2CAdrs;
byte Buf[10];
char StrBuf[16];

// LCDのインスタンス化
LiquidCrystal lcd(LCD_RS,  LCD_E, LCD_D4, LCD_D5, LCD_D6, LCD_D7);

// 初期化
void setup(void) {
  pinMode(13, OUTPUT);          // オンボードLED
  lcd.begin(16,2);              // LCDを16文字2行に設定

  I2CAdrs = 0x10;
  Wire.begin(I2CAdrs);          // スレーブ初期化
  Wire.onReceive(hI2CSlvRcv);   // 受信ハンドラの登録
  Wire.onRequest(hI2CSlvSnd);   // 送信ハンドラの登録
  lcd.print("I2C Test");
}

// メイン・ループ
void loop(void) {
}

// スレーブ受信時のハンドラ
void hI2CSlvRcv(int cnt) {
  byte i;

  for(i = 0; i < cnt; i++) {
    Buf[i] = Wire.read();       // データ・スレーブ受信
  }

  // LCDに2バイトの文字列を表示
  sprintf(StrBuf, "%02X,%02X", Buf[0], Buf[1]);
  lcd.setCursor(0, 1);          // LCDカーソル位置指定
  lcd.print(StrBuf);            // LCDへ表示
  digitalWrite(13, HIGH);       // LED ON
}

// スレーブ送信時のハンドラ
void hI2CSlvSnd(void) {
  Wire.write(Buf, 2);           // データ・スレーブ送信
  digitalWrite(13, LOW);        // LED OFF
}
```

表2-1 設定値の例

設定値	時間[ms]
250	16
125	8
157	10.048
79	5.056

隔でONもしくはOFFになるタイマのことです．

● インターバル・タイマのライブラリwCtcTimer2A

このライブラリは，AVRが内蔵しているTIMER2モジュールとコンペア・レジスタOCR2AをCTCモードで動作させるインターバル・タイマです．

割り込みは使用していないので，タイムアップを検知するにはメイン・ループの中での繰り返し処理が必要です．タイマ値はAVRのクロック周波数とプリスケーラ，カウントのビット長の関係で，0.064ms単位で設定可能です．8ビットが最大なので，最大，0.064ms×255=16.32msまでの周期が設定できます．設定値の例を**表2-1**に示します．

● wCtcTimer2Aの使い方

最初にwCTimer.hをインクルードしてライブラリをリンクします．次にインスタンス化して，初期化処理で，`init()`関数を実行してタイマを初期化します．このとき，引数にタイマ値を指定できますが，省略すると，デフォルトの250（16ms）に設定されます．

メイン・ループの中で，`checkTimeup()`関数を繰り返し実行させます．この関数は，タイマがタイムアップしたときに`true`を返すので，それを`if`文などでチェックしてタイマ処理を実行させます．

● ハンドラ方式の使い方

別の使い方として，タイマがタイムアップしたとき[*4]にユーザ関数（イベント・ハンドラ）を実行させるようにすることもできます．その場合は，`checkTimeup()`関数はメイン・ループの中で単純にコールするだけで，タイムアップ時の処理はユーザ関数で実行します．

ハンドラは，`onTimer()`関数で登録できます．ユーザ関数（ハンドラ）が`OnTimer()`の場合，次のようにして登録します．wCtcTimer2Aのインスタンスは`tm`とします．

　`tm.onTimer(OnTimer);`

引数にハンドラの関数名を記述します．`OnTimer()`は，`void`型で引数なしの関数です．この登録のあとは，タイマがタイムアップするたび（設定周期ごと）にこのユーザ関数`OnTimer()`がコールされます．実際の使い方は，次に述べるサンプル・プログラムを参照してください．

● タイマ・オブジェクトを使ったLED点滅プログラム（p2_16_ctcTmr1.ino，p2_16_ctcTmr2.ino）

タイマ・オブジェクトを使って1秒ごとにLED（ディジタル・ポートD_{13}）の点灯，消灯を繰り返すプロ

[*4] たとえば100をセットしておき，タイマをスタートさせてカウントアップさせれば，100に達したときにタイムアップとなり，割り込みが発生する．

グラム2種をリスト2-15，リスト2-16に示します．実行結果はどちらも同じですが，点滅処理がメイン・ループ内にあるか，ハンドラ関数内にあるか，また，タイムアップの検出方法がポーリングかハンドラ呼び出しかの違いがあります．

　8ms周期を125回カウントすることで1秒周期を得ています．

リスト2-15　ポーリング・タイプ（p2_16_ctcTmr1.ino）

```
#include <wCTimer.h>

wCtcTimer2A tm;          // タイマのインスタンス化

byte Count = 0;
byte LedSts = true;

// 初期化
void setup(void) {
  tm.init(125);          // 8msに設定
  pinMode(13, OUTPUT);   // LED用出力ポート
}

// メイン・ループ
void loop(void) {
  if(tm.checkTimeup()) {
    // 8ms周期
    Count++;
    if(Count == 125) {
      // 1sec周期
      Count = 0;
      if(LedSts) {
        digitalWrite(13, HIGH);
      } else {
        digitalWrite(13, LOW);
      }
      LedSts = !LedSts;
    }
  }
}
```

リスト2-16　ハンドラ使用タイプ（p2_16_ctcTmr2.ino）

```
#include <wCTimer.h>

wCtcTimer2A tm;          // タイマのインスタンス化

byte Count = 0;
byte LedSts = true;

// 初期化
void setup(void) {
  tm.init(125);          // 8msに設定
  pinMode(13, OUTPUT);   // LED用出力ポート
  tm.onTimer(OnTimer);   // ハンドラ登録
}

// メイン・ループ
void loop(void) {
  tm.checkTimeup();
}

// タイマ・ハンドラ(8ms周期)
void OnTimer(void) {
  Count++;
  if(Count == 125) {
    Count = 0;
    if(LedSts) {
      digitalWrite(13, HIGH);
    } else {
      digitalWrite(13, LOW);
    }
    LedSts = !LedSts;
  }
}
```

[第3章] 簡単なI/OからCANなどの機能モジュールまで
製作したブレッドボード用アダプタ基板と使い方

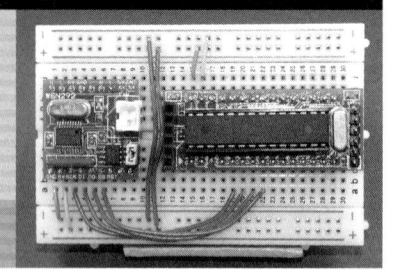

　この章では，筆者が製作した，ブレッドボードを利用して試作するときに役立つ数々のアダプタ基板について説明し，その使い方をサンプル・プログラムとともに解説します．各ボードには専用のライブラリを用意してあるので，簡単に利用できます．
　これらのボードは，第4章以降での組み合わせや応用アプリケーションで利用します．

3-1　アダプタ基板…スイッチ・ボード

　最初は，四つのタクト・スイッチをダイヤモンド配置した小型のボードです．

● スイッチ・ボード(#285)の特徴，機能
　このボードは約25mm角の基板上に四つのタクト・スイッチがダイヤモンド状に配置されたものです．そのほかLEDも2個ついています．
　ブレッドボードとは，9ピン×2列(幅600mil)のピン・ヘッダで接続できます．

● スイッチ・ボード(#285)の仕様
　ボードの部品配置図を図3-1に示します．回路図はAppendix Dを参照してください．
　各スイッチの片側はGNDに接続されていて，スイッチを押したときに，対応するスイッチ端子"S_1"～"S_4"が"L"レベルになります．スイッチ端子は10kΩの抵抗器でプルアップされています．
　LEDは電流制限用の1kΩの抵抗器が直列に接続され，カソード側がGNDに接続されているので，LED端子(アノード側)"L_1"，"L_2"を"H"レベルにすると，対応するLEDが点灯します．

図3-1
#285スイッチ・ボード
#285スイッチ・ボードの部品配置図を示す．4個のタクト・スイッチと2個のLEDが実装可能．基板サイズは約25×25mm．LEDには電流制限用の抵抗器が直列に接続されているため，直接ディジタル出力を接続することができる．また，タクト・スイッチにはプルアップ抵抗器が付いている．

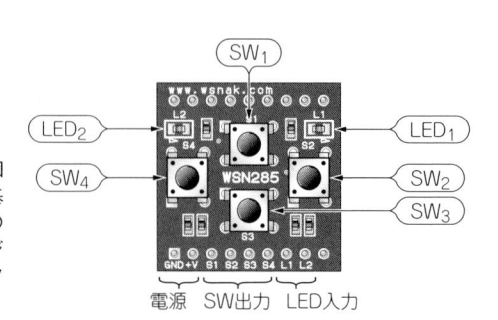

● スイッチ・ボード(#285)の使い方

スイッチ出力信号を入力ポートにつないで読み出すだけでスイッチ状態が読み取れますが，専用ライブラリw4Switchを用意してあります．このw4Switchにタイマ・ライブラリなどを併用すれば，チャタリング(接点がバウンスしてON/OFFが短かい時間生じること)キャンセラ付きのキー入力が可能です．

LEDは電流制限抵抗を内蔵しているので，LED入力信号はArduinoのディジタル出力ポートに直結できます．

● スイッチ・ボード用ライブラリw4Switchのメンバ

w4Switchは，スイッチ・ボード上の四つのスイッチ入力と二つのLEDを制御するドライバです．なお，スイッチ・ボードは使わず，同様の回路を使っている場合もそのまま流用できます．

おもな公開メンバには次のものがあります．

- initSwitch(byte a)…スイッチ用入力ポートの初期化(1個用)
- initSwitch(byte a, byte b)…スイッチ用入力ポートの初期化(2個用)
- initSwitch(byte a, byte b, byte c)…スイッチ用入力ポートの初期化(3個用)
- initSwitch(byte a, byte b, byte c, byte d)…スイッチ用入力ポートの初期化(4個用)
- initLed(byte a, byte b)…LED用出力ポートの初期化
- keyProc()…キー入力処理(繰り返し処理)．10ms程度の周期で実行させる
- onKeyPress()…SW_1〜SW_4押下時のイベント・ハンドラ登録
- led1(byte on_off)…LED_1のON/OFF
- led2(byte on_off)…LED_2のON/OFF

● w4Switchの使い方

このライブラリを使うには，wSwitch.hをインクルードしてライブラリをリンクし，インスタンスを作成します．次にinitSwitch()でスイッチの接続先入力ポート番号を設定します．この関数は引数の数により四つ用意されています(オーバロード：引数の型や数が異なるが同じ関数名が使えるC++の技術)．引数は入力ポートの番号を，使用するスイッチの数だけSW_1〜SW_4の順で並べます．

メイン・ループの中の適当な周期処理(10〜20ms程度の周期)の中にkeyProc()を配置して，一定周期でkeyProc()がコールされるようにします．この関数はキー入力が確定するとtrueを返すので，それを受けて，キー入力に応じた処理を実行させます．onKeyPress()でハンドラを登録しておけば，キー入力があったときにハンドラがコールされるようにもできます．

LEDを使う場合は，initLed()でLEDの接続先出力ポート番号を設定します．led1()，led2()で対応するLEDをON/OFFできます．

実際の使い方は，次の3-2項のサンプル・スケッチに示します．

3-2　スイッチ・ボードのサンプル・プログラム

専用ライブラリを使ったプログラムで，スイッチ・ボードを実際に動かして動作を確認します．

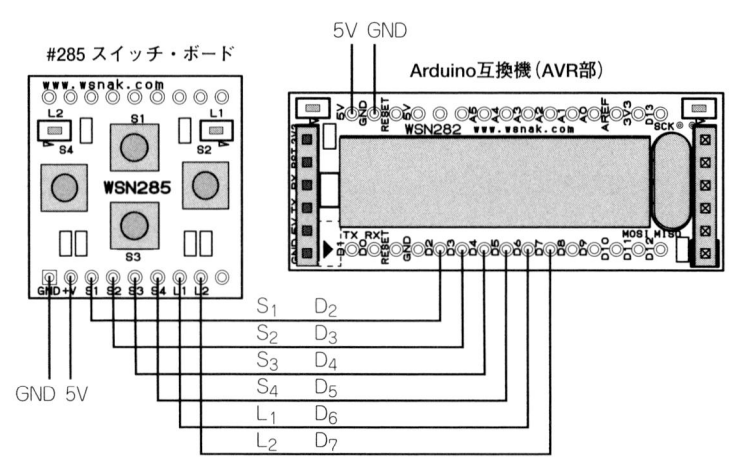

図3-2 #285スイッチ・ボードの接続例
サンプル・スケッチを動作させるときの#285スイッチ・ボードとArduino互換機との接続例を示す．Arduinoのディジタル・ポートのD$_2$〜D$_5$はスイッチ入力，D$_6$，D$_7$はLED用出力となる．スイッチ入力，LEDドライブ用のライブラリw4Switchを用意してある．

● マイコン基板との接続

ディジタル・ポートならどこに接続していてもかまわないのですが，サンプル・プログラムは図3-2のようにマイコン基板と接続した場合で作成してあります．いったんプログラムをアップロードしたあとは，P$_2$：USB/電源部ボードは切り離し可能です．

● チャタリング・キャンセル付きのキー入力を行うサンプル・プログラム

w4Switchライブラリを使ったサンプル・スケッチをリスト3-1に示します．このプログラムは，前章で説明したタイマwCtcTimer2Aを併用して，チャタリング・キャンセル付きのキー入力を行うサンプルです．スイッチを押すと，LEDが点消灯します．

ハンドラを登録して，キー入力が確定したときにハンドラがコールされるようにしています．`tm.checkTimeup()`はデフォルトで16ms周期で`true`になる関数です．これを受けて，キー入力処理`sw.keyProc()`は16ms周期で繰り返し実行されます．タイマ・ライブラリのwCtcTimer2Aについては，2-15項で説明しているので，そちらを参照してください．

10〜20ms程度の周期で動作する処理がある場合は，その中に`sw.keyProc()`を組み込んでもかまいません．なお，このオブジェクトの性質上，周期に多少変動があっても問題ありませんが，あまり周期が長すぎると反応が悪くなります．

キー入力が確定すると，ハンドラ`keyPress()`がコールされるので，`keyval`の値に応じた処理を実行させます．ここでは，当ボード上にある二つのLEDをON/OFFさせています．

ボード上のLED$_1$，LED$_2$は`led1()`または`led2()`関数でON/OFFできます．

イベント・ドリブン・タイプのプログラムですので，機能ごとに処理が分かれていて見やすいと思います．

Arduino標準のシリアル通信ライブラリを併用すると，LEDをON/OFFさせるだけでなく，スイッチ

リスト3-1 スイッチ・ボードのテスト・プログラム

```
// ライブラリのリンク
#include <wSwitch.h>         // スイッチ制御(w4Switch)
#include <wCTimer.h>         // タイマ(wCtcTimer)

#define ON HIGH
#define OFF LOW

//オブジェクトのインスタンス化
w4Switch sw;                 // スイッチ・ボード
wCtcTimer2A tm;              // タイマ

// 初期化
void setup(void) {
  tm.init();                 // タイマ初期化
  sw.initSwitc(2,3,4,5);     // SW用ポート定義
  sw.initLed(6, 7);          // LED用ポート定義

  sw.onKeyPress(KeyPress);   // ハンドラ登録
}

// メイン・ループ                  関数名を設定
void loop(void) {
  if(tm.checkTimeup()) {
    // 16ms周期
    sw.keyProc();            // キー入力処理
  }
}

// キー入力ハンドラ
void KeyPress(byte keyval) {
  // 引数にキー・コード(1〜4)
  switch(keyval) {
    case 1:                  // SW₁
      sw.led1(ON);
      break;
    case 2:                  // SW₂
      sw.led1(OFF);
      break;
    case 3:                  // SW₃
      sw.led2(ON);
      break;
    case 4:                  // SW₄
      sw.led2(OFF);
      break;
  }
}
```

に応じた文字列をPCへ送信するというようなことも簡単にできるので，前章の製作例を参考に試してみるとよいでしょう．

　なお，シリアル通信を併用する場合は，D_0，D_1はスイッチやLED用のポートとして使用できないため注意してください．

3-3　アダプタ基板…バーLEDボード

これは，レベル・メータなどでおなじみの，一列に並んだ10セグメントのLEDをシリアル信号で制御できるボードです．

● バーLEDボード（#296）の特徴，機能

シリアル-パラレル変換のシフト・レジスタ（データがレジスタ内を左もしくは右に移動する機能をもつデバイス）を2個使用して16ビットの出力ポートとして利用し，三つの信号で，10セグメントのLEDと，6ビットの出力ポートを操作できます．

● バーLEDボード（#296）の仕様

図3-3に示すこのボードでは，8ビット・シフト・レジスタのHC595を二つカスケード接続して16ビットのシフト・レジスタを構成しています．ビット数が2倍になるだけで，基本的にはHC595が1個のときと同じ方法で制御できます．

シフト・レジスタの16ビットの出力ポート（D_0～D_9の10ビットはバーLEDのセグメントに使用）はシフト・レジスタ制御用のCK，DI，LTの3本の信号だけで制御できます．CKはシフト・クロック，DIはシリアル入力のデータ，LTは出力ラッチ（出力の状態を保持する）です．

LEDの制御には10ビットのみ使用しているため，残りのD_{10}～D_{15}の6ビットは，汎用の出力ポート（エクストラ・ポート）として使用できます．

● バーLEDボード（#296）の使い方

図3-4と写真3-1に示すように，電源と3本の信号線をArduinoに接続するだけで使用可能です．専用ド

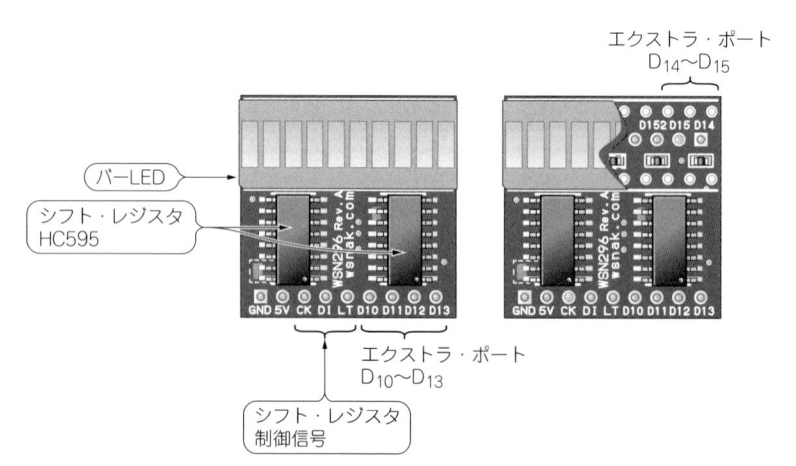

図3-3　#296バーLEDボード
#296バーLEDボードの部品配置図を示す．基板サイズは約25×25mm．シフト・レジスタを2個カスケード接続して16ビットに拡張し，10セグメントのバーLEDをドライブする．制御線はCK，DI，LTの3本で制御可能．16ビットの内，LEDで使わない6ビットは汎用出力ポートとして使用可能（エクストラ・ポート）．

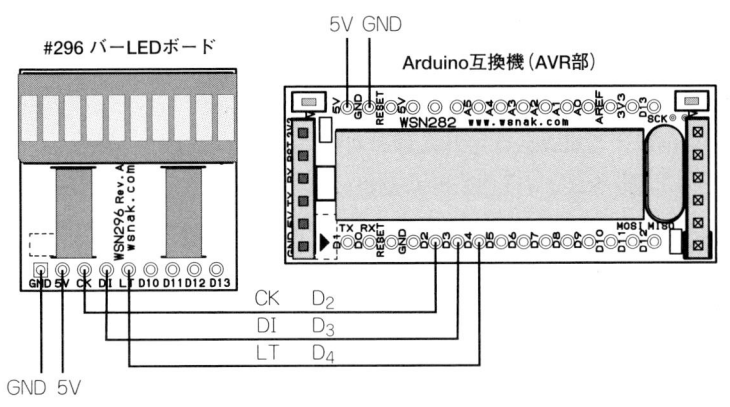

#296 バーLEDボード　　5V GND
　　　　　　　　　　Arduino互換機（AVR部）

　　　　　　　　CK　　D₂
　　　　　　　　DI　　D₃
　　　　　　　　LT　　D₄
GND 5V

図3-4　#296バーLEDボードの接続例
サンプル・スケッチを動作させるときの#296バーLEDボードとArduino互換機との接続例を示す．ArduinoのD₂～D₄は出力ポートとして利用．バーLED制御用のライブラリwB10Ledを用意してある．

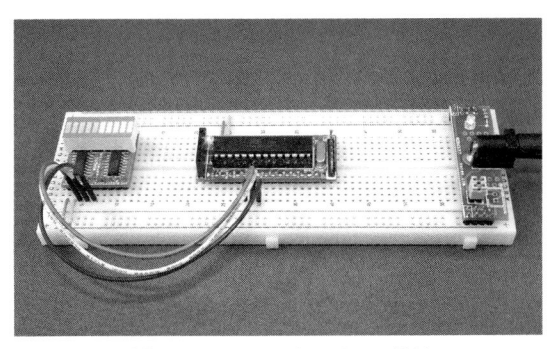

（a）#296バーLEDボードとの配線例
Arduino互換機AVR部（P₁）に#296バーLEDボードを接続して動作させているところ．右端の縦長のボードはブレッドボードの上下の電源ラインを連結する#337 電源連結バー2基板．DC5VのACアダプタをこのボードに接続して5Vを供給している．

写真3-1　動作中のバーLEDボード

（b）#296バーLEDボードの外観
#296バーLEDボードの外観を示す．電源と3本の制御信号を接続するだけで制御可能．2個並んでいるフラット・パッケージのICはシフト・レジスタのHC595．カスケード接続して16ビットに拡張している．

ライバwB10Ledを使えばLEDの点消灯，エクストラ・ポート（6バイトの予備ポート）の操作が可能です．

● wB10Ledライブラリのメンバ

おもな公開メンバを次に示します．

- `wB10Led(byte ck, byte di, byte lt)`…コンストラクタ，出力ポート定義
- `writeBin(unsigned int data10)`…10ビット・バイナリ表示（D_0～D_9）
- `writeExtByte(byte data6)`…予備（D_{10}～D_{15}）のポート出力
- `wirteLevel(byte data)`…レベル・メータ表示（0～10）
- `writeBit(byte bit_num, byte hi_lo)`…ビット操作（1ビットごとにセット/リセット）
- `unsigned int outBuf`…出力している16ビット・データの参照用

3-3　アダプタ基板…バーLEDボード

● wB10Ledライブラリの使い方

このライブラリはwDisplayに含まれています.

インスタンス作成時にクロック(CK),データ(DI),ラッチ(LT)の三つの制御ポート番号を定義します.デフォルト設定で使用する場合は,それ以外の初期化処理は不要です.インスタンスが作成されると全ポートは"L"レベルに設定されます(全LEDは消灯).

制御方法は,ビット表示,レベル・メータ表示,バイナリ表示の三つがあります.

ビット表示は,1ビットごとに出力を"H"または"L"レベルに切り替えます(LEDセグメント,エクストラ・ポートどちらも可.LEDの場合は"H"で点灯).

レベル・メータ表示は,バー・グラフのように入力値に応じてバーの長さが変わるような表示方法です.0〜10の数値を設定すると,数値の大きさに応じて右方向(デフォルト)または左方向にバー表示が伸縮します.levelRvsをtrueに設定すると,バーの伸縮方向が反転(右から左へ伸縮)します.

バイナリ表示は,10個のセグメントを10ビットの2進数に対応させて表示します(右端がLSBで,'1'のビットが点灯).

3-4 バーLEDボードのサンプル・プログラム

ここでは,専用オブジェクトwB10Ledを使ったサンプル・プログラムを説明します.

● プログラムについて

リスト3-2にサンプル・スケッチを示します.

ここでは3種類の動作を確認しますが,プログラムは共用で,コードの最初の#define値で切り替えます."#ifdef TEST1"〜"#ifdef TEST3"の三つの定義の内,一つだけ有効にすると(ほかはコメントにする)該当する部分だけコンパイル,実行されます.

#ifdefはそれに続くシンボルが#defineで定義されているときだけ,#ifdef〜#endifで囲まれた範囲が有効になるというC/C++言語でおなじみの条件コンパイル用のプリプロセッサです.

なお,スケッチは"p3_4_B10Led1.ino"〜"p3_4_B10Led3.ino"として個別に用意してあります.

● TEST1…ビット操作(p3_4_B10Led1.ino)

1ビットごとにLEDを点灯または消灯させます.右から一つずつ順番に点灯させ,10個点灯し終わったら,今度は右から一つずつ順番に消灯させます.10個消灯し終わったら最初に戻って動作を繰り返します.

この事例は,#define TEST1のみを有効にしたものです.

● TEST2…レベル・メータ表示(p3_4_B10Led2.ino)

レベル・メータとして表示させます.設定値(0〜10)の値に応じてバーが伸縮します.レベル0〜レベル10まで順番に点灯し,レベル10に達したらレベル0に戻り,その動作を繰り返します.BLed.levelRvsをtrueに設定すると,伸縮の方向が左右逆になります.

この事例は,"#define TEST2"のみを有効にしたものです.

リスト3-2 バーLEDテスト・プログラム(p3_4_B10Led1.ino)

```
//      TEST1 ビット操作
//      TEST2 レベル表示
//      TEST3 バイナリ表示

#include <wDisplay.h>
                                 処理内容の切り替え
#define TEST1        // ビット制御
//#define TEST2      // レベル
//#define TEST3      // バイナリ

wB10Led BLed(2, 3, 4);      // CK : D₂, DI : D₃, LT : D₄

unsigned int Count = 0;
byte Count2 = 0;
byte rvs = false;

// 初期化
void setup(void) {
//  BLed.levelRvs = true;    // レベル表示時のバー伸縮方向 左→右
}

// メイン・ループ
void loop(void) {

#ifdef TEST1     // ビット制御
  if(!rvs) {
    //BLed.writeBit(9 - Count, true);
    BLed.writeBit(Count, true);
  } else {
    //BLed.writeBit(9 - Count, false);
    BLed.writeBit(Count, false);
  }
  Count = (Count + 1) % 10;    // 0～9
  if(Count == 0) {
    rvs = !rvs;
  }
#endif

#ifdef TEST2     // レベル
  BLed.wirteLevel(Count);
  Count = (Count + 1) % 11;    // 0～10
#endif

#ifdef TEST3     // バイナリ
  BLed.writeBin(Count);
  Count++;
  Count &= 0x03FF;             // 0～0x03FF
#endif

  // エクストラ・ポート出力
  BLed.writeExtByte(Count2);
  Count2++;
  Count2 &= 0x0F;              // 0～0x0F

  delay(200);
}      // メイン・ループ終わり
```

● TEST3…バイナリ表示（p3_4_B10Led3.ino）

10ビットのバイナリ値として表示させます．右端が最下位ビットで，10ビットの2進数として表示されます（'1'のビットが点灯）．カウンタの値を2進数で表示します．

この事例は，"`#define TEST3`"のみを有効にしたものです．

● エクストラ・ポートの出力

TEST1～TEST3で共通ですが，LEDの点灯動作とポート出力が干渉していないことを確認するために，エクストラ・ポートに単純増加または減少のカウント値（Count2の値）を出力しています．D_{10}～D_{13}にLEDをつなげばD_{10}をLSBとして4ビットのカウンタ値がバイナリで表示されます．

3-5　アダプタ基板…4桁7セグメントLEDボード

これは，四つの7セグメントLEDと，セグメント・データ出力用のシフト・レジスタを搭載したボードです．LCDに比べて視認性は高いです．数字以外に，A，b，c，d，E，Fも表示できます．

● 4桁7セグメントLEDボード（#298）の特徴，機能

シフト・レジスタをセグメント・データの出力ポートにしているため，8セグメント（小数点含む）の8ビットのデータはCLK，DTの2本の信号線で制御できます．その他，各セグメントの電流制限用抵抗，カラム（桁）信号用のトランジスタも内蔵しています．2＋4本の信号線で制御できます．

ボードのサイズは約50×25mmで，外部ピンの幅は800milです．シフト・レジスタに74AC164を1個使っています（図3-5）．

● 4桁7セグメントLEDボード（#298）の使い方

電源，シフト・レジスタの制御用のCLKとDTの2本と桁信号COL_1～COL_4の4本を，Arduinoの任意のディジタル・ポートに接続します．

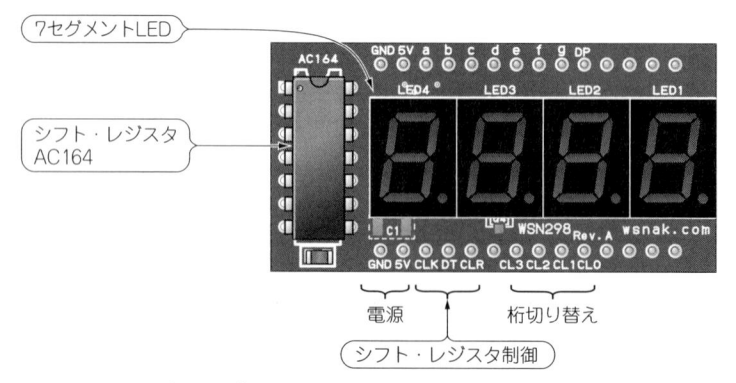

図3-5　#298 4桁7セグメントLEDボード
#298 4桁7セグメントLEDボードの部品配置図を示す．基板サイズは約50×25mm．小型の7セグメントLEDを4個使用している．ダイナミック・ドライブ用．8本のセグメント信号（a～g，DP）はシフト・レジスタによって生成するため，CLK，DTの2本で制御できる．それ以外に桁切り替え信号が4本必要．

このボードにも専用のライブラリw7S4Led298を用意しています．このライブラリは，2-8項で使用したwD7S4Ledを改造して，セグメント・データの出力部分をシフト・レジスタを使用するようにするなど手を加えたものです．それに伴い制御信号が少なくなるため，任意のディジタル・ポートで制御できるようにしてあります．

● **wD7Seg297ライブラリのメンバ**

次におもな公開メンバを示します．

- `void wD7Seg297(byte sck, byte sda, byte col1, byte col2, byte col3, byte col4)`…コンストラクタ．ポートなどの初期化
- `void process(void)`…LEDダイナミック・ドライブ処理（繰り返し処理）
- `setZeroSup(uint8_t on)`…数値より前の桁の0を消す0サプレスの有無設定
- `setDP(byte dp, byte on)`…指定桁の小数点表示ON/OFF
- `void dispHexaVal(unsigned int dat)`…最大4桁の16進数値（0x0000～0xFFFF）を表示
- `void dispBCDVal(unsigned int dat)`…最大4桁の10進数値（0000～9999）を表示
- `unsigned int onDelay`…表示区間のサイクル数（デフォルト値4）
- `byte offDelay`…非表示区間のサイクル数（デフォルト値1）

● **wD7Seg297ライブラリの使い方**

このライブラリはwDisplayに含まれています．wDisplay.hをインクルードしてインスタンスを作成します．このとき，当ボードを接続するArduino側のディジタル・ポート番号を指定します．必要に応じて，初期化処理などで表示サイクルや0（ゼロ）サプレス（不要な上位桁の0を表示しないようにする機能）の有無などの再設定を行います．

次にメイン・ループの中で適当な周期でコールされるように，`process()`関数を配置します．周期処理はwCtcTimer2Aなどのタイマ・ライブラリを併用して作ります．

`dispHexaVal()`関数を使えば0～0xFFFFの値を4桁の16進数（数字以外にA，b，c，d，E，Fも表示できる）として表示できます．`dispBCDVal()`関数を使うと，10進数で表示できます．この場合，引数に指定できる数値は0～9999までです．どちらを使用する場合でもsetZeroSupで0サプレスするかどうかを設定できます．

3-6　4桁7セグメントLEDボードのサンプル・プログラム

● **Arduinoとの接続**

4桁7セグメントLEDボード（#298）とArduinoとは6本の信号線で接続しますが，任意のディジタル出力ポートが使用できます．接続は**図3-6**と**写真3-2**のようにしました．

● **単純カウント・プログラム（p3_6_d7Count.ino）**

1秒ごとに1ずつカウントして，その値を4桁で7セグメントLEDに表示するプログラムを作成します．スケッチは**リスト3-3**に示します．

wD7Seg297()でライブラリをインスタンス化する際，Arduinoとの接続ピン番号を指定します．ここ

#298 4桁7セグメントLEDボード

5V GND
Arduino互換機（AVR部）

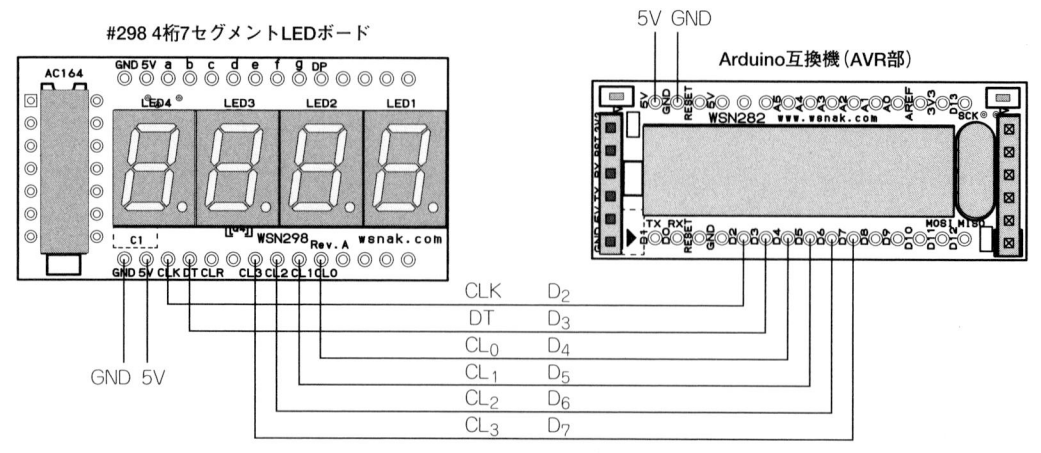

CLK　D2
DT　D3
CL0　D4
CL1　D5
CL2　D6
CL3　D7

GND 5V

図3-6　#298 4桁7セグメントLEDボード接続図
サンプル・スケッチを動作させるときの#298 7グメントLEDボードとArduino互換機との接続例を示す．シフト・レジスタ制御用の信号2本と桁信号の4本をArduinoのD2～D7に接続している．制御用のライブラリwD7Seg297を用意している．初期設定を変更すれば，任意のディジタル・ポートに接続可能．

写真3-2　#298 7グメントLEDボードの配線例
Arduino互換機と#298 7グメントLEDボードを接続して実際に動作しているようすを示す．互換機のUSB/電源部（P2）ボードはプログラム時以外は使わないため，AVR部（P1）ボードだけで動作させている．この場合，5V電源が外部に必要．

では意味が明確になるように，いったんCLKなどの変数にピン番号を設定してそれを引数で渡しています．インスタンス名はd7sとしています．

前述のタイマ・ライブラリ`wCtcTimer2A`とソフトウェアによるカウンタにより1秒の周期を得て，そのタイミングで，カウント値を更新します．`dispBCDVal()`で表示値を更新できます．

注意事項として，ダイナミック・ドライブの更新処理，`process()`を繰り返しコールする必要があります．8msの周期では遅すぎるため，直接メイン・ループ内に配置しました．この場合，逆に周期が短す

リスト3-3 カウント値表示プログラム（p3_6_d7Count.ino）

```
#include <wDisplay.h>
#include <wCTimer.h>

// ディジタル・ポートのピン番号定義
int CLK = 2;
int DT = 3;
int COL1 = 4;
int COL2 = 5;
int COL3 = 6;
int COL4 = 7;

wCtcTimer2A tm;                                      // タイマのインスタンス
wD7Seg297 d7s(CLK, DT, COL1, COL2, COL3, COL4);      // 7セグメント・ボードのインスタンス

byte Count = 0;
unsigned int d7Count = 0;

// 初期化
void setup(void) {
  tm.init(125);           // タイマ周期を8msに設定
  d7s.onDelay = 500;      // ON時間設定
//  d7s.setZeroSup(0);     // 0サプレスなし
  d7s.setZeroSup(1);      // 0サプレスあり
}

// メイン・ループ
void loop(void) {
  if(tm.checkTimeup()) {
    // 8ms周期
    Count++;
    if(Count == 125) {
      // 1s周期
      Count = 0;
      d7s.dispBCDVal(d7Count);             // 10進数表示
//      d7s.dispHexaVal(d7Count);           // 16進数表示
      d7Count = (d7Count + 1) % 10000;     // カウント値更新
    }
  }
  d7s.process();     // ダイナミック・ドライブ処理
}
```

ぎてLEDの表示が暗くなるため，ちらつかない程度に`onDelay`の値を大きくしてダイナミック・ドライブの周期を長くしています．

カウント値の更新の際は，値が9999を超えないように10000でリミットを掛けています．

`dispBCDVal()`の代わりに`dispHexaVal()`を使うと，16進数4桁で表示できます．その場合は10000のリミットは外してください（剰余算せずに単純に＋1するだけでよい）．

また，`setZeroSup()`で0サプレスの有無を設定できます．

写真3-3 マイクロSDカードと#290マイクロSDカード・ボード
#290マイクロSDカード・ボードの外観を示す．基板背面に3.3V出力の小型レギュレータとレベル変換用ゲートICの74LVC14が実装されている．カード・コネクタの横に付いているLEDは，SPIのSCK（ArduinoのD$_{13}$）と接続されているため，カードにアクセスがあると，チカッと点灯する．

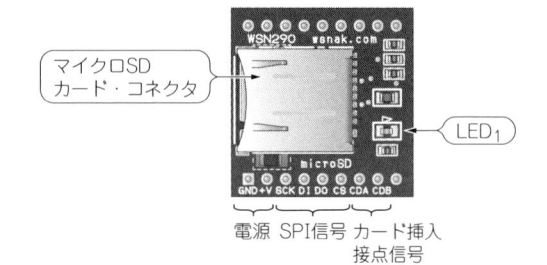

図3-7 #290マイクロSDカード・ボード
#290マイクロSDカード・ボードの部品配置図を示す．図の上側の列のピンはブレッドボード実装時に当ボードを物理的に安定させるダミー・ピンで，どこにも接続されていない．3.3Vレギュレータとレベル変換用ゲートICは背面に実装されている．

写真3-4
#290 SDカード・ボードの背面
#290マイクロSDカード・ボードの背面を示す．中央にあるのはSOICの74LVC14A，その左側にあるのが3.3VレギュレータのTAR5SB33．

3-7 アダプタ基板…SDカード・ボード

　これは，取り外しができて大容量の外部メモリとして使える，マイクロSDカード用のアダプタ・ボードです（**写真3-3**）．

　Arduino Ver.1.0ではSDカード用のライブラリが標準で付属しているので，カード用のインターフェースを用意すれば，簡単にファイルの読み書きができます．フォーマットはFAT16をサポートしているので，PCでも読み書きができます．

● SDカード・ボードの特徴，機能

　図3-7に示すこのボードは，25mm角のプリント基板上にマイクロSDカード・コネクタと3.3V出力のレギュレータ，5V-3.3Vレベル変換用のバッファICを実装したものです（**写真3-4**）．

　ArduinoのSDカード・ライブラリは，SDカードをSPI（3-14項参照）で制御します．制御はライブラリを利用すれば簡単ですが，カードを物理的にArduinoに接続するのが困難なので，ブレッドボードに実装できるマイクロSDカード用のアダプタを製作しました．

● SDカード・ボード（#290）の仕様

　このアダプタは3.3Vのレギュレータが実装されているため，5V電源で3.3V系のマイクロSDカードが

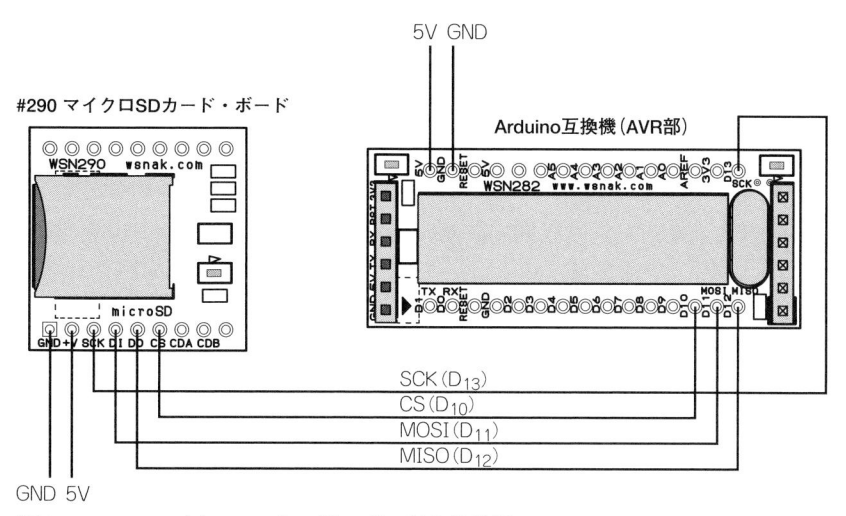

図3-8 #290マイクロSDカード・ボードの接続図
サンプル・スケッチを動作させるときの#290マイクロSDカード・ボードとArduino互換機との接続例を示す．SDカードのドライバはArduino標準ライブラリのSDがそのまま利用できる．この場合，CS信号以外は接続先が決まっているので，ほかのポートに配線することはできない．CS信号はプログラムを変更すれば任意のディジタル・ポートへ接続可能．

写真3-5 配線例
#290マイクロSDカード・ボードとArduino互換機（AVR部とUSB/電源部）の配線例を示す．ここではほかに実装するものがないため，小型のブレッドボードでコンパクトにまとめている．

使えます．また，入出力にはバッファICを使用して5V系の信号を直結できます．
　Arduinoとは，4本の信号線（D_{10}〜D_{13}）でSPIで接続します．

● SDカード・ボード（#290）の使い方

　ピンの接続は次のようになります（**図3-8**）．接続例を**写真3-5**に示します．
　　CLK…D_{13}，DO…D_{12}，DI…D_{11}，CS…D_{10}
　ライブラリSDをそのまま利用しますが，このドライバは，AVRが内蔵しているSPIハードウェアを利

用しているため，CS信号以外は接続するポートが決まっています．
　シリアル通信を利用するため，Arduino側にはUSB/電源部が必要ですが，回路電源はUSBから給電するため別電源は不要です．

● SDカードの用途
　SDカードを使用すると，センサから収集したデータやログなどの大量のデータを記録することができます．ArduinoのSDオブジェクトでは，Windowsでは一般的なFAT16でフォーマットしたSDカードが扱えます．従って，記録したファイルは，カード・リーダを利用してPCで通常のファイルとして読み出せます．また，PCで書き込んだデータをArduino側で読み出すこともできます．

● SDライブラリのおもなメンバ
　よく使うメンバについて簡単に説明します．ここで挙げた以外のメンバは，Arduinoのリファレンス・マニュアルを参照してください．
- `begin()`…SDカードを初期化して使えるようにする
- `open()`…SDカード内のファイルをリード・オープンまたはライト・オープンする
- `close()`…SD オープン中のファイルをクローズする
- `println()`…改行付きでファイルへテキストを1行書き込む
- `read()`…ファイルから1行読み出す
- `available()`…まだ読み出せるか(残りがあるか)調べる

その他にもファイルの削除，フォルダの生成，削除などいろいろな機能がありますが，本書では，基本的にはファイルに書き込んでそれをPCで読み出すような用途にしか使いませんので，ほかのメンバは割愛します．

　ファイルを読み書きするには，まず，ファイルをオープンする必要があります．読み書きし終わったあとは，ファイルをクローズします．とくにライト・オープンしている場合は，クローズしないと書き込みが完了しないので，ファイルが破損します．実際の読み書きの手順は，次項のサンプル・スケッチを参照してください．

3-8　SDカードのリード/ライト・サンプル・プログラム

● 付属のサンプル・プログラムを利用
　Arduinoのライブラリの`examples`フォルダにあるファイルをベースに，SDカード・ボード用にプログラムを用意しました．オリジナル・プログラムでは，チップ・セレクトのCS信号のポート番号の記述にちぐはぐなところがあり，そこは修正します．

● ファイルへのリード/ライト処理（リスト3-4，p3_8_SDCardRW.ino）
　固定ファイル名（ここでは"test.txt"）でファイルを作成し，適当な文字列を書き込み，直後にファイルを読み出して，結果をシリアルで送信する処理を作ります（読み出した結果はArduino IDEのSerial Monitorで確認可能）．
　このプログラムはオリジナルの"ReadWrite.ino"に手を加えたもので，SDカードを使う上での基本

リスト3-4　SDカードのリード/ライト (p3_8_SDCardRW.ino)

```
#include <SD.h>          // SDライブラリ

const int chipSelect = 10;      // CSポート番号D₁₀
File myFile;          // ファイル・ハンドル

void setup()
{
  Serial.begin(19200);      // シリアル初期化
  Serial.print("\nInitializing SD card...");
  pinMode(chipSelect, OUTPUT);      // SPI CS出力設定

  if (!SD.begin(chipSelect)) {      // SDオブジェクトの初期化
    // 初期化失敗
    Serial.println("initialization failed!");
    return;
  }

  // 初期化成功
  Serial.println("initialization done.");

  // --------- ファイルへ書き込み ---------
  // ファイルを書き込みでオープン
  myFile = SD.open("test.txt", FILE_WRITE);
  if (myFile) {
    // ファイル書き込み
    Serial.print("Writing to test.txt...");
    myFile.println("SD CARD TEST");

    // ファイルをいったんクローズ
    myFile.close();
    Serial.println("done.");
  } else {
    // ファイル・オープン・エラー
    Serial.println("error opening test.txt");
  }

  // -------- ファイルから読み出し ----------
  // ファイルを読み出しで再オープンする
  myFile = SD.open("test.txt");
  if (myFile) {
    Serial.println("test.txt:");
    // なくなるまで読み出しを繰り返す
    while (myFile.available()) {
      // １行読み出してシリアル送信
      Serial.write(myFile.read());
    }
    // ファイルをクローズ
    myFile.close();
  } else {
    // ファイル・オープン・エラー
    Serial.println("error opening test.txt");
  }
}

void loop() {
}
```

となります．

　CS信号はD₁₀につないであるものとします．ほかの信号の接続は前項を参照してください．

　ファイル書き込みは既存の内容に追加されるようになっているため，リセット・スイッチを押してプログラムを再スタートさせると，順次，ファイルに行が追加されていくのが確認できます．内容はPCのカード・リーダなどで普通のファイルとして読み出せます．

　サンプル・スケッチをリスト3-4に示します．このプログラムでは，一連の動作はsetup()内で完結します．従ってループ処理は何もないため，loop()の内容は空です．処理はありませんが，空の関数は必要です．

　このプログラムの処理手順を簡単に説明すると，まず，SDライブラリを使うためにSD.hをインクルードします．初期化処理で，CS信号を接続するポートを出力に設定して，SD.begin()でCSのポート番号を指定してSDオブジェクトを初期化します．

　SD.open()でファイル名を指定して，書き込むファイルをオープンします．このとき，ハンドルのインスタンスmyFileが返ります．これが操作対象ファイルの実体だと考えればよいでしょう．これ以後，ファイルへのアクセスはこのmyFileに対して行います．1行書き込みはmyFile.println()（改行なしはprint()），1行読み出しはmyFile.read()を使います．

　アクセスが終わったら，myFile.close()でファイルを閉じます．

● カードの抜き差しについて

　ファイルをオープンしたままでのカードの抜き差しは問題外ですが，ファイルをクローズした後にスロットからカードを抜いてまた挿入したとしても，再オープンできないようです．この場合は，SD.begin()で初期化し直す必要があります（カードを抜かなければ何度でもオープン，クローズ可能）．

　サンプル・プログラムを繰り返して実行する場合は，リセットで再スタートするため問題はありません．

　プログラム上からはカードが抜き差しされたことがわからないので（ここで使用しているボードにはカードの抜き差しがわかるスイッチ接点の端子が付いている），ちゃんとしたものを作る場合は，何らかのタイミングでSD.begin()での初期化が必要になります．第5章でもSDカードを使っているので，そちらも参照してください．

3-9　アダプタ基板…CANボード

　最後は，車載ネットワークで有名なCAN（Controller Area Network）インターフェースの通信モジュールです．CAN自体および使用したコントローラはコラム3-1を参照してください．

● CANボード（#292）の特徴，機能

　このボードは，マイクロチップ社のCANコントローラとCANトランシーバを実装したSPI制御のブレッドボード用CAN通信モジュールです．SPI接続できれば，Arduinoに限らず，どんなマイコンからでも制御可能です．

　CANコントローラは1チャネルだけですが，CAN接続ポートは三つあるので，三つ以上CANノードが存在するときに，チェーン接続することで，ケーブルから支線を分岐させることなく接続できます．

● **CANボード(#292)の仕様**

　ボードのサイズは約25mm角で，18ピン，800mil幅のDIP形状です．ブレッドボードに直接実装できます．

　コントローラには，マイクロチップ社のCANコントローラMCP2515と同社のCANトランシーバMCP2551を使用しています．5V単一電源で動作しますが，トランシーバ(MCP2551)の電源の関係で，3.3Vでは使用できません．

　このボードのCANポートは，ピンと端子台(またはナイロン・コネクタ)を合わせて三つありますが，内部で並列に接続されています．

Column…3-1　CANコントローラMCP2515

　このコントローラは二つの受信バッファと三つの送信バッファをもっています．それぞれのバッファ・サイズは14バイトで，構造は**図3-A**のようになっています．

　送信の際は送信バッファにメッセージやデータなど必要な情報を書き込み，送信要求を発行します．この三つのバッファは独立しているため，三つのメッセージをそれぞれに設定して，それぞれで送信要求を出すことで，個別にメッセージを送信することができます．

　受信の際は，ステータス・リードなどで受信を検出し，受信バッファからメッセージやデータを取り出して利用します．

　本書ではあまり詳しく説明できませんが，詳細は別のコラム3-2『CANについて』，参考文献(1)などを参照してください．

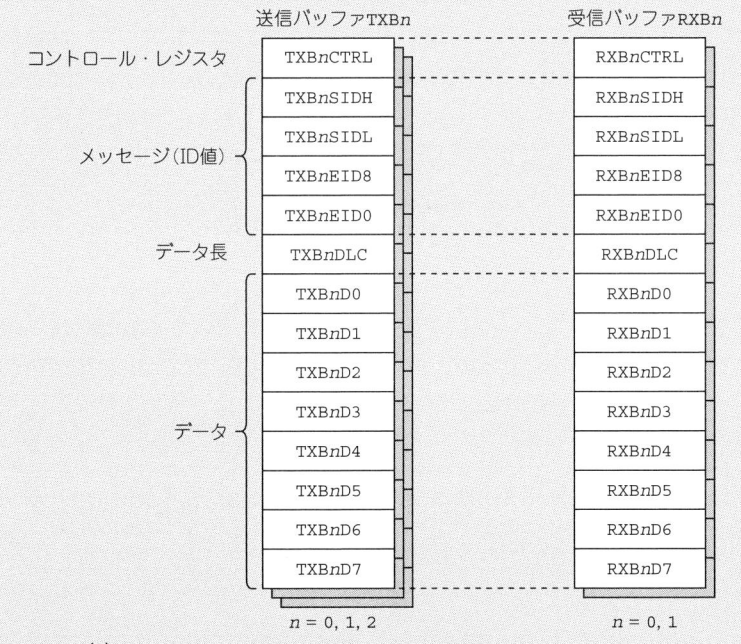

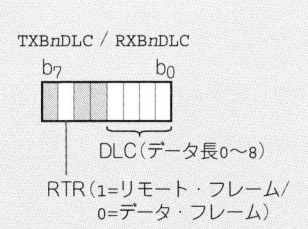

図3-A[(8)]　CANコントローラMCP2515の構造

Column…3-2　CANについて

ここでは、CANについて簡単に説明します．本書で使用しているマイクロチップ社のMCP2515を使ったCANの制御については、書籍「動かして学ぶCAN通信」などを参考にしてください．

● CANバスの信号

CAN通信の信号は、2本のラインで伝達されます．この二つの信号は、"CAN H"、"CAN L"と呼ばれ、両信号間の電位差（電圧差があるか/ないか）で信号を伝達します（差動信号）．従って通常、GND（コモン）ラインの接続は不要です．

電位差がある状態をドミナント（Dominant）、電位差がない状態をリセッシブ（Recessive）といいます．ドミナントは信号がアクティブ、リセッシブは非アクティブ（アイドル）、と言い換えることができます．

図3-Bはこの2状態をタイムチャートで示したものです．図3-Cでは、ドミナントを"L"レベル、リセッシブを"H"レベルとして表現しています．

● CANノード

CANバスに接続されるデバイスはノードと呼ばれます．I^2Cのようにノードごとにアドレスをもっているわけではありません．また、マスタ、スレーブのような関係もありませんので、基本的にはどのノードからもデータを発信でき、どのノードでもデータを受信できます．

データを受信したノードが、自分がそのデータを必要としているかどうかは、データの内容（CANメッセージ）で判断します．

● CANのフレーム

CAN通信では、データをある固まり（パケット）で扱います．この固まりのことをフレームと言います．CANメッセージはこのフレームでできています．

CANではデータ・フレーム、リモート・フレーム、エラー・フレーム、オーバロード・フレームの四つのフレームが定義されています．

通常、通信に使用するのはデータ・フレームです．応答を要求するにはリモート・フレームを送信します．自分宛のリモート・フレームを受信したCANノードは、データ・フレームで応答します．

● CANメッセージ

データ・フレームなど、通信されるデータのことを総称してメッセージと言います．本書ではデータ・フレームだけしか使用していないため、それに限って説明します．

図3-B　CAN信号の波形
2.5Vを仮想的なGNDとしたときのCAN L, H両信号の波形を合わせて表示したもの．電位差約2Vのときがドミナント、電位差約0Vのときがリセッシブ．

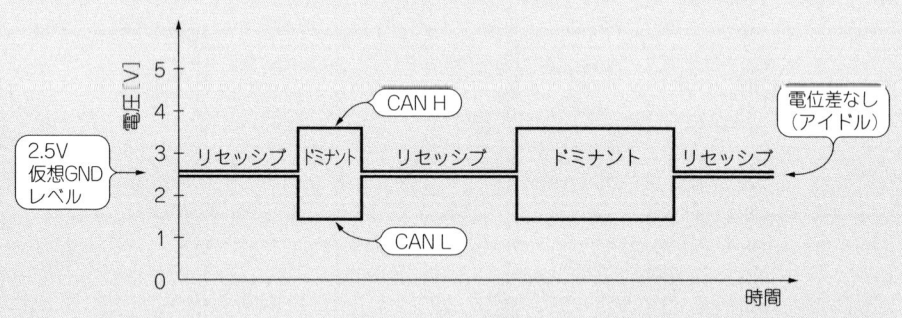

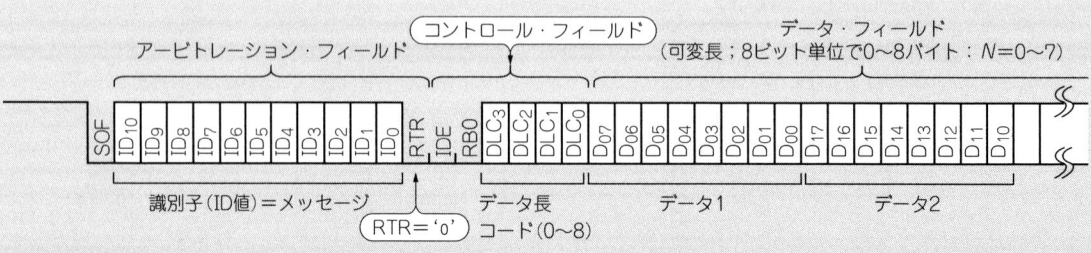

図3-C　データ・フレームのフォーマット
この図はデータ・フレームのメッセージを2値で表したもの．"H"レベルがリセッシブ、"L"レベルがドミナントを表す．

データ・フレームは，メッセージの識別子(SID)，データ長，最大8バイトのデータ本体などで構成されています．**図3-C**にデータ・フレームのフォーマットを示します．簡易的に"H"と"L"の2値で表現されていますが，実際は"L"レベルがドミナント，"H"レベルがリセッシブ（アイドル）ということになります．

フレームのフォーマットにはメッセージ識別子の長さにより，標準と拡張の2種類があるのですが，本書では標準のほうのみを使用しています．この場合のメッセージ識別子(SID)の長さは11ビットです．

なお，このSIDのフレーム上での区間は，アービトレーション・フィールドと呼ばれます．

● CANメッセージのアービトレーション

CAN通信は半二重通信の一種ですので，同時に複数のメッセージがCANバス上を行き交うことはできません．従って，ほかのメッセージが送信中でCANバスが空いていない場合は，CANバスが解放されるのを待ってからメッセージを送信する必要があります．

通常，自分がメッセージを送信しようとしたときにバスが空いていない場合は，解放されるのを待ってから送信するようにCANコントローラが制御してくれます．

ただ，まったく同時に複数のノードがメッセージを送信する可能性もあります．この場合に働くのがアービトレーション（調停）の機能です．

原理は簡単です．バス上に複数のメッセージが乗ると信号は電気的にANDされます（正確には負論理のためワイヤードOR）．つまり，ドミナントの信号はリセッシブ状態を打ち消してしまいます．従ってアービトレーション・フィールドのSID値が小さいものがCANバス上に現れることになります．この状態が調停に勝った状態ということになり，このメッセージのみが有効となります．**図3-D**はこのようすを図解したものです．

自分が出したメッセージ(SID値)と，実際にバス上に出力されたメッセージ(SID値)が違うと判断したノードは，自分が調停に負けたと判断し，そこでメッセージの送出を中断して，バスが空くのを待ってからメッセージを再送します．

このような原理でアービトレーション機能が働きます．以上の理由により，SID値が小さいほどメッセージの優先順位が高いということになります．

ただし，たとえ，優先順位の高いメッセージを送信しようとしても，すでにほかのメッセージがCANバス上にある場合は，やはり，バスが解放されるのを待ちます．この場合はメッセージの優先順位にかかわらず，早い者勝ちということになります．

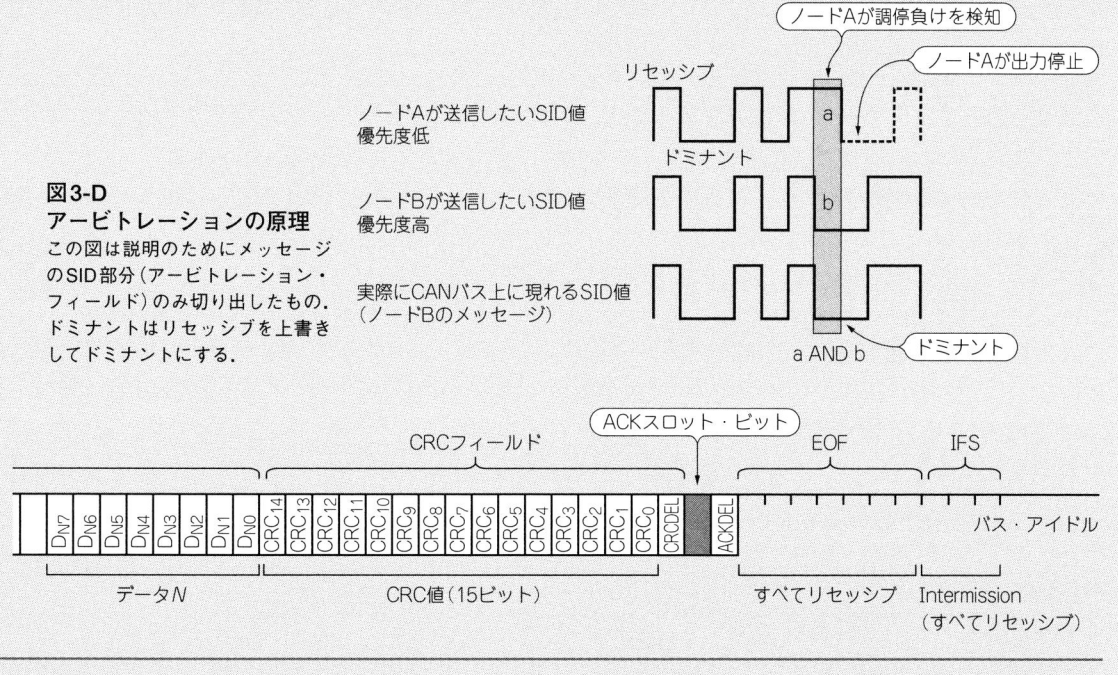

図3-D
アービトレーションの原理
この図は説明のためにメッセージのSID部分（アービトレーション・フィールド）のみ切り出したもの．ドミナントはリセッシブを上書きしてドミナントにする．

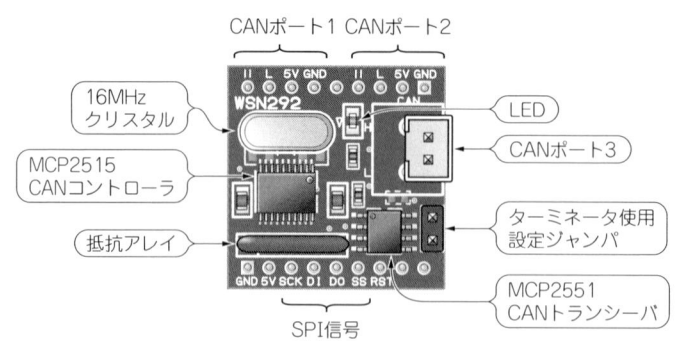

図3-9 #292 CANボードの部品配置

#292 CANボードの部品配置図を示す．基板サイズは約25×25mm．CANコントローラのMC2515とCANトランシーバのMCP2551，16MHzクリスタルという構成．ジャンパをショートすることにより，ターミネータが有効になる．CANポートはコネクタ端子も含めて三つあるが，基板内部で並列接続されているため，CANのコントローラとしては1チャネル分の機能しかない．

基板の部品配置図を図3-9に示します．

● CANボード(#292)の使い方

このボードは1枚で1チャネル分のCANインターフェースしかもたないため，CAN通信させるには，最低でもあと1台CAN機器(ノード)が必要です．3-13項の実験例では，CANボードとArduinoを2組用意してCANで接続し，双方でデータを送受信させてCAN通信を確認します．CANボードとArduinoは，4本のSPI制御線(SCK, SI, SO, SS)で接続して使います．

簡単に制御できるように，専用ドライバをライブラリ化しました．次項で説明するwCan2515というライブラリを使います．このライブラリを使う場合，SPI制御線は任意のArduinoのディジタル・ポートに接続できます．

wCan2515の説明，使い方などは次項より説明します．

3-10 CAN用ライブラリwCan2515

CAN制御は少し複雑なので，CAN用ライブラリのwCan2515について少し詳しく説明します．

● wCan2515ライブラリ

このライブラリは，マイクロチップ社のMCP2515をSPIで制御するためのものです．このICを使用したものなら，本書で紹介している#290 CANボード以外にも流用できると思います．

● wCan2515のメンバ

おもな公開メンバには次のようなものがあります．
- wCan2515(byte sck, byte si, byte so, byte ss, byte rate)…コンストラクタ(ポート番号設定)

- `init(byte rate)`…CANコントローラの初期化(rateのデフォルト値"CAN_125KBPS")
- `setOpMode(byte mode)`…CANコントローラの動作モードを設定
- `setMask(byte mask_num, word val)`…受信IDマスクの設定
- `setMask(word val)`…受信IDマスクの設定(mask0専用)
- `setFilter(byte filter_num, word val)`…受信IDフィルタの設定
- `setFilter(word val)`…受信IDフィルタの設定(filter0専用)
- `setFilterMode(byte buf_num, byte mode)`…フィルタ・モードの設定
- `setTxBuf(byte buf_num, word message, byte dat[8], byte dat_siz, byte dtfrm)`
  …送信バッファにメッセージ，データを設定する
- `txReq(byte buf_num)`…送信要求
- `word getRxBuf(byte buf_num, byte dat[14], byte &size, byte &dtfrm)`…受信バッファからメッセージ，データを読み出す
- `byte checkTxComp(byte buf_num)`…送信完了チェック
- `onReceive()`…CAN受信ハンドラ登録
- `onTxCmp1(void)`…CAN送信完了ハンドラ登録(送信バッファ0用)
- `onTxCmp2(void)`…CAN送信完了ハンドラ登録(送信バッファ1用)
- `onTxCmp3(void)`…CAN送信完了ハンドラ登録(送信バッファ2用)

次にメンバ関数を個別に説明します．

◆ `wCan2515(sck, si, so, ss, rate)`(コンストラクタ)

wCan2515をインスタンス化したときに実行される関数です．SPI制御用のディジタル入出力ポートとCANビットレートを設定します．

◆ `init(rate)`…初期化

CANコントローラを初期化します．通常，コンストラクタからコールされるため，直接コールする必要はありませんが，後からCANビットレートを変更したいときに使います．

◆ `setOpMode(mode)`…モード設定

CANコントローラの動作モードを設定します．ビットレートやマスク値，フィルタ値などコンフィギュレーションを設定する際は，初期化モードに設定しておく必要があります．初期化が終わったら運用を始めるために通常モードに設定しておきます．

CANコントローラのリセット直後の初期状態は初期化モードです．

◆ `setMask([mask_num,] val)`…マスク設定

CANコントローラの受信マスク値を設定します．`mask_num`でマスク番号(0～1)を指定し，`val`で11ビットのマスク値を設定します．

パラメータの`mask_num`は省略可能で，省略するとマスク0が使われます．

◆ `setFilter([filter_num, ] val)`…フィルタ設定

CANコントローラの受信フィルタ値を設定します．`filter_num`でフィルタ番号(0～5)を指定し，`val`で11ビットのフィルタ値を設定します．

パラメータの`filter_num`は省略可能で，省略するとフィルタ0が使われます．

◆ `setFilterMode(buf_num, mode)`…フィルタ・モード設定

CANコントローラの受信バッファごとのフィルタの使用有無を設定します．`buf_num`で受信バッファ

番号(0～1)を指定します．
- ◆ `setTxBuf(buf_num, message, dat[8], dat_siz, dtfrm)`…CAN送信バッファ設定

　CANコントローラの送信バッファにメッセージ，データを設定します．設定した内容は，パブリック変数の`txBuf[14]`にも残ります．

　`buf_num`は送信バッファ番号(0～2)，`message`は送信するCANメッセージ(SID値)，`dat[]`は最大8バイトの送信データを格納した変数です．`dat_siz`でデータ長を指定します(最大8)．`dtfrm`を`true`にするとデータ・フレーム，`false`にするとリモート・フレームに設定されます．

　送信要求を出す前に，必ずCAN送信バッファへメッセージを設定しておく必要がありますが，一度設定すると，CAN送信バッファにはメッセージ(データ含む)が残っているため，同じメッセージを送信する場合は，再設定する必要はありません．

- ◆ `txReq(buf_num)`…送信要求

　CAN送信バッファに対して送信要求を発行します．`buf_num`で送信バッファ番号(0～2)を指定します．実際に送信が完了したかどうかは`checkTxComp()`関数で確認できます．

- ◆ `getRxBuf(buf_num, dat[8], &size, &dtfrm)`…受信データ取り出し

　CAN受信バッファから受信したCANメッセージ，データを取り出します．

　`buf_num`で受信バッファ番号(0～1)を指定します．受信したデータは`dat[]`に設定されます(最大8バイト)．受信したメッセージ(SID値)は関数の戻り値として返します．

　`size`と`dtfrm`は参照渡しになっています．関数の実行結果として`size`には受信したデータ数(受信したCANメッセージのDLC値)，`dtfrm`にはデータ・フレーム(`true`)かリモート・フレーム(`false`)かが設定されます．

- ◆ `checkTxComp(buf_num)`…CAN送信完了チェック

　送信要求を出した後，実際に送信が完了しているかどうか確認します．CANノードがほかにない場合や，通信エラーや調停負けで送信が完了しないこともあるため，完了を確認する必要があります．

　`buf_num`で，対象の送信バッファの番号(0～2)を指定します．送信が完了しているときはこの関数は`true`を返します．通信エラーまたは調停負けで送信が完了していない場合は`false`を返し，自動的にCANメッセージを再送します(送信要求を再発行)．

　この関数は適当な場所で単発で使用することもできますが，通常はメイン・ループの中に置いて繰り返しコールし，完了が確認できたら何らかのアクションを起こすというようなポーリング的な使い方を想定しています．また，イベント・ハンドラ(ユーザ関数)を登録しておけば，完了時にハンドラをコールするようにできます(`onTxCmp1`～3参照)．

- ◆ `rxCheck(buf_num)`…CAN受信チェック

　CANメッセージを受信しているかどうか調べます．受信があったときは，この関数は`true`を返します．`buf_num`で受信バッファ番号(0，1，3)を指定します．'3'を指定すると受信バッファ0または受信バッファ1のどちらかで受信があったときに`true`を返します．

　引数`buf_num`は省略することも可能で，省略すると`buf_num=3`と判断されます．

　この関数はメイン・ループの中において繰り返しコールし，受信が確認できたら何らかのアクションを起こすというようなポーリング的な使い方を想定しています．また，イベント・ハンドラ(ユーザ関数)を登録しておけば，完了時にハンドラをコールするようにできます(`onReceive`参照)．

◆ onReceive()…受信ハンドラ登録

CANメッセージ受信時にコールされるハンドラ（ユーザ関数）を登録します．ハンドラを使うには，メイン・ループの中でRxCheck()関数を繰り返しコールしなければなりません．

◆ onTxCmp0()～onTxCmp2()…送信完了ハンドラ登録

送信が完了したときにコールされるハンドラ（ユーザ関数）を登録します．ハンドラを使うには，メイン・ループの中でCheckTxComp()関数を繰り返しコールしなければなりません．この関数は，送信バッファごとに用意してあります．

3-11　CAN用ライブラリwCan2515の使用法

具体的なコードで使い方を説明します．ここではもっとも基本的な使い方の例として，CAN受信したメッセージをそのままCAN送信で送り返すという処理で説明します．

● 初期化

リスト3-5に初期化部分のコードを示します．

(1)…はじめに，ライブラリを使うために，wCan2515.hをインクルードしてオブジェクトのインスタンスを作成します．このときSPIで使用するディジタル・ポート番号とCANビットレートを設定します．ここではインスタンス名はCanとします．

(2)…次に，setup()でCAN受信時のマスク，フィルタを設定します．フィルタを使用しない場合は，すべてのメッセージを受信するため，ソフトウェアで振り分ける必要があります．ビットレートやマスク，フィルタの設定などの際は，CANコントローラを初期化モードにしておく必要がありますが，パワー・オン・リセット後は初期化モードになっているため，そのまま設定しています．

(3)…ここでは，"Can.setFilter(0, FILTER_MOD_ALL_HIT)"でフィルタを使用しないように設定しています．

(4)…最後に，CANコントローラをノーマル・モードに設定します．

● CANメッセージの受信

リスト3-6にメッセージ送受信部分のコードを示します．

リスト3-5　CANライブラリ利用時の初期化処理

```
#include <wCan2515.h>                              // (1) ライブラリのリンク

wCan2515 Can(2, 3, 4, 5, CAN_BRP_16MHz_125KBPS);   // (1) インスタンス作成

// 初期化
void setup(void) {
  Can.setMask(MASK_SID_ALL_HIT);                   // (2) マスクなし
  Can.setFilter(0);                                // (2) フィルタなし
  Can.setFilter(0, FILTER_MOD_ALL_HIT);            // (3) マスク，フィルタなし
  Can.setOpMode(CAM_MODE_NORMAL);                  // (4) ノーマル・モードに切り替え
}
```

リスト3-6　CANメッセージの送受信処理

```
// メイン・ループ
void loop(void) {
  byte size;                              // CANデータの送受信バイト数
  byte datfrm;                            // データ・フレーム/リモート・フレームのフラグ
  unsigned int msg;                       // CANメッセージ(SID値)
  byte dat[8];                            // CANデータ用バッファ

  // (5) CANメッセージの受信チェック
  if(Can.rxCheck()) {
    // 受信しているとき
    msg = Can.getRxBuf(0, dat, &size, &datfrm);   // (6) データとメッセージを取り出す

    // (7) CAN送信バッファへ送信メッセージ、データを設定
    Can.setTxBuf(0, msg, dat, size, false);
    Can.txReq(0);                         // (8) 送信要求発行
  }

  // (9) CANメッセージの送信完了をチェック
  if(Can.checkTxComp(0)) {
      // (10) 送信完了時の処理
  }
}
```

(5)…まず，CANデータの受信を検出するために，メイン・ループで`Can.rxCheck()`の実行結果をポーリングします．

(6)…受信があったときには，`Can.rxCheck()`は`true`を返します．このとき，受信データを`Can.getRxBuf()`で取り出します．`size`と`datfrm`には，`Can.getRxBuf()`の実行結果が入ります．ここで必要に応じて，`msg`(関数の戻り値；CANメッセージのSID値)，`size`(受信データ数)，`datfrm`(データ・フレームかリモート・フレームか)を使った処理を実行させます．

● CANメッセージの送信

(7)…まず，送信するメッセージ(データを含む)を用意します．`Can.setTxBuf()`でメッセージ，データなどをCAN送信バッファへ転送します．`msg`は送信メッセージ，`dat`は送信するデータ領域(最大8個の配列)，`size`はデータ数(最大8)，最後の`false`はデータ・フレームを示すフラグです．

(8)…次に，CAN送信バッファに入っている内容を送信するために，送信要求を発行します．通常，CANバスがアイドルのときはすぐにCANメッセージが送信されますが，バスがほかの通信で使用中のときは，バスが解放されるのを待ってから送信されます．

(9)…実際に送信されたかどうかを確認します．送信が完了しているときは`checkTxComp()`は`true`を返します．もし，通信エラーまたは調停負けしているときは，自動的に送信要求を再発行します．

3-12　CAN通信の実験

CANボードとArduinoを2セット使ってCAN通信の通信実験を行います．基本は3-11項で説明したプ

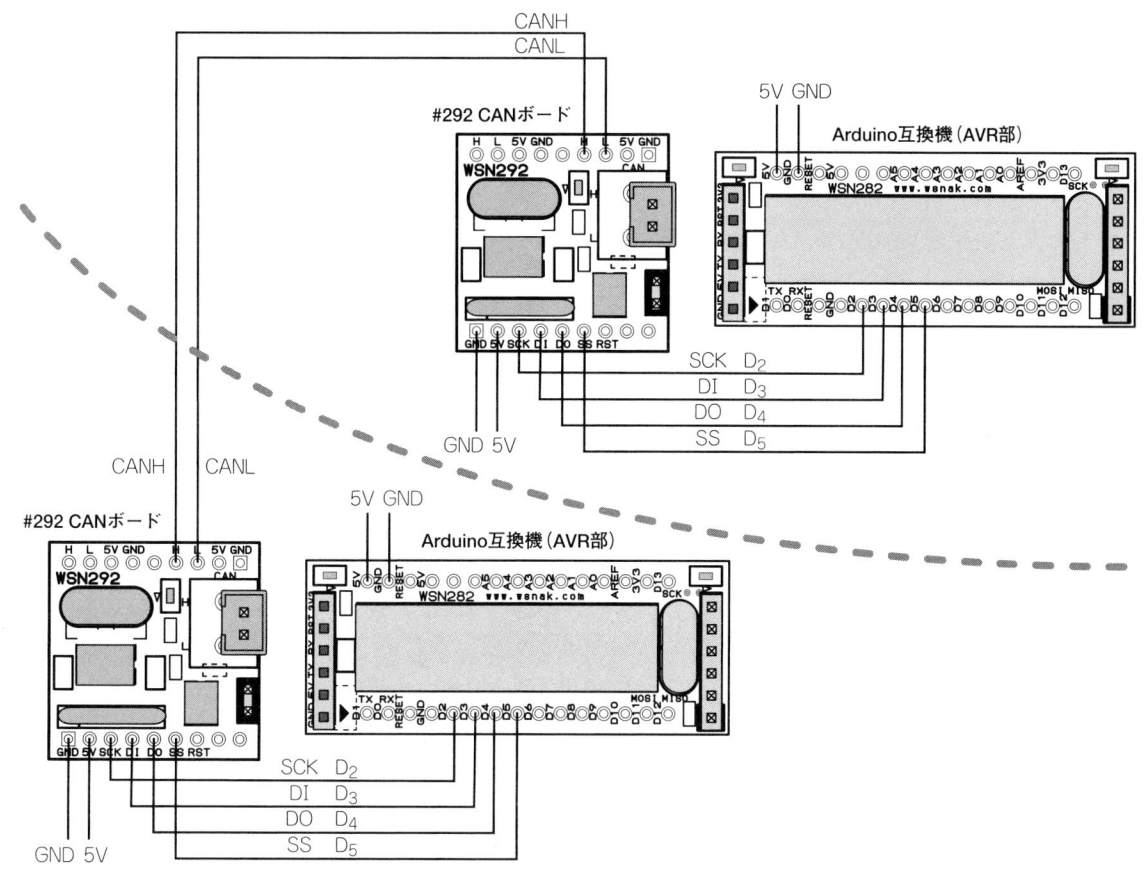

図3-10　2ノードの接続図
CANノードを2組用意してサンプル・スケッチを動作させるときの配線図を示す．ここでは両ノードがCANの終端となるため，両方ともジャンパをショートしてターミネータを有効にしておく．二つのノードを別電源で駆動する場合，CAN HとCAN Lの2本のみ接続すれば通信できる．通常はGNDの接続は不要．

ログラムを組み合わせたものとなります．

● CANボードとArduinoの接続

図3-10のように，CANボード（#292）と互換機を接続して一つのノードとし，それを2組用意してCAN信号を接続します（写真3-6）．両CANボードはターミネータを有効にします（両CANボードのJP$_1$をそれぞれショート）．

CANではGNDなどのコモン信号は不要なため，ノード間のGNDを接続する必要はありません．従って，各ノードは独立した電源でもよいのですが，簡易的に電源を共用してもかまいません．なお，デバッグが終了してデータをアップロードした後は，両方ともP$_2$：USB/電源部ボードは不要ですが，電源を共有して片側だけP$_2$：USB/電源部ボードを残しておいてUSBから給電すれば，別電源は不要です．

● サンプル・プログラムの動作の説明

CANボード以外は使わないで済むように，簡単な動作で相互の通信を確認することにします．

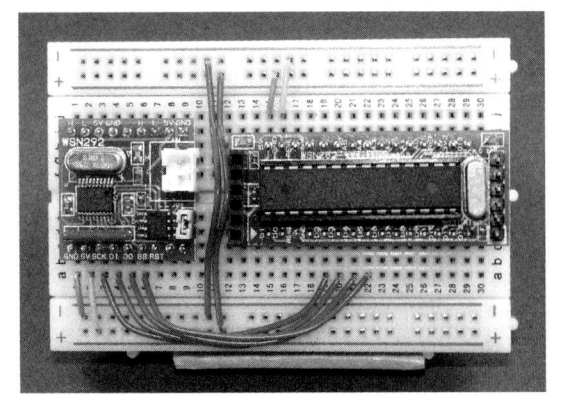

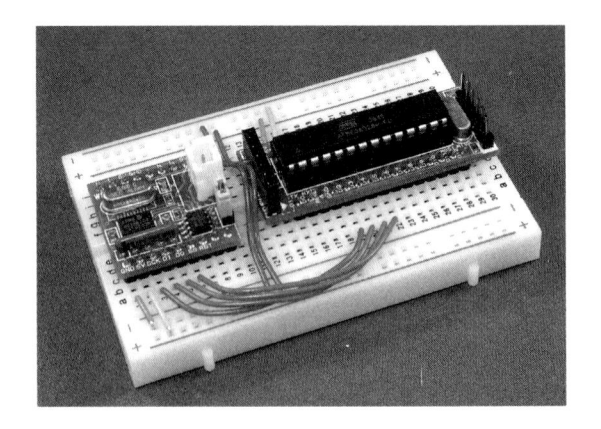

写真3-6　1組分のCANノード
#292CANボードとArduino互換機（AVR部）との配線例を示す．これは1組分のノードで，実際に通信させるためには少なくとももう一組CANノードが必要．右の写真は，角度を変えて撮影したもの．

　二つのCANノードをA，Bとして，AからのBへLEDをON/OFFさせるメッセージを送信します．Bでは受信したメッセージに応じて自分のLEDをON/OFFさせ，ノードAに同様にLEDをON/OFFさせるメッセージを送り返します．AはBからのメッセージを受信すると，そのメッセージに応じて自分のLEDをON/OFFさせます．

　A側は一定周期でメッセージを送信するため，結果的に両ノードのLEDが同じように点滅します．見かけ上は単純な動作ですが，実際にCAN通信が行われていることが確認できます．

　CANではI^{2}Cなどのように，ノード間で固定的なマスタ，スレーブという関係はありません．バスが空いているときは，どのノードでも好きなタイミングでCANメッセージを送信することができます．

◆ノードAのプログラムの概要

　一定間隔でノードB宛にLEDのONまたはOFFを指示するメッセージを交互に送信します．ノードBからメッセージを受信した場合は，その内容に応じて自分のLEDをON/OFFさせます．コードの詳細は3-13項より説明します．

◆ノードBのプログラムの概要

　ノードAから受信したメッセージに応じて自分のLEDをON/OFFさせます．また，メッセージを受信したときにそれをノードA宛に変換して送信します．

　コードの詳細は次の3-13項より説明します．

3-13　CAN通信実験のプログラム

● メッセージを決める

　双方でやりとりするメッセージを決めます．今回は処理を簡単にするために，データ部分なしのメッセージIDのみでコマンドを伝達することにします．次の四つのメッセージを定義します．

　　(1) `0x101`…ノードAのLEDをONさせる（ノードB→ノードA）
　　(2) `0x100`…ノードAのLEDをOFFさせる（ノードB→ノードA）
　　(3) `0x201`…ノードBのLEDをONさせる（ノードA→ノードB）

リスト3-7 ノードAのコード(一部省略, p3_13_CAN_nodeA.ino)

```
#include <wCan2515.h>
#include <wCTimer.h>

wCan2515 Can(2, 4, 3, 5, CAN_BRP_16MHz_125KBPS);  // CAN
wCtcTimer2A tm;                     // タイマ

byte CanBuf[14];     // CAN送受信バッファ
int LedPin = 13;     // オンボードLEDのポート番号
byte Count = 0;
byte LedSts = true;

// 初期化
void setup(void) {
  pinMode(LedPin, OUTPUT);
  tm.init(125);                     // タイマ周期を8msに設定

  Can.setMask(MASK_SID_ALL_HIT);
  Can.setFilter(0, FILTER_MOD_ALL_HIT);  // すべてのメッセージを受信
  Can.setOpMode(CAM_MODE_NORMAL);
}

// メイン・ループ
void loop(void) {
  byte size, datfrm;
  unsigned int msg;
  byte dat[8];

  if(Can.RxCheck()) {        // 受信チェック
    // 受信しているとき
    msg = Can.getRxBuf(0, dat, &size, &datfrm);   // データとメッセージを取り出す
    if(msg == 0x0101) {
      // LED ON
      digitalWrite(LedPin, HIGH);
    } else if(msg == 0x0100) {
      // LED OFF
      digitalWrite(LedPin, LOW);
```

(4) 0x200…ノードBのLEDをOFFさせる(ノードA→ノードB)

なお,メッセージID(CANメッセージのSID値)は11ビットが有効ですので,2バイトの数値として扱います.今回はデータ・フィールドはもたないので,データ長(DLC値)は0となります.

● ノードAのプログラム (p3_13_CAN_nodeA.ino)

このプログラムは,周期的にCANメッセージを送信する部分と,メッセージを受信した際に応答する部分に分かれます.リスト3-7にスケッチのコードを示します.

送信間隔は前述のタイマ・オブジェクトwCtcTimer2Aを利用して1秒の周期を得ます.このタイマは周期を8msに設定してあるので,checkTimeup()はその周期でtrueを返します.このタイミングを125回カウントすると1秒の周期が得られるので,そのときLEDのON/OFFメッセージを送信します.

リスト3-7 ノードAのコード（一部省略，p3_13_CAN_nodeA.ino，つづき）

```
    }
  }

  if(tm.checkTimeup()) {
    // 8ms周期
    Count++;
    if(Count == 125) {        // 1sec周期でメッセージ送信
      // 1s周期
      Count = 0;
      if(LedSts) {
        // CAN送信バッファへ送信メッセージ，データを設定
        Can.setTxBuf(0, 0x201, dat, 0, false);
        Can.txReq(0);          // 送信要求発行
      } else {
        // CAN送信バッファへ送信メッセージ，データを設定
        Can.setTxBuf(0, 0x200, dat, 0, false);
        Can.txReq(0);          // 送信要求発行
      }
      LedSts = !LedSts;        // LED状態反転
    }
  }
  if(Can.checkTxComp(0)) {
    // 送信完了チェック
  }
}
```

単純にdelay()などでディレイさせると，そのディレイ時間の間処理が止まり，あまりよくありません．

CANメッセージの受信があると，rxCheck()がtrueとなるので，それを受けて，受信バッファからCANメッセージをgetRxBuf()で取り出します．取り出したCANメッセージのメッセージIDはmsgに入っているため，その内容に応じてLEDをON/OFFさせます．

今回はCANメッセージのデータ・フィールドは使っていないため，dat[]の中身は空です．

● ノードBのプログラム（p3_13_CAN_nodeB.ino）

こちらは，ノードAのプログラムから，周期的にメッセージを送信する部分を削除したようなものになります．リスト3-8にスケッチのコードを示します．

ノードAと同様，rxCheck()で受信を検知して，getRxBuf()でメッセージを取り出します．そのメッセージに応じてLEDをON/OFFさせ，そのあと，ノードA宛にLEDのON/OFFコマンドを送信します．

● 補足

ノードA，Bとも，それぞれLEDを一つ増設して，txReq()で送信したときに同LEDを点灯，checkTxComp()で送信完了を検知したときに同LEDを消灯するようにすれば，実際に送受信したタイ

リスト3-8 ノードBのコード（一部省略，p3_13_CAN_nodeB.ino）

```
#include <wCan2515.h>

wCan2515 Can(2, 4, 3, 5, CAN_BRP_16MHz_125KBPS);    // CANインスタンス
// D2:SCK, D3:SO, D4:SI, D5:SS (SI/SOクロス)

byte CanBuf[14];    // CAN送受信バッファ
int LedPin = 13;    // オンボードLEDのポート番号

// 初期化
void setup(void) {
  pinMode(LedPin, OUTPUT);

  Can.setMask(MASK_SID_ALL_HIT);
  Can.setFilter(0);
  Can.setFilter(0, FILTER_MOD_ALL_HIT);  // すべてのメッセージを受信
  Can.setOpMode(CAM_MODE_NORMAL);
}

// メイン・ループ
void loop(void) {
  byte size, datfrm;
  unsigned int msg;
  byte dat[8];

  if(Can.rxCheck()) {
    // 受信しているとき
    // データとメッセージを取り出す
    msg = Can.getRxBuf(0, dat, &size, &datfrm);

    if(msg == 0x0201) {
      // LED ON
      digitalWrite(LedPin, HIGH);
      Can.setTxBuf(0, 0x101, dat, 0, false);    // メッセージを用意
      Can.txReq(0);                             // 送信要求発行
    } else if(msg == 0x0200) {
      // LED OFF
      digitalWrite(LedPin, LOW);
      Can.setTxBuf(0, 0x100, dat, 0, false);    // メッセージを用意
      Can.txReq(0);                             // 送信要求発行
    }
  }

  if(Can.checkTxComp(0)) {
    // 送信完了チェック
  }
}
```

ミングが目視できます．ただし，送信の時間は短いので，実際はチカッと光るだけです．これが点灯しっぱなしになっているときは，何らかの理由で送信が完了していないという判断ができます．

3-14　SPIライブラリを使ったSPI通信の実例

本書ではSDカードやCANの制御でSPI通信を利用してはいるものの，直接使用していないので，ここではSPIライブラリを使ってみます．

● SPI（Serial Peripheral Interface）とは

SPIとはSCK，SDI，SDO，SS（CS）の4本の信号線で通信する，同期式のシリアル通信インターフェースです．Arduino（AVR）の信号線ではSCK，MISO，MOSIに相当します．

I^2Cと同じく，一つのマスタに対して複数のスレーブをもたせることができますが，スレーブごとにアドレスをもたせるのではなく，SS/CS（スレーブ・セレクト/チップ・セレクト）信号で，特定のスレーブをハードウェア的に選択して通信対象を特定します．従って，複数のスレーブに対してSCK，SDI，SDOは並列接続しますが，SS信号はスレーブの数だけ必要です．

ただし，マイクロチップ社のI/OエクスパンダMCP23S17のように，データの中にスレーブ・アドレスを含めて，SS信号を共用できるように工夫したものもあります．

● SPIとSDの同時使用

特に意識する必要はありませんが，本書ではSPIを利用しているものに，SDとwCan2515の二つがあります．

SDはプロセッサ内蔵のSPIモジュールを使用しているため，CSを除くSPI関係の信号は特定のポートに接続する必要があります．

Arduino添付のSPIライブラリもSPIモジュールを使用しているため，それを利用するデバイスはSCK，MISO，MOSIの信号に並列接続し，別のCS信号で切り替えてやれば，SDカードと同居できるはずです．

そこで，今回はそれを試してみることにします．

なお，wCan2515の現バージョンはソフトウェアでSPI制御しているため，SDカードと並列接続はできません．

● 使用するSPIデバイス

Arduinoとは直接関係ないのですが，以前PICで作った#129 SPI制御6桁7セグメント表示器（以下，#129表示器，写真3-7）があったので，それをSDカードと並列につないでみます．

この#129表示器は7-1項で作る「I^2C制御4桁7セグメントLED」と類似のものです．ファームウェアの変更により，I^2C，SPI，UARTに対応できますが，今回はSPI版を使用します．

配線図を図3-11に示します．この図のようにSPI関係の3本の信号線はSDカード・ボードと並列接続し，CS信号はSDカード・ボードと表示器ボードで別々にします．

サンプル・プログラムでは実行結果をシリアルで出力するため，図3-11にはありませんが，P_2：USB/電源部ボードを付けておく必要があります（写真3-8）．

● SPIのデータ・モード

SPIは，SCK（シリアル・クロック）とSDI（シリアル入力），SDO（シリアル出力）の動作タイミングの

写真3-7
#129 SPI制御6桁7セグメントLED表示器
#129 SPI制御6桁7セグメントLEDボードの外観を示す．このボードはPICで制御している．ファームウェアを変更することで，I²C制御やシリアル制御も可能．このボードの詳細は「マイコンの1線2線3線インターフェース活用入門」（CQ出版社）参照のこと．

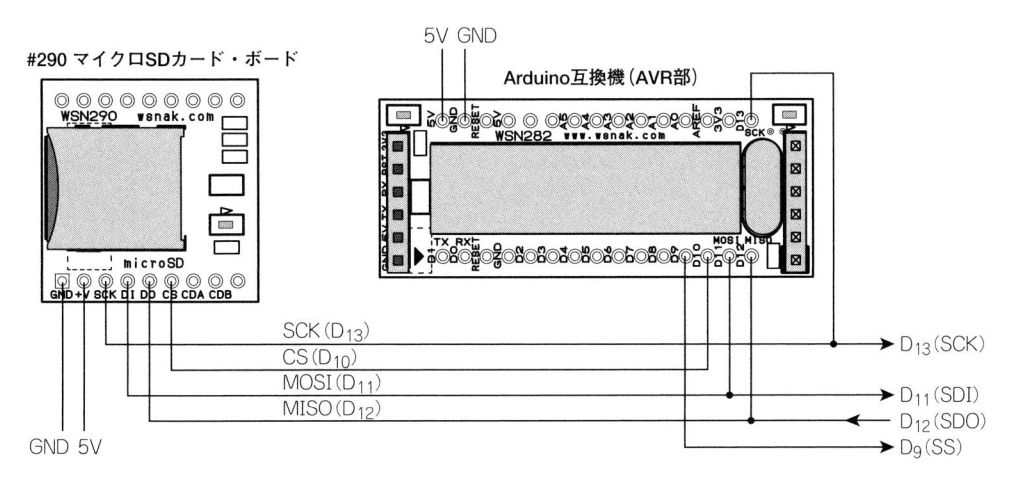

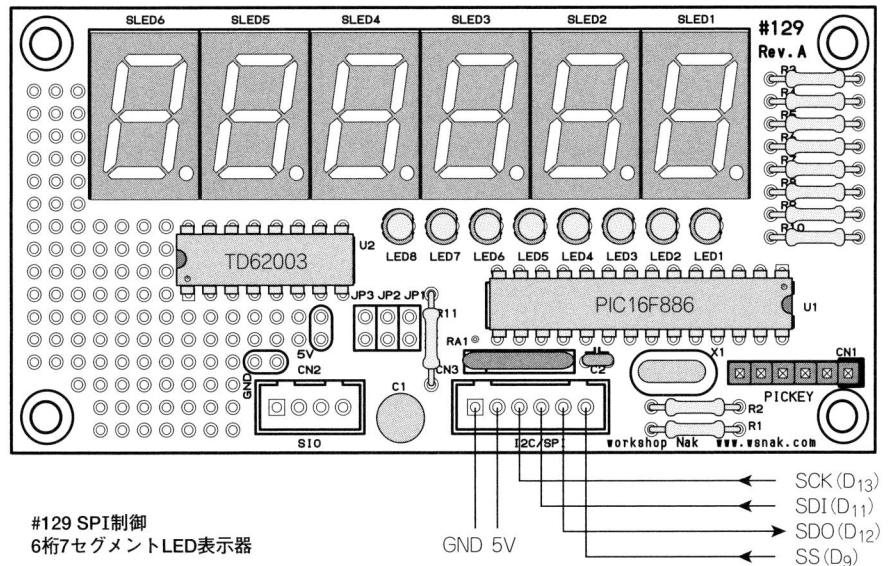

図3-11　SPI機器との接続
サンプル・スケッチを動作させるときのArduino互換機，#290 SDカード・ボード，#129 SPI制御6桁7セグメントLED表示器の配線図を示す．CS（SS）信号を除くSPI信号は並列に接続してある．CS（SS）信号はSPIデバイスごとに変える必要がある．なお，シリアル通信を利用する場合はArduino互換機のUSB/電源部（P₂）を接続する必要がある．

3-14　SPIライブラリを使ったSPI通信の実例 | **101**

写真3-8 SDカード・ボードと表示器の接続例
ArduinoのSPIバスに#290 SDカード・ボードと#129 SPI制御6桁7セグメントLEDボードを並列でつないで同時に動作させているところ．ここではSDカードへのデータの書き込みと表示器への表示が正常にできることを確認する．

違いにより，四つのモードがあります（SCKのどのエッジでデータを入出力するか）．このモードは接続するスレーブ・デバイスと合わせる必要があります．

　ArduinoのSPIライブラリはこのモードを切り替えることができます．調べた結果，SDは，サンプリングは立ち上がりエッジ，セットアップは立ち下がりエッジのモード0でした（コラム3-3参照）．

● ライブラリのSDとSPIを同時に使用したプログラムの概要

　ArduinoライブラリのSDとSPIを同時に使用します．

　SPIのデータ・モードは，SDカードが'0'，#129表示器が'1'で同じではありません．表示器側を'0'に合わせることもできますが，今回はあえて表示器のアクセス時だけデータ・モードを'1'に切り替え，アクセスが終わったら'0'に戻すようにしてみました．

　SDカードのCS信号はSDが自動で切り替えますが，#129表示器のCS信号はプログラムで切り替える必要があるため，そのときデータ・モードを切り替えることにします．

　SPIライブラリではCS信号（D_{10}）を出力ポートに設定しているようですが，それ以外はなにもやっていないようで，今回のケースでは意味がありません．D_{10}にはSDカードのCS信号がつながっているため，表示器のCS信号（SS）は別ポート（D_9）に割り付けて，自分で操作する必要があります．

　ちなみに，ArduinoのCS信号はプロセッサのSPIモジュールがSPIスレーブとして使われるときに有効な信号なので，SPIマスタで使用する際はほかのポートでも問題ありません．

● サンプル・プログラム説明（p3_14_SdSpi129.ino）

　評価プログラムのスケッチを**リスト3-9**に示します．次からの説明で，（ ）の数字はリストのコメント

の番号に対応しています.
(1)…#129表示器のCS信号を"H"または"L"レベルに設定するマクロ.
(2)…#129表示器へカウンタの値を16進数4桁で表示させる.
(3)…SPIで1バイト出力する.#129側の仕様で,バイト間に50μs以上のインターバルが必要.
(4)…インターバル用のディレイ.
(5)…SPIのデータ・モードを#129表示器用に '1' に設定する.
(6)…#219表示器のCS信号をアクティブにする.
(7)…カレント・ポインタ(カーソル位置)を右端(一の位)に設定する.
(8)…表示する値の下位4ビット(Hexaの1桁分)を取り出す.
(9)…1桁分のデータを#129表示器へ送信する.表示後にカレント・ポインタは自動で左に移動される.

Column…3-3　SPIのデータ・モード

● SPIのデータ・モード

　SPIの原理は一種のシフト・レジスタですが,クロックとデータの入出力タイミングの組み合わせにより4通りのモードがあります.

　クロックが正論理か負論理か(アイドル時のSCKが"H"レベルの場合が負論理),また,データのサンプリングがクロックの立ち上がりエッジか立ち下がりエッジかのそれぞれの組み合わせで4通りになります.

　モードごとの入力タイミングを図3-Eのタイムチャートに示します.この図には入力タイミングだけしか書かれていませんが,出力時はこのタイミングの前後のクロックのエッジで出力データが切り替わります.

　SPIのマスタとスレーブ間では,このデータ・モードを合わせておく必要があります.調べたところ,SDライブラリはモード0で動作しています.SDライブラリを使う上ではデータ・モードが何かということは特に意識する必要はありませんが,ほかのSPIデバイスを使用する場合はモードを合わせる必要があります.

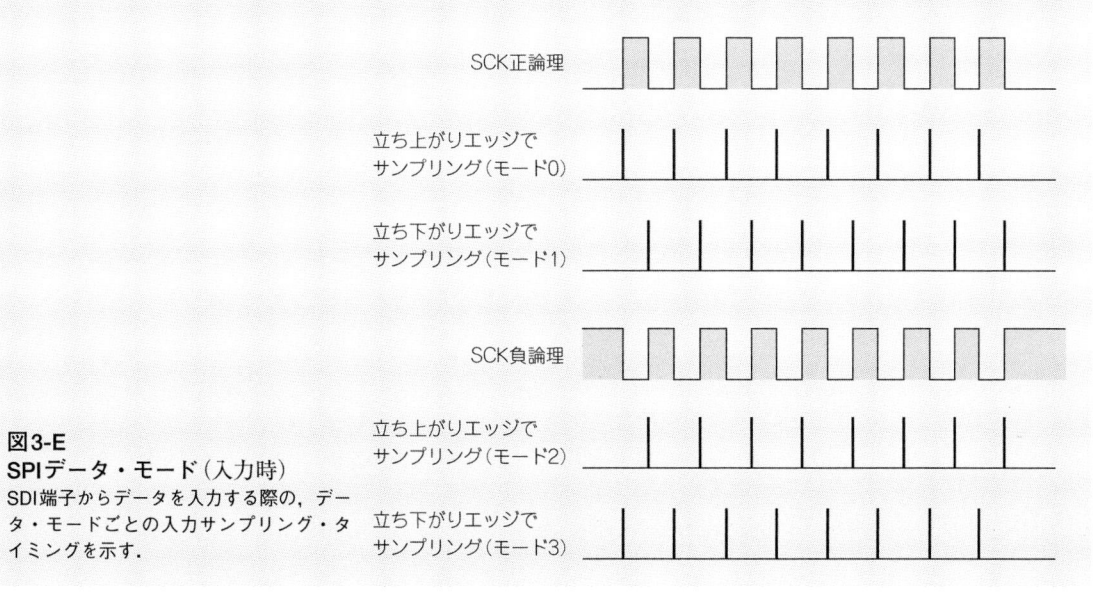

図3-E
SPIデータ・モード(入力時)
SDI端子からデータを入力する際の,データ・モードごとの入力サンプリング・タイミングを示す.

(10)…#129表示器のCSを非アクティブにする．
(11)…データ・モードをSDカード・アクセスに備えて元の '0' に戻す．

● **実行結果**

実行すると，#129表示器に16進4桁のカウント値が表示され，約1秒ごとに値が+1します．またSD

リスト3-9　SPI動作の確認（p3_14_SdSpi129.ino）

```
#include <SD.h>         // SDライブラリ
#include <SPI.h>        // SPI

#define SPI_CS_ON  digitalWrite(SPI_cs, LOW)
                                // #129/CS = "L" …(1)
#define SPI_CS_OFF digitalWrite(SPI_cs, HIGH)
                                // #129/CS = "H" …(1)

const int SD_cs = 10;      // SDカード CSポート番号
const int SPI_cs = 9;      // #129 CSポート番号
int Count = 0;
File myFile;               // ファイル・ハンドル

void setup()
{
  pinMode(SPI_cs, OUTPUT);     // #129 CS出力設定
  pinMode(SD_cs, OUTPUT);      // SD CS出力設定
  SPI_CS_OFF;
  Serial.begin(19200);         // シリアル初期化
  SPI.begin();                 // SPI初期化
  SPI.setBitOrder(MSBFIRST);   // 送信ビット順番

  if (!SD.begin(SD_cs)) {      // SD初期化
    Serial.println("initialization failed!");
  } else {
    Serial.println("initialization done.");
  }
}

void loop() {
  // ファイルを書き込みでオープン
  myFile = SD.open("sd_129.txt", FILE_WRITE);
  if (myFile) {
    Count++;                    // カウンタ更新
    myFile.println(Count);      // ファイル書き込み
    myFile.close();             // ファイルのクローズ
    Serial.println("write done.");
    DispHexa(Count);            // #129へ表示 …(2)
  } else {
    // ファイル・オープン・エラー
    Serial.println("error opening test.txt");
  }
  delay(1000);
}
```

カードに同じカウント値が約1秒ごとに記録されます．

以上の結果より，SDとSPIの共用はCS信号を切り替えることにより問題なく動作することが確認できました．

#129表示器については，参考文献(2)などを参照してください．

```
}

// SPIデータ・ライト …(3)
void SpiSend(byte dat) {
  SPI.transfer(dat);
  delayMicroseconds(50);     // 50us …(4)
}

// #129へ16進4桁表示(SPI送信)
void DispHexa(int num) {
  int dat;
  byte dg, i;
  dat = num;

  SPI.setDataMode(SPI_MODE1);
                  // SPIデータ・モード切り替え(for #129) …(5)
  SPI_CS_ON;                  // #129/CS="L" …(6)
  SpiSend(0x40 + 5);          // CP=5(右端) …(7)
  for(i = 0; i < 4; i++) {    // 下位から1桁ずつ
    dg = (byte)(dat & 0x0F);
                  // 下位4ビット(HEXA1桁分) …(8)
    SpiSend(0x00 + 0x10 + dg);
                  // 数値表示(CP左移動) …(9)
    dat = dat >> 4;           // 次の表示桁
  }
  SPI_CS_OFF;                 // #129/CS="H" …(10)
  SPI.setDataMode(SPI_MODE0);
                  // SPIデータ・モード切り替え(for SD) …(11)
}
```

マイコン活用シリーズ

測定したデータをLCDに表示，SDカードに記録，無線/インターネットに送る方法を解説

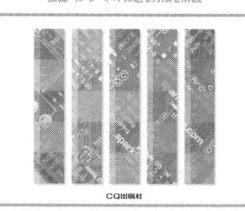

Arduinoで計る，測る，量る

B5変型判 264ページ
定価2,940円（税込）
神崎 康宏 著

電子工学やコンピュータの専門家以外に広く利用されるようになったイタリア生まれのArduinoマイコンは，PICやAVRマイコンの利用と同様な計測分野でも利用できます．専用の書き込み器も不要ですし，今すぐに必要，というような開発用途にも適しています．

本書は，このArudinoで温度，湿度，明るさ，電流，気圧，距離，重さなど日常必要になる主な計測項目を取り上げました．そして，計測した結果をSDカードに記録し，PCに有線/無線で送信し，インターネットにも対応させるところまでを具体的に解説します．なお，本書のプログラムはArduino 1.0で動作を確認しています．

目次

入出力・ボード仕様は標準化されて使いやすい
［第1章］Arduinoは入門者にもプロにも優しいマイコン・ボード
1-1 入出力などの基本的な仕様が決められている／1-2 多様なバリエーションのArduinoが用意されていて，いろいろな目的に利用できる

開発環境はシンプルでわかりやすい
［第2章］Arduino IDEのインストールと基本となる使い方
2-1 Arduinoのホームページには何でもそろっている／2-2 Arduino開発システムのダウンロードのページ／2-3 PCとArduinoをつなぐ／Column…2-1 USB-シリアル変換モジュール

シンプルな開発環境を使いはじめる
［第3章］Arduinoのサンプル・スケッチで基本的な入出力動作を確認する
3-1 Arduino IDEの使い方／3-2 サンプル・スケッチを動かしてみる／Column…3-1 進化を続けるArduino

決められた入出力ポートだが逆に使いやすい
［第4章］アナログ入出力もスケッチが用意されていて使い方は簡単
4-1 アナログ入力とアナログ出力／4-2 アナログ出力はPWMと呼ばれる方法で出力／4-3 温度センサをはじめ多くのセンサが簡単に利用できる／4-4 LM35DZを利用して湿度の測定を行う／4-5 プラス電源だけでマイナスの温度も測れるLM60を使用すると／Column…4-1 炎の温度を測る

スタンドアロンで動かすときには必需品
［第5章］測定結果をLCDに表示する
5-1 ArduinoからデータをCDモジュール／5-2 ArduinoとLCDモジュールの接続方法／5-3 LCDモジュール用のライブラリ／5-4 LM35DZを利用して湿度の測定結果をLCD表示する／5-5 温度センサで温度をチェックし，AC電源をON/OFF（ヒータを制御）／Appendix1 LCDライブラリ

2本線で複数のデバイスをつなげられて拡張性がよい
［第6章］高機能シリアル通信I²C
6-1 マイコンとディジタル・センサや通信モジュール・デバイス間のシリアル通信／6-2 I²Cインターフェースでやりとりするリアルタイム・クロック／6-3 3.3V動作のI²Cインターフェース・デバイスの温度センサを追加する／6-4 5V，3.3V動作のI²Cインターフェース・デバイスを動かす／Column…6-1 できることがわかれば0.5mmピッチのはんだ付けも難しくない／Appendix2 Wireライブラリ

熱電対，SDカードを活用する
［第7章］SPIインターフェース
7-1 SPI通信の通信方法／7-2 Arduino用の熱電対温度センサ（MAX6675 スイッチサイエンス）／Appendix3 SPIライブラリ

大容量の外部メモリを活用できる
［第8章］SDカード/マイクロSDカードにデータを保存する
8-1 SDカード・ドライブ／8-2 SDライブラリの概要／8-3 テスト・スケッチの機能／8-4 SDカードに測定値を書き込むスケッチ／Column…8-1 SDカードの仕様／Appendix4 SDライブラリ

インターネットとの接続で応用範囲を広げる
［第9章］イーサネットのネットワーク経由で測定データを発信する
9-1 イーサネット・シールド／9-2 イーサネットと接続するために／9-3 Ethernet ライブラリ／9-4 温度，湿度，気圧のサーバを作る／Appendix5 Ethernetライブラリ

無線対応で応用が広がる
［第10章］XBeeでデータ収集
10-1 本章で使用するXBee／10-2 インストール・プログラムの準備／10-3 X-CTUのインストール／10-4 X-CTUの起動と設定／10-5 ArduinoのXBeeシールドに設置したXBeeモジュールの設定／10-6 XBeeモジュールの設定／10-7 XBeeとArduinoとの接続／10-8 テストのためのスケッチ／10-9 無線通信できる温度計測ステーション／10-10 無線通信できる温度計測ステーションのスケッチを作る／Appendix6 Arduinoの割り込みでパルスを数える

湿度，気圧，明るさ，電流，アルコール，距離，温度，圧力
［第11章］各種センサをつないで測定
11-1 湿度センサHIH-4030／11-2 I²Cインターフェースの気圧センサBMP085／11-3 明るさセンサTEMT6000，AMS302T／11-4 電流センサACS712／11-5 アルコール・センサMQ-3／11-6 距離センサGP2Y0A21YK／11-7 サーミスタ103AT-11で温度を計る／11-8 ストレイン・ゲージによる重さの測定／Appendix7 ADXL335搭載加速度センサ・モジュール

応用事例

　第4章からは，ここまでで製作・解説してきたArduino互換機および各種アダプタ基板を組み合わせて，実用的なシステムを作っていきます．ブレッドボード上で組み立てるために，短時間で配線して動かすことができます．

第4章　32時間制アラーム・クロック

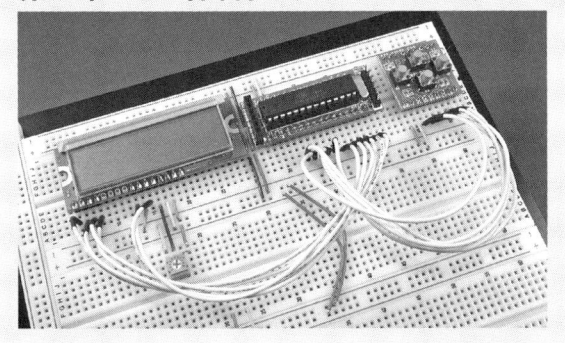

第5章　熱電対を使った温度測定と記録

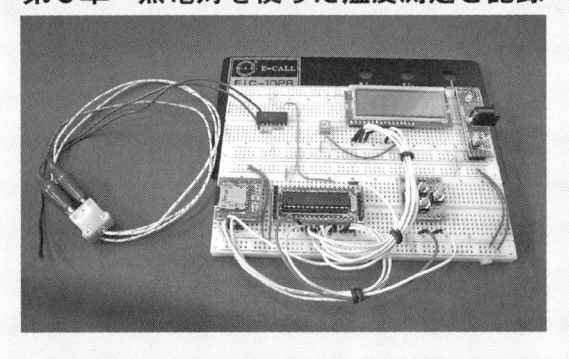

第6章　CANを利用した温度の遠隔測定

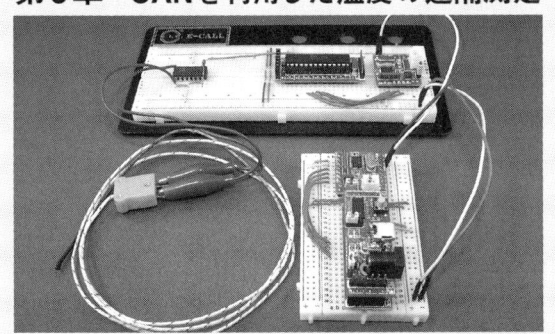

第7章　デバイスのI²C化を推進

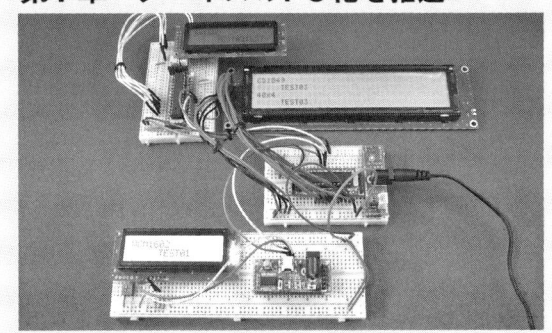

第8章　ログ機能付き放電器の製作

[第4章] 応用事例：スイッチ・ボード＋LCD表示器

応用 32時間制アラーム・クロック

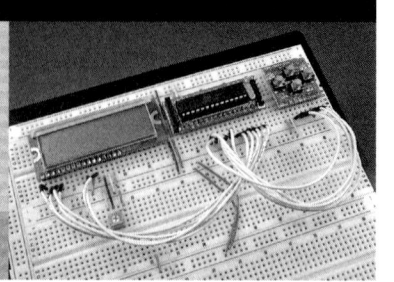

　この章からは，これまで説明してきたアダプタ基板やライブラリを組み合わせた応用セットを製作します．最初に製作するのは，ちょっと変わったアラーム付きの時計です．テレビ番組の番組表では，深夜1時を「25時」などと表現することがありますが，この時刻で表示できるアラーム付きの時計を製作します．

　テレビ番組表の深夜時刻の表現は，日付が変わっているかどうかが曖昧なことがありますが，このように24時以上の時刻で表現することは，曖昧さをなくすということでは，意義のある表現だと思います．

■ 4-1　32時間制アラーム・クロックの機能と仕様

● アラーム・クロックの機能と操作の仕様

　テレビ番組表用の24時間越えの表現で時刻を表示させます（例えば，25時30分）．通常の時刻も同時に表示させます．ケーブル・テレビやCS放送などは朝の5～7時ぐらいが1日の区切りのようですので，その時間まで対応できるようにオフセット付きで最大32時まで表示できるようにします．

　通常の24時間制表示に戻す時間は，0時～8時まで1時間単位で可変にします．この時間はオフセット時間でもあります．図4-1にオフセットがかかった場合の表示時間と通常時間の関係を示します．オフセット時間を4時としておくと，午前4時は28時と表示され，午前5時以降は通常時刻でそのまま5時と表示されます．オフセット時間を0時にしておくと，通常の時計と同じく，23:59のあと0:00に戻ります．

　その他，おまけでアラーム機能をつけます．アラーム時刻は，24時間越え表現でも設定できるように

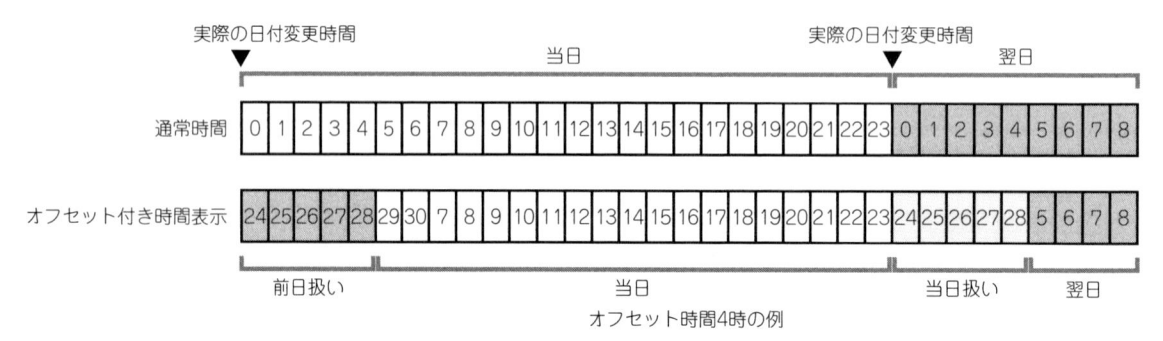

図4-1　オフセット時間と表示時間の関係
この図はオフセット時間の考え方を説明したもの．オフセット時間を4時に設定した場合の例で，午前0時～ 4時まではオフセット付き時間として24時～28時と表示される．午前5時以降は通常の時間表示と同じになる．

します．アラームは，深夜に使うということも考慮して，音ではなくLEDを点滅させるようにします．こういうのをヴィジブル・ベルといいます．通常，点灯するだけよりも点滅しているほうが目立ちます．

アラーム状態は1分間持続します．その途中でもアラームOFFの操作をするとアラームを解除できます．アラームを解除しないでそのままにしておくと，24時間後に再びアラームが動作します．

なお，今回はRTC（リアルタイム・クロック）モジュールなど特別なハードウェアは使わないため，時計を動作させて表示を続けるには，常時通電しておく必要があります．

● アラーム・クロックのしくみ

まずは，24時間制の時計を作り，表示段階で，表示時間を細工することにします．24時を超えている場合は，あらかじめ設定されたオフセット値を加算して表示させます．

時計は，Arduino（AVR）内蔵のタイマで1秒周期のタイミングを作り，それを秒，分，時のソフトウェア・カウンタでカウントさせて，その値を表示時刻として使用します．

● アラーム・クロックの機器構成

時刻表示にはLCD，操作には4個のスイッチ，本体は互換機のAVR部（P_1）ボードのみの3点（アラーム用のLEDはスイッチ・ボードに搭載のものを使用）という構成で設計しました．

● 操作仕様

本機では，設定，操作は四つのスイッチで行います．図4-2に#285スイッチ・ボードを使ったときのスイッチの配置，機能についてまとめてあります．時計本体の処理は簡単なのですが，このような操作部分のプログラムが複雑になります．

動作モードは大きく分けて「通常」，「設定」の二つがあり，MODEスイッチで切り替えます．MODEスイッチを押すたびに通常，設定モードが交互に切り替わります．

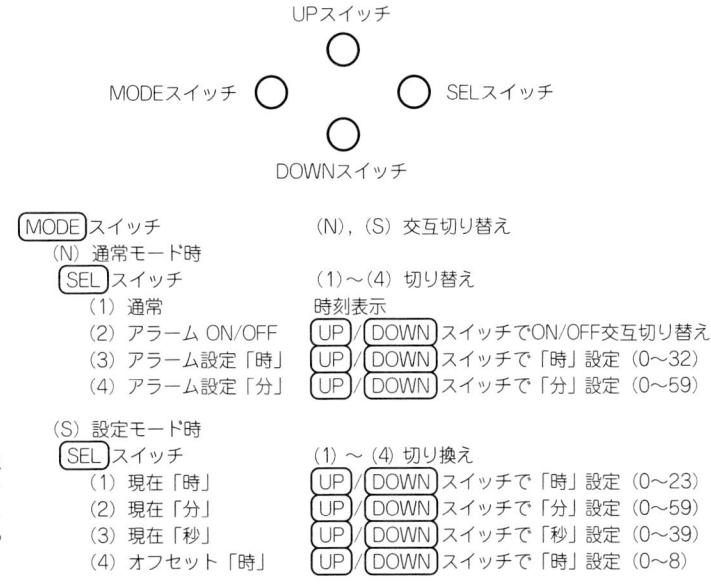

```
                    UPスイッチ
                       ○
     MODEスイッチ ○         ○ SELスイッチ
                       ○
                    DOWNスイッチ
```

MODEスイッチ　　　　　　　　　(N)，(S) 交互切り替え
　(N) 通常モード時
　SELスイッチ　　　　　　　　　(1)～(4) 切り替え
　　(1) 通常　　　　　　　時刻表示
　　(2) アラーム ON/OFF　UP / DOWN スイッチでON/OFF交互切り替え
　　(3) アラーム設定「時」UP / DOWN スイッチで「時」設定（0～32）
　　(4) アラーム設定「分」UP / DOWN スイッチで「分」設定（0～59）
　(S) 設定モード時
　SELスイッチ　　　　　　　　　(1)～(4) 切り換え
　　(1) 現在「時」　　　　UP / DOWN スイッチで「時」設定（0～23）
　　(2) 現在「分」　　　　UP / DOWN スイッチで「分」設定（0～59）
　　(3) 現在「秒」　　　　UP / DOWN スイッチで「秒」設定（0～39）
　　(4) オフセット「時」　UP / DOWN スイッチで「時」設定（0～8）

図4-2
アラーム・クロックの操作一覧
スイッチ操作の一覧を示す．MODEスイッチで通常モードか設定モードを切り替え，SELスイッチで設定項目（サブ・モード）を切り替える．モードを切り替えた後，モードに応じた設定値をUPまたはDOWNスイッチで設定する．

表4-1 モード，サブ・モードを含めた動作モードと識別番号の対応表

モード	サブモード/機能	番号
通常モード	通常	0
	アラームON/OFF	1
	アラーム設定「時」	2
	アラーム設定「分」	3
設定モード	現在「時」設定	11
	現在「分」設定	12
	現在「秒」設定	13
	切り替え時間「時」設定	14

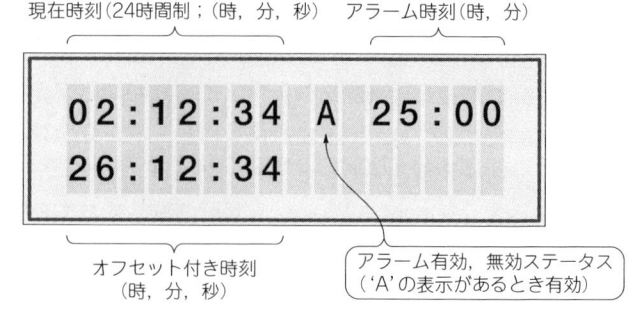

図4-3 アラーム・クロックの表示例
LCDの表示例を示す．現在時刻，オフセット付き時刻は1秒ごとに更新される．そのほか，アラーム時刻とアラームが有効かどうかを示すステータスが表示される．アラーム時刻はオフセット付きの時刻で表示される．

　通常モードの初期状態は普通に時計を表示している状態です．この状態では，アラーム時刻の設定，アラームのON/OFFの設定操作が可能です．

　SELスイッチで通常表示，「時」設定，「分」設定などのサブモードを切り替え，UP/DOWNスイッチで数値，またはON/OFFを設定することができます．アラーム時刻は24時間越えの時刻表現（24時間制表現でも可）で，1分単位で設定可能です．

　設定モードでは，現在時刻の設定，切り替え時間のオフセット時間の設定を行います．この状態でSELスイッチで「時」，「分」，「秒」，「オフセット時間」のサブモードを切り替え，UP/DOWNスイッチで数値を変更できます．

　現在時刻は，24時間制（時は0～23）で設定します．

　なお，設定モードに入っても時計は止まりませんが，UP/DOWNスイッチを操作すると，変更があったと見なして，通常モードに戻る直前に設定時間が反映されます．多少誤差が出るかもしれませんが，時報に合わせてMODEスイッチで通常モードに戻すと，その瞬間に時刻が更新されるため，より正確に時刻を合わせられます．

　モード，サブモードをまとめると表4-1のようになります．モード番号はプログラム内で使用している識別番号です．

　スイッチ操作ではなく，シリアル通信を使ってある程度まとまった内容を一括で設定できるようにすると処理は簡単になりますが，操作のたびにPCにつなぐのは実用的ではありません．便利にしようとすれば，それなりに複雑なプログラムになってしまいます．

　時計部分の表示は図4-3のようになっています．上段左側が24時間制の通常時刻，その下がオフセット付きの時刻，上段右側がアラーム時刻です．上段中央にある'A'の文字はアラームが有効なときに表示されます．このあたりは好みに応じて変更してください．

4-2　32時間制アラーム・クロックの製作

● 使用するもの

　時計の基本機能はArduino本体だけで作れますが，時刻を表示させるのにLCD，各種時刻などを設定

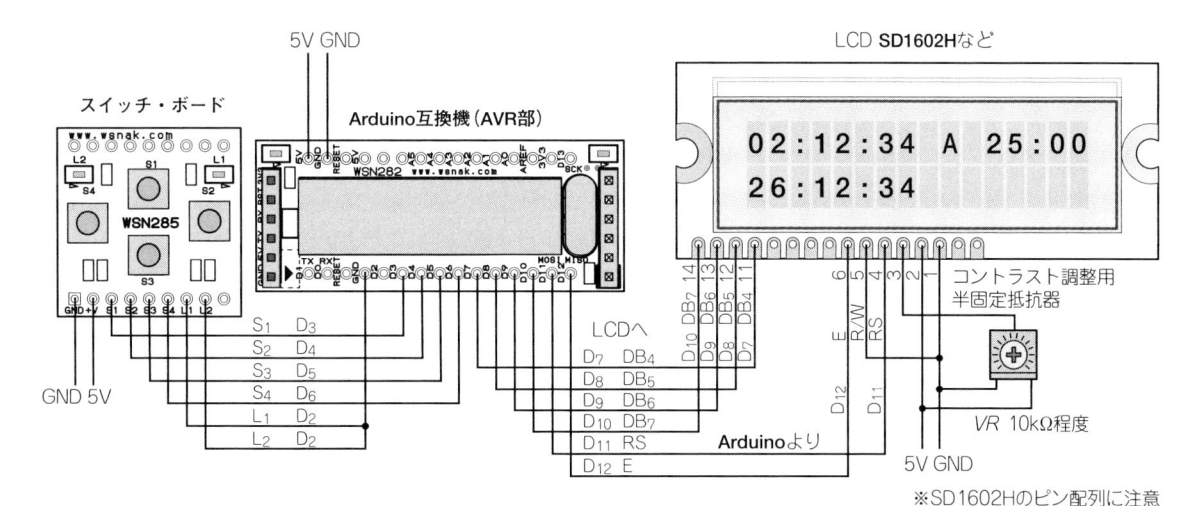

図4-4　ディジタル・クロックの実体配線図
32時間制アラーム・クロックの配線図を示す．#285スイッチ・ボードとLCD（SD1602）をArduino互換機のAVR部（P_1）ボードへ接続しただけのシンプルな構成になっている．今回は，アラーム用のLEDにスイッチ・ボード上のLEDを使用しているが，別に付ける場合は，D_2ポートに適当なLEDと電流制限用抵抗器を実装する．

写真4-1
32時間制アラーム・クロックの配線例
時計機能にArduinoのシステム・クロックを利用するため，Arduino互換機の本体とは表示，操作部分の回路だけで構成できる．なお，プログラム書き込み後はUSBは不要なため，外部電源に5Vを用意すれば互換機のUSB/電源部（P_2）は不要．

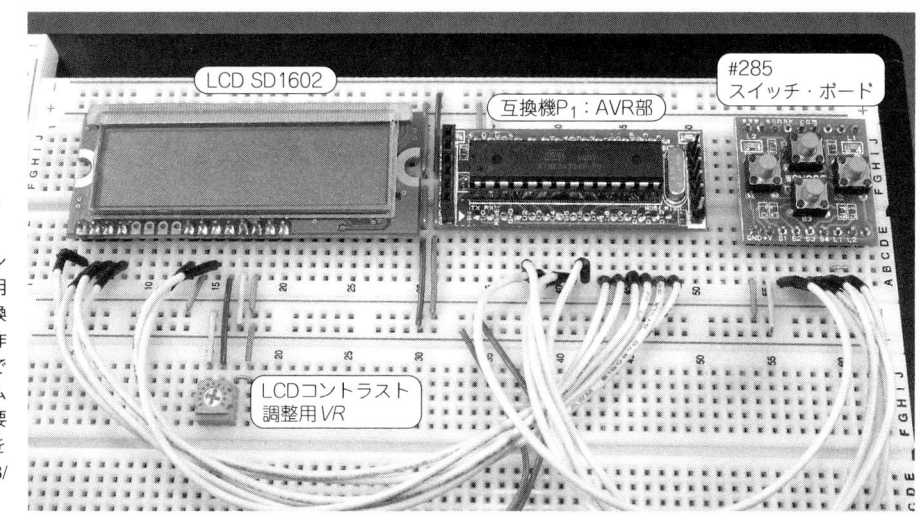

するためのスイッチ，アラーム用LEDが必要です．

　プログラムを書き込んだ後はUSB回路は不要ですので，5V電源さえ接続すれば，互換機のAVR部（P_1）ボードのみで動作します．

● 配線，接続図

　図4-4に配線図を示します．機器構成はLCDとスイッチという，これまで製作したものとあまり変わりません．ブレッドボード上に配線したようすを写真4-1に示します．

アラーム用のLEDはスイッチ・ボード上のLEDを2個同時に使用しています(並列接続)．この部分は必要に応じて，高輝度LEDなどを使うとよいでしょう．その場合，ドライブ電流は20mA程度(最大40mA)まで流せますが，それ以上になる場合はトランジスタなどを使ってドライブ能力を上げないといけません．もっとも，普通のLEDでも青色とか赤色のものは輝度が高いものが多いので，点滅すると結構目に付きます．

　USBは不要ですので，Arduino互換機の場合は，プログラム書き込み後は互換機AVR部(P_1)ボードのみで動作します．その場合，5V電源は別に用意してください．余裕があれば，温度センサのLM35などをつないで，温度計付きクロックにも発展できます．

4-3　32時間制アラーム・クロックのプログラミング

● プログラムの概要

　このプログラムでは，時計用の1秒の周期を作るのにタイマ・ライブラリのwCtcTimer2Aを利用します．1秒のタイミングで，時，分，秒それぞれのソフトウェア・カウンタをカウントさせ，それを時刻として表示させます．

　24時間越えの時間は，この24時間制の時計にオフセット値を加算して表示させます．つまり，実体は24時間制の時計として動作しています．アラーム機能では，24時間越えの時間を設定可能ですが，内部で24時間制へ戻して処理します．

　ボタン操作により，時刻の設定(時，分，秒各カウンタの更新)，アラーム時間やオフセット時間が設定できるようにします．スイッチ入力はライブラリのw4Switchを使用します．

　図4-5，図4-6に大まかな処理のフローチャートを示します．

　次から，機能ごとにプログラムを説明します．

◆ 動作モード

　当プログラムでは，動作モードに応じて表示を切り替えたり，スイッチ入力の意味を切り替えます．このモードは外部変数Modeに設定されます．0～3は通常モード，11～14を設定モードとしています．

　通常モードの0は時刻を表示している状態です．SELスイッチの操作により0，1，2，3，0…と切り替わり，アラーム時刻やアラームの有効，無効の切り替えができます．

　設定モードでは時計の時刻(時，分，秒)とオフセット時間を変更できます．

◆ 時計処理

　まず，wCtcTimer2Aで8msの周期を得ます．この周期はキー入力の繰り返し処理にも利用します．また，このタイミングを125回カウントして1秒の周期を得ます．

　この1秒の周期で，「時」，「分」，「秒」のカウンタ(変数Hour，Min，Sec)を更新し，現在時刻とします．「時」は24進カウンタ，「分」，「秒」は60進カウンタです．

◆ 表示処理

　動作モード0の「時」は現在時刻と，オフセットを加えた時刻，アラーム時刻などを表示します．

◆ アラーム処理

　1秒周期の処理で現在時刻を更新した直後に，あらかじめ設定されているアラーム時刻と現在時刻を比較します．このとき，時，分が一致していて，アラームが有効に設定されている場合は，アラーム動作状態としてLEDを点滅させます．1分経過すると，現在時刻の時，分が不一致となるためアラームは止まり

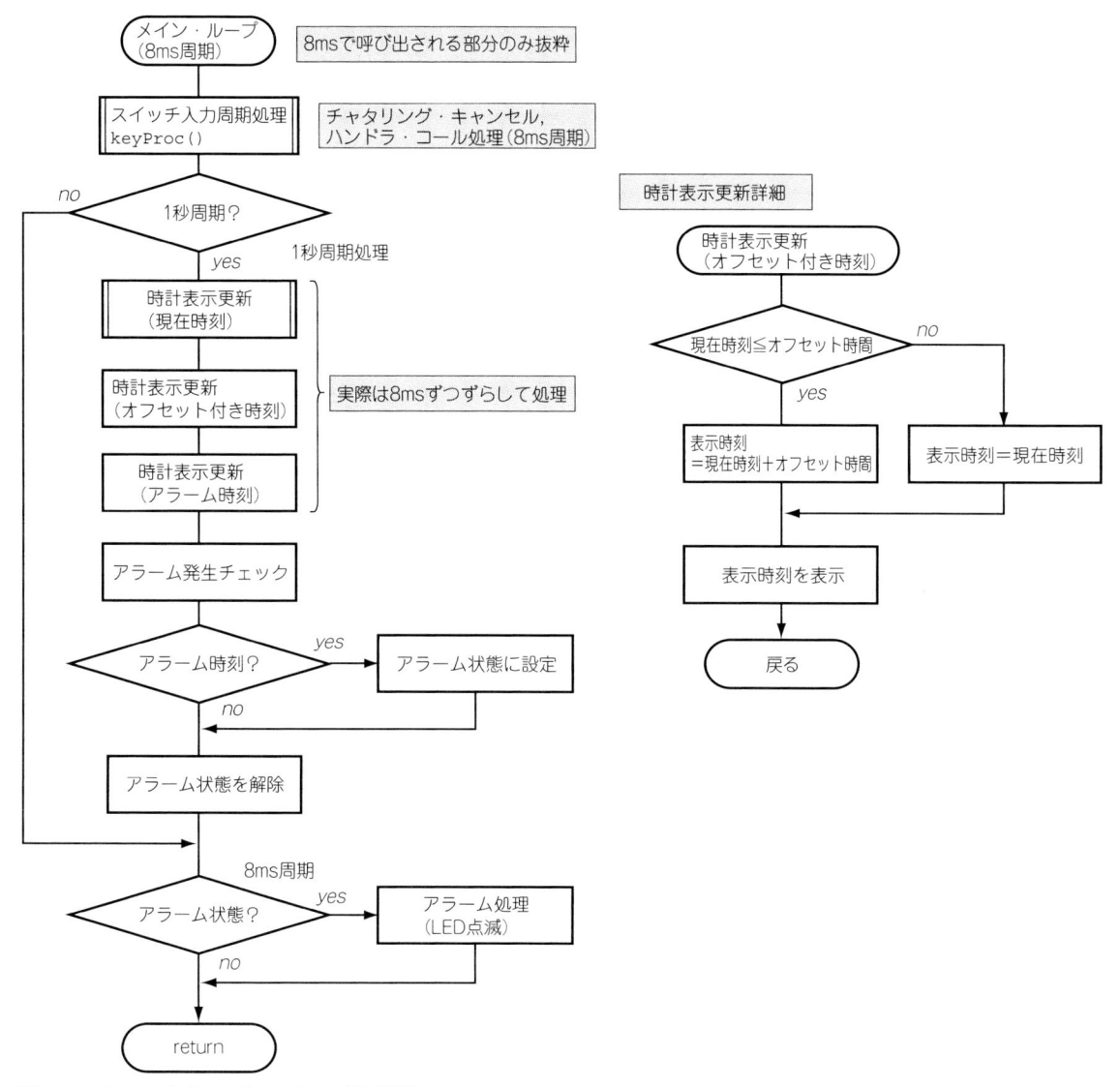

図4-5 クロックのメイン・ループの処理
時刻の更新や表示など繰り返し処理の主要部分のフローチャートを示す．メイン・ループ内の8ms周期で呼び出される繰り返し処理の中で，1秒周期のタイミングを得て現在時刻やオフセット付き時刻の表示を更新したり，アラームの発生状況をチェックする．

ます．
　アラーム時刻の判定はオフセットなしの時間で現在時刻用の「時」，「分」のカウンタとアラーム用時刻の「時」，「分」カウンタをそれぞれ比較します．アラーム時刻で24時を超えている場合は，オフセット時間を差し引いた0～23時で比較しています．
　アラーム時刻の設定では，設定の「時」が24時以上で，かつ，オフセット表示が必要な時間帯の場合は，設定時間からオフセット時間を引いたものとして扱います．

```
スイッチが押されたときに呼び出される関数
```

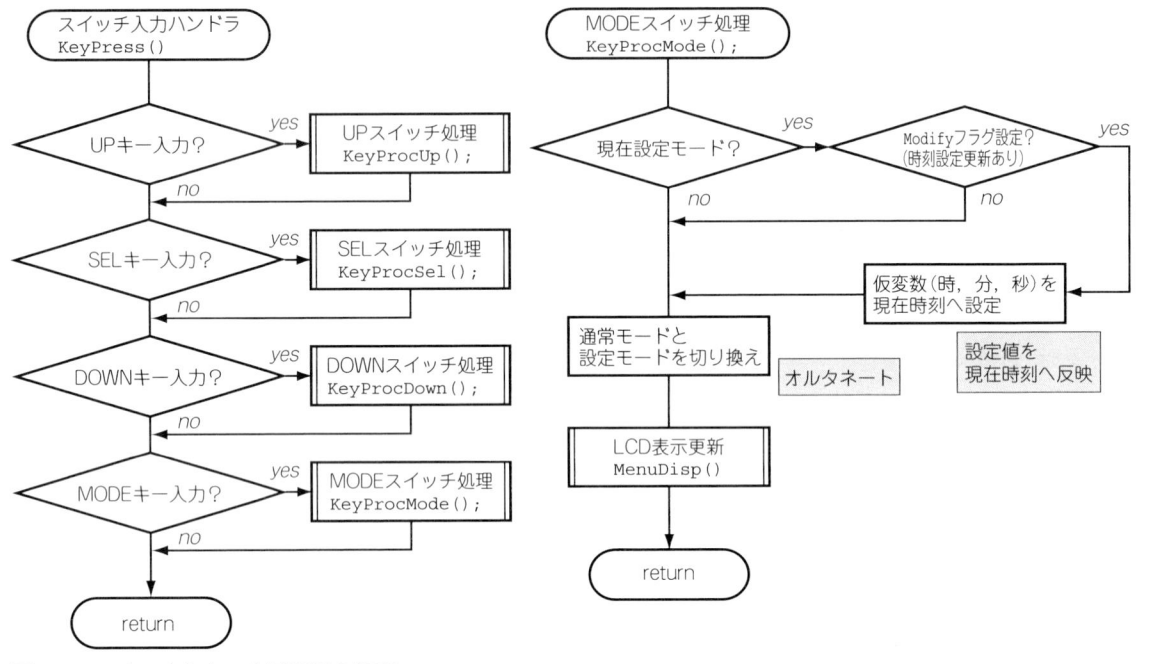

図4-6 スイッチ入力，表示関係の処理
スイッチ操作関係のフローチャートを示す．スイッチが押されると，スイッチに応じた処理関数が呼び出される．各処理関数はモードに応じた処理を実行する．MODEスイッチはモード，SELスイッチはサブ・モードを切り替える．UP, DOWNスイッチはモードに応じた設定値を切り替える．

◆ スイッチ入力処理

スイッチ入力には`w4Switch`を使用していますが，チャタリング・キャンセルのために周期的に`keyProc()`関数を呼び出す必要があります．

今回は`wCtcTimer2A`で8msの周期が得られているので，この周期を利用して`keyProc()`を8ms周期で呼び出すようにしています．

初期化時にキー入力ハンドラ`KeyPress()`を登録してあるので，いずれかのスイッチが押されると`KeyPress()`が呼び出されます．その中でキー・コードに応じた処理を実行します．

この部分は一見複雑に見えますが，分解して個々の処理で考えると単純な処理です．

同一のスイッチでもモード番号(変数`Mode`)によって役割が変わるため，モードとキー・コードのすべての組み合わせの処理を`switch-case`で振り分けています．

実際の処理では，スイッチごとに関数を作り，その関数の中でモードを判定するようにしています．たとえば，UPスイッチの処理関数`KeyProcUp()`では`switch-case`文でモードごとの処理を振り分けて，モードが1のときはアラームの有効，無効切り替え，モードが2のときはアラーム「時」を+1する，というようにしています．

◆ 時計時刻の設定

オフセット時間だけ設定したい場合など，設定モードに入っても時刻は変更したくないということもあるので，設定モードに移行後も時計は通常通り動作させます．

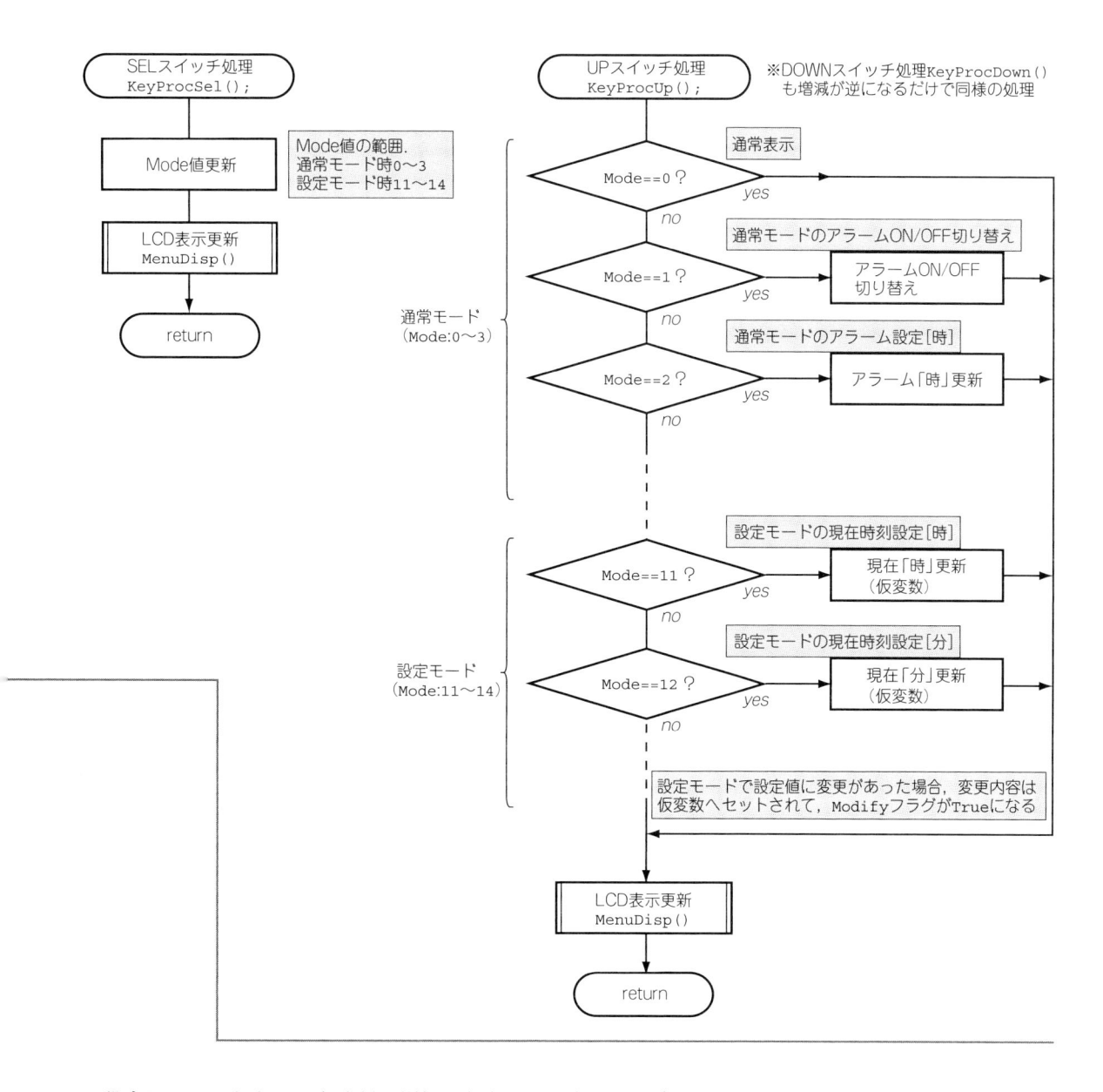

[フローチャート: SELスイッチ処理 KeyProcSel(); → Mode値更新（Mode値の範囲. 通常モード時0～3, 設定モード時11～14）→ LCD表示更新 MenuDisp() → return]

[フローチャート: UPスイッチ処理 KeyProcUp(); ※DOWNスイッチ処理KeyProcDown()も増減が逆になるだけで同様の処理
- Mode==0? yes → 通常表示
- Mode==1? yes → 通常モードのアラームON/OFF切り替え / アラームON/OFF切り替え
- Mode==2? yes → 通常モードのアラーム設定[時] / アラーム「時」更新
（通常モード（Mode:0～3））
- Mode==11? yes → 設定モードの現在時刻設定[時] / 現在「時」更新（仮変数）
- Mode==12? yes → 設定モードの現在時刻設定[分] / 現在「分」更新（仮変数）
（設定モード（Mode:11～14））
設定モードで設定値に変更があった場合，変更内容は仮変数へセットされて，ModifyフラグがTrueになる
→ LCD表示更新 MenuDisp() → return]

　設定しているときに現在時刻に影響を与えないように，設定モードに入った時点での時分秒カウンタ（変数Hour, Min, Secの内容）を仮カウンタ（stHour, stMin, stSec）へいったん保存して，UP/DOWNのスイッチ操作による時刻の変更は仮カウンタのほうへ反映させます．

　UP/DOWNスイッチ操作により時，分，秒に変更があった場合は，通常モードへ戻るときに，仮カウンタの内容を現在時刻の時分秒カウンタへコピーして現在時刻を更新します．変更がなかった場合は何もしないで通常モードに戻ります．

● プログラムの説明…周期処理

　スケッチのコードは重要な部分のみ抜粋して説明します．全体はソース・ファイルを参照してくださ

リスト4-1 時計処理の基本型

```
void loop(void) {
  (中略)
    // タイマ周期処理
  if(tm.checkTimeup()) {     // 8ms周期検知 … (1)
    SubCnt++;
    sw.keyProc();            // キー・センス処理8ms周期 … (2)
    if(SubCnt == 125) {      // 8ms×125＝1000ms … (3)
      SubCnt =0;
      [1秒の周期処理]
    }
  {
```

リスト4-2 時計処理の実際の処理
LCDへの表示を8msの時間差を付けて分けて処理している．

```
void loop(void) {
  (中略)
  if(tm.checkTimeup()) {
    SubCnt++;
    sw.keyProc();            // キー・センス処理8ms周期
    if(SubCnt == 123) {   //  … (4)
      [1秒周期処理(現在時刻表示)]
      return;
    }
    if(SubCnt == 124) {   //  … (5)
      [オフセット付き時刻表示処理]
      return;
    }
    if(SubCnt == 125) {   //  … (6)
      SubCnt = 0;         //  … (7)
      [アラーム時刻表示，アラーム処理]
    }
  }
  (中略)
}
```

い．

　周期処理の基本型は**リスト4-1**のようになっています．ループ処理の抜粋ですが，(1)で`checkTimeup()`は8ms周期で`True`になる関数です．この`if`ブロックの中で，(2)のキー入力の周期処理を実行します．さらに(3)の`if`ブロックで，8ms周期を125回数えて1秒周期のタイミングを得ます．この`if`ブロックで時計の更新などの1秒の周期処理を入れます．

　本来はこれで済むのですが，LCDの表示に時間がかかり，8msでは足りないようなので，実際は現在時刻の表示，オフセット付き時刻の表示，アラーム時刻の表示を8msずつ時間差を付けて行うように工夫しています．そのようにした場合のコードを**リスト4-2**に示します．

　(4)でカウンタ`SubCnt`が123のときに時計を更新して現在時刻を表示，(5)で124のときにオフセッ

リスト4-3 オフセット時間処理

```
OfsHour = Hour;              // 仮設定
if(TmOfs > 0) {
  if(Hour <= TmOfs) {
    OfsHour = Hour + 24;     // オフセット補正
  }
}
```

リスト4-4 スイッチ入力処理

```
void KeyPress(byte keyval) {
  switch(keyval) {
    case 1:        // UP
      KeyProcUp();    // UP SWの処理
      break;
    case 2:        // SEL
      KeyProcSel();   // SEL SWの処理
      break;
    case 3:        // DOWN
      KeyProcDown();  // DOWN SWの処理
      break;
    case 4:        // MODE
      KeyProcMode();  // MODE SWの処理
      break;
  }
}
```

ト付き時刻を表示，(6)で125のときにアラーム時刻を表示します．この処理の中の(7)でカウンタを0に戻します．125回カウントという周期は変わらないので，これで時計が狂うことはありません．

オフセット付き時間は**リスト4-3**のようにして求めています．

`TmOfs`の内容はオフセット時間(0～8)で，あらかじめ設定されている値です．オフセット時間が0(オフセットが設定されていない)場合は，現在時間を`OfsHour`へ設定してそれをそのままLCDへ表示します．

現在時間`Hour`がオフセット時間より少ない場合，現在時間に24時を加えて`OfsHour`へ保存し，それをオフセット付き時間の「時」としてLCDへ表示します．

なお，実際の処理では，通常モード(Mode = 0)のときだけ各時刻を表示するようにしてあります．

● プログラムの説明…スイッチ操作関係

スイッチ操作関係の処理はステップ数が多いのですが，各処理は単純なもので，それをswitch-case文や関数で振り分けているだけなので，外郭がわかれば理解しやすいと思います．**リスト4-4**に振り分け部分のコードを示します．

まず，初期化時に`onKeyPress(KeyPress);`として，ハンドラの`KeyPress()`関数を登録しておきます．そうすると，スイッチが押されたときに`KeyPress()`が呼び出されます．`keyval`には，押されたスイッチの番号(1～4)が入っています．この番号をswitch-caseで判別し，各スイッチごとの`KeyProcXXX()`関数を呼び出します．

`KeyProcUp()`で説明すると，この関数はUPキーが押されたときに呼び出されます．UPキーはモードによって時，分などの値または有効，無効などの設定の切り替えに使われます．この部分のコードを**リスト4-5**に示します．

モード0のときは，このスイッチの操作は無視するので，何も処理はありません．

モード1のときは，このスイッチは，通常モードでアラームのON/OFFの切り替えを行います．変数`AlmSw`の状態を反転しています．

リスト4-5　UPスイッチの処理

```
void KeyProcUp(void) {
  switch(Mode) {
    case 0:              // 通常表示
      break;
    case 1:              // 通常モードのアラームON/OFF切り替え
      AlmSw = !AlmSw;
      if(!AlmSw) {
        AlmOff();
      }
      break;
    case 2:              // 通常モードのアラーム設定[時]
      if(AlmHour < (24 + TmOfs)) {
        AlmHour++;
      } else {
        AlmHour = 0;
      }
      break;
    case 3:              // 通常モードのアラーム設定[分]
      if(AlmMin < 59) {
        AlmMin++;
      } else {
        AlmMin = 0;
      }
      break;
    case 11:             // 設定モードの現在時刻設定[時]
      if(stHour < 23) {
        stHour++;
      } else {
        stHour = 0;
      }
      Modify = true;
      break;
    case 12:             // 設定モードの現在時刻設定[分]
      if(stMin < 59) {
        stMin++;
      } else {
        stMin = 0;
      }
      Modify = true;
      break;
    case 13:             // 設定モードの現在時刻設定[秒]
      if(stSec < 59) {
        stSec++;
      } else {
        stSec = 0;
      }
      Modify = true;
      break;
    case 14:             // 設定モードの現在時刻設定[オフセット時]
      if(TmOfs < 8) {
        TmOfs++;
      } else {
        TmOfs = 0;
      }
      break;
  }
  MenuDisp();
}
```

> ### Column…4-1 クリスタルの精度
>
> Arduinoのクリスタル表面の刻印を見てみると，16.000MHzとあります．これは最小桁の0が誤差を含んでいるということを示しています．有効桁未満を四捨五入しているとすると，このクリスタルの実際の発振周波数は15.9995MHz～16.0004MHzの範囲にある（製品として規格を満たしている）ということです．昔買っていたものは0の数がもう少し多かったような気がするのですが，精度が高いものは製造コストが増すため高価になります．
>
> 今回，この周波数をプロセッサ内のハードウェアやソフトウェアで分周して利用していますが，1秒（1Hz）を得るために16MHzを1024×125×125で分周しています．
>
> 16.000MHzの理想のクリスタルの周期は，周波数の逆数をとって0.062500μsとなりますが，大きいほうのワースト・ケースの16.0004MHzの周期は0.062498μsで，その差は0.000011μsとなります．この差は非常に小さいように思えるかもしれませんが，1秒を得るためにこの周期を1024×125×125回カウントする必要があります．つまり，1秒あたり，176μs進むことになります．1時間あたりでは，それを3600倍して0.634秒，1日あたりでは0.634秒を24倍して約15秒進むことになります．
>
> 同じ有効数字桁数のクリスタルでも周波数を数十kHz台にすれば，分周比を小さくできるので，相対的に精度が高くなります．時計用のクリスタルが32.768kHzなど低いのはそのためです（分周しやすいように2の倍数になっている場合が多い）．
>
> ちなみに一般的なレゾネータ（セラミック発振子）の精度は±0.5％ぐらいですので，16MHzの場合は15.92～16.08MHzとかなり劣ります．

モード2のときは，アラーム時刻の「時」を+1します．このとき，24時越えになった場合は24時間制の「時」に補正して設定します．

以下，モード3，モード11…モード14と続きます．

モード11～13は現在時刻の設定ですが，ここでは，直接，時分秒カウンタ（Hour, Min, Sec）を操作せずに仮カウンタ（stHour, stMin, stSec）を操作しています．直接操作しないのは，時刻設定モード時でも時計を止めていないため，時分秒カウンタが変化し続けるためです．

なお，前処理として，MODEスイッチ押下で設定モードに入ったときに，その時点での時分秒カウンタの値が仮カウンタへコピーされています．

モード11～モード13でUPスイッチが押された場合，設定値に変更があったと見なして，Modifyフラグをセットします．UPスイッチが押されない限り同フラグはリセット状態のままです．

MODEスイッチで通常モードに戻る際，このModifyフラグがセットされている場合は，時分秒カウンタの値を仮カウンタの値で上書きして時計時刻を更新します．

最後にあるMenuDisp()関数は，モードに応じた表示をLCDへ表示させるものです．

● 時計の微調整

コラム4-1で述べたように，時計の精度に少々不満があります．一般的にクリスタルの発振回路で電気的に補正する手段はありますが，Arduinoではそのようになっていないので，ソフトで補正するように考えてみました．

考え方は簡単で，通常は1秒を8ms×125回として数えていますが，特定の周期で，この125回を124回

リスト4-6　時間補正処理

```
if(SubCnt == 125) {          // 8ms×125＝1000ms
  // ADJ時計微調整(次の1秒周期を補正)
  AdjCnt++;
  if(AdjCnt == MaxAdjCnt) {
    // 補正タイミング
    AdjCnt = 0;
    if(Adj == 0) {
      SubCnt = 0;            // 補正なし
    } else if(Adj == 1) {
      SubCnt = -1;           // 遅らせる(カウンタ値＋1＝126)
    } else {
      SubCnt = 1;            // 進ませる(カウンタ値－1＝124)
    }
  } else {
    // 非補正タイミング
    SubCnt = 0;      // 補正なし
  }
```

(時計を進める)とか126回(時計を遅らせる)にできれば，調整できるのではないかというものです．

補正したときの1秒は，厳密には992msとか1008msになってしまいますが，通常の時計用途としては問題ないと思います．

この補正の周期を変更することで，補正の度合いを調整します．具体的にいうと，補正周期100秒で時計を遅らせる場合，100秒に1回の割合で，1秒のカウント値を126に補正します．そうすると，100秒ごとに8ms遅れることになります．

遅れすぎるという場合は，この100秒を長くして調整します．進める場合は逆に100秒より短くします．1日時計を動かして何秒ずれるかを測定すれば，どれぐらいの値が適当か見当がつくと思います．

リスト4-6は処理部分の抜粋です．125回目を判定している処理に補正処理を追加しています．

`AdjCnt`は補正周期のカウンタ，`MaxAdjCnt`は補正周期，`Adj`は進みか遅れを示すフラグで，あらかじめ設定されているものとします．補正がある場合は，次回の1秒周期が補正されます．

補正はカウンタの初期値を±1増減することで，相対的にカウント値を125±1にしています(初期値を1にするとカウント数が1回減るので124回でフル・カウントとなる)．

精度を上げる別の方法として，高精度のオシレータを使う方法もあります．この場合は，Arduinoのクリスタルの精度には依存しませんが，ハードウェア的に1秒が得られない場合は，プロセッサが内蔵しているカウンタ・モジュールやソフトウェアによる分周処理が必要になります．また，RTC(リアル・タイム・クロック)モジュールをI^2Cで接続する方法もあります．RTCに関しては，第7章で説明しています．

[第5章] 応用事例：SDカード＋LCD表示器＋スイッチ・ボード＋電源ライン連結バー

応用 熱電対を使った温度測定と記録

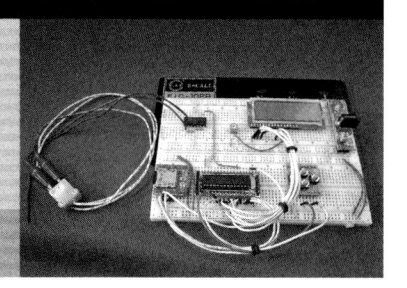

　この章ではK型熱電対（コラム5-1参照）を使った温度計を製作し，1秒周期で測定した温度をマイクロSDカードへ記録するセットを製作します．LCDを接続すれば，通常の温度計としても使用できます．

　メモリ・カードを利用するため，EEPROMを使うよりもはるかに長時間の記録が可能です．マイクロSDカードは一般的なカード・リーダを使えばPCで読み出せるので，収集した温度データはPCの表計算ソフトなどに取り込んで利用できます．

　なお，熱電対の代わりにアナログ温度センサ（LM60を使った説明はコラム5-3参照）でも製作可能です．5V電源さえ用意すれば，スタンドアロンで動作します．

5-1 温度測定装置の機能と使用部品

● 温度測定装置の機能，仕様

　K型熱電対と熱電対アンプを利用して一定周期で温度を測定し，それをLCDへ表示したり，マイクロSDカードへ記録したりできるようにします．

　そして，プッシュ・スイッチを一つ取り付けて，そのスイッチで記録開始，停止の操作ができるようにします．記録したSDカードは，PCでテキスト・ファイル（CSVなど）で読み出して利用できます．

● 熱電対について

　熱電対とは種類の異なる金属を2点で輪になるように接続したときに，その2点に温度差を与えると輪に電流が発生するというゼーベック効果を利用した温度センサです．高温から極低温まで測定できるのが最大の特徴です．今回は**写真5-1**のようなK型の熱電対を使用します．

　余談ですが，これとは逆に，輪に電流を流すと2点間に温度差ができる現象（ペルチェ効果）を利用したものがペルチェ素子です．

● 熱電対アンプについて

　アナログ・デバイセズ社のAD595AというK型熱電対アンプを使用します（**写真5-2**参照）．このアンプは単電源で正温度，正負2電源で氷点下温度も測定できます．冷接点補償回路（周囲の温度の補償に使われる）を内蔵しているため，通常はK型熱電対を直結するだけで温度が測定できます．

　今回は簡単に単電源で使用するため，氷点下の測定はできません．

　温度は電圧として取り出せますが，1℃あたり10mV，25℃のとき250mVとなるよう，扱いやすい電圧

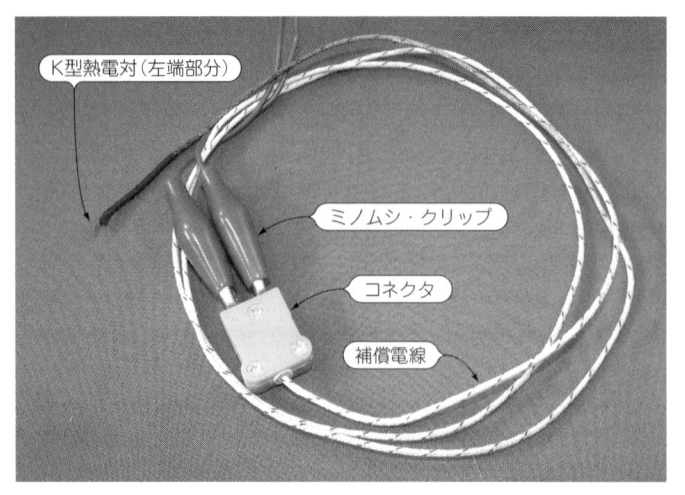

写真5-1　使用したK型熱電対
K型熱電対の外形を示す．電線の先端部分が測定プローブである．本来は補償電線で熱電対アンプに接続する必要があるが，今回は簡易的にミノムシ・クリップの付いた通常の電線で接続している．

写真5-2　熱電対アンプAD595A
AD595Aの外観を示す．このICはセラミック・パッケージのDIP 14ピンのため，ブレッドボードにも容易に実装できる．冷接点補償回路を内蔵しているため，K型熱電対を接続するだけで，調整されたアナログ電圧出力が得られる．

値で取り出せるように調整されています．このICは少々高価（1500〜2000円ぐらい）ですが，外付け部品なしで簡単に扱えます．

● 温度測定装置のしくみ

この温度測定装置では，熱電対アンプが生成する電圧値をArduinoのA-Dコンバータで読み出して，それを摂氏温度へ換算します．その値をLCDに表示したり，SDカードに記録したりします．

A-Dコンバータには，変換の際に比較の基準となるリファレンス電圧（基準電圧）が必要です．Arduinoでは外部からこの電圧を与える方法と，電源電圧（V_{CC} = 通常5V）を利用する方法，プロセッサ（AVR）が内蔵している基準電圧（1.1V）を利用する方法があります．

ここでは電源電圧5V（デフォルト）を利用することにします．なお，リファレンス電圧の説明は第6章にもあるので，そちらも参照してください．

リファレンス電圧を5Vとしたとき，熱電対が500℃のときがA-Dコンバータ入力の最大値となります（10mV/℃より500℃のとき5V）．余裕をみて4Vぐらいまで入力すると考えると，400℃ぐらいまで測定できる計算になります．

Column…5-1　使用したK型熱電対

今回使用した熱電対は秋月電子で購入した「K型熱電対プローブ」という製品名のものを使用しています．この熱電対は，クロメル，アルメルという2種類の金属をスポット溶接で結合して測定プローブとしたものです．仕様のカタログ値を掲載します．

測定温度：−200℃〜+1250℃
起電力：40.7μV/℃
全長：80cm

Column…5-2　熱電対アンプAD595

今回使用した熱電対アンプは，アナログ・デバイセズ社製のK型熱電対用のAD595というデバイスです．ほかのラインナップとして，J型熱電対（-200～+600℃）用のAD594（AD8494）というICもあります．

このAD595は出力が摂氏温度に比例した電圧で得られます．また，K型熱電対用に校正されています．

このICのおもな仕様を示します．また，ピン・アサインは図5-Aに示します．

出力電圧：10mV/℃（摂氏温度換算）
電源電圧範囲：+5V～±15V（負温度を測定する場合は負電源が必要）
消費電力：1mW以下（標準）
高入力インピーダンス，差動入力
冷接点補償回路内蔵

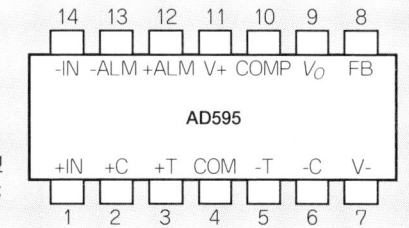

図5-A[9]
熱電対アンプAD595のピン・アサイン
AD595のピン配列を示す．-IN（14ピン：ALUMEL），+IN（1ピン：CHROMEL）にK型熱電対を接続する．V_Oはセンサ出力で10mV/℃に補正された電圧が得られる．

A-Dコンバータは10ビットですので，ディジタル値の最大は1023となります．500℃を1024分割すると考えると，

1ビットあたりの温度［℃］＝ 500 ÷ 1024 ＝ 0.488［℃/bit］

となります．これが変換に使用する際の係数です．

実際の温度は，読み出したA-D変換値（0～1023）にこの係数を掛けることで求められます．

測定温度［℃］＝ A-D変換値 × 0.488

外部入力でリファレンス電圧を変えるときは，この係数を計算しなおして使用します．

● 機器の構成

このセットは動作中のシリアル通信が不要ですので，互換機のUSB/電源部（P_2）ボードはプログラムのアップロード後は不要です．

Arduino，熱電対，熱電対アンプ，それにLCDとSDカード基板，プッシュ・スイッチという構成になりますが，記録だけが目的で表示が不要ならLCDは不要です．

5V電源が別に必要となりますが，スタンドアロンで動作します．

● 操作の仕様

スイッチ（D_2ポート）を押すとLED（D_3ポート）が点灯し，SDカードへ記録を始めます．もう一度スイッチを押すと同LEDが消灯し，記録を停止します．

記録開始時にSDカード・ドライバを初期化し，1レコードの書き込みのたびにファイルのオープン/クローズを行うようにしました．1レコードあたりの書き込み時間はわずかですが，その最中に電源を切る

とファイルが破損する可能性があるので，記録停止させてから電源を切るようにしてください．

5-2 温度測定装置の製作

● 温度測定装置の配線，接続図

実体配線図を図5-1に示します．

記録開始/停止操作用のプッシュ・スイッチ（今回はタクト・スイッチ使用）はArduinoのD_2に接続しています．D_2は10kΩ程度の抵抗器でプルアップします．スイッチのもう一方はGNDへ接続します．押している間だけD_2が"L"レベルになります．

記録中を示すLEDはD_3へ接続しています．1kΩ程度の抵抗器を直列に入れます．

写真5-3は，配線をしたようすですが，スイッチとLEDに#285スイッチ・ボードを使っています．

熱電対と熱電対アンプの接続が悩ましいところです．直接アンプのピンに接続するか，本来は補償電線といって，熱電対と同じ特性をもった電線で接続しないと，測定誤差となります．今回はブレッドボードで製作していることもあり，この件は無視することにします．熱電対ははんだ付けできないので，簡易的にミノムシ・クリップで接続しています．ネジで電線を固定できるような端子台がブレッドボードに実装できれば，そういうのを使ったほうがよいでしょう．

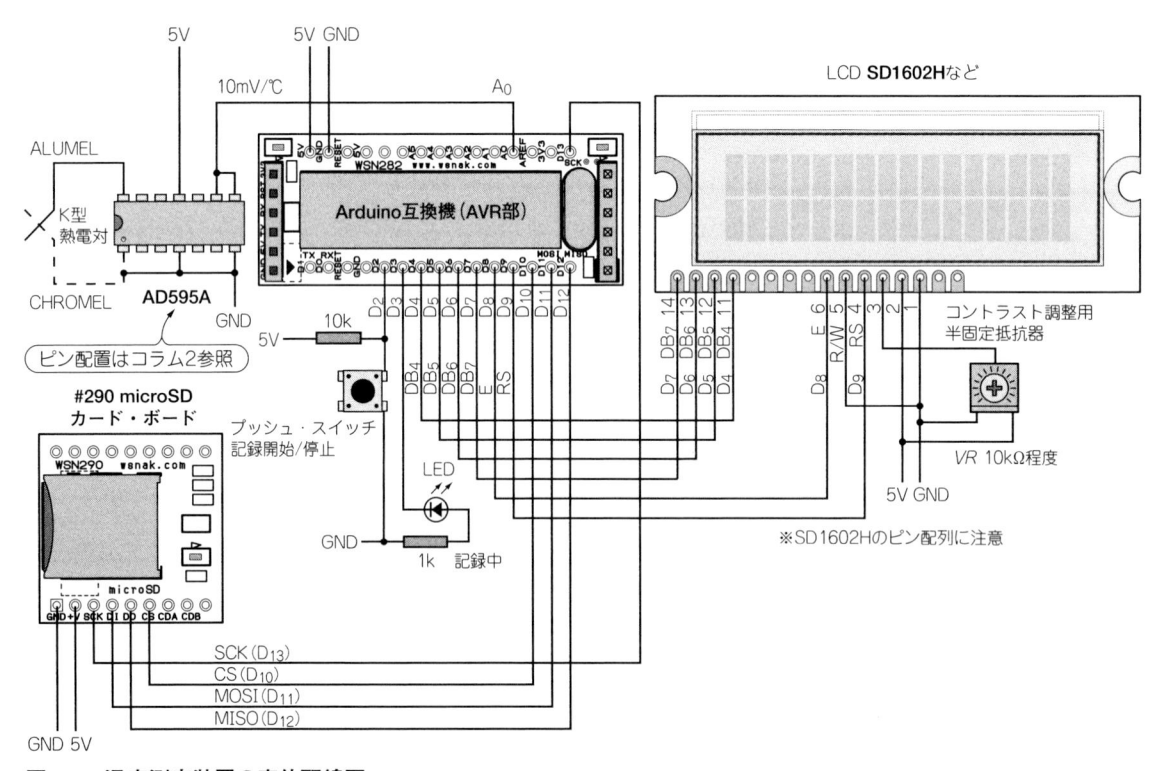

図5-1 温度測定装置の実体配線図
熱電対を使った温度の配線図を示す．熱電対アンプAD595Aのセンサ出力は10mV/℃の電圧で出力されるため，それをArduinoのA-Dコンバータで受けて摂氏温度に換算し，LCDへ表示したり，SDカードへ記録したりする．掲載写真の製作例ではスイッチ，LEDに#285スイッチ・ボードを使用している．

熱電対には極性（金属の違い）があり，間違えると測定できないので注意してください．温度モニタ用にLCDを付けていますが，表示が不要ならLCDは実装不要です．外す場合はプログラムでも該当個所を削除してください．

熱電対周り以外は，これまで説明してきたものの組み合わせですので，簡単に理解できると思います．なお，LCDの結線はほかの使用例と異なっているので，注意してください．

● SDカードの記録ファイルについて

今回は，簡易的に一つの固定名称のファイルをオープン/クローズするようにして記録をしています．従って，記録開始，停止を繰り返すと，その都度データが追加されるような動作となります．

時計を内蔵していないため，記録開始時に0から始まるカウンタ値を一緒に記録してあります．このカウンタ値が不連続のところが，記録を停止し記録再開したところと判断できます．

別の方法としては，ファイル名を連番にして，ファイル・オープン前に既存のファイル番号を調べて，その次の番号で新ファイルをオープンするという方法もあります．

● アナログ温度センサを使う場合

熱電対アンプが入手しにくいかもしれませんが，LM35やLM60などは安価で入手性もよいので熱電対

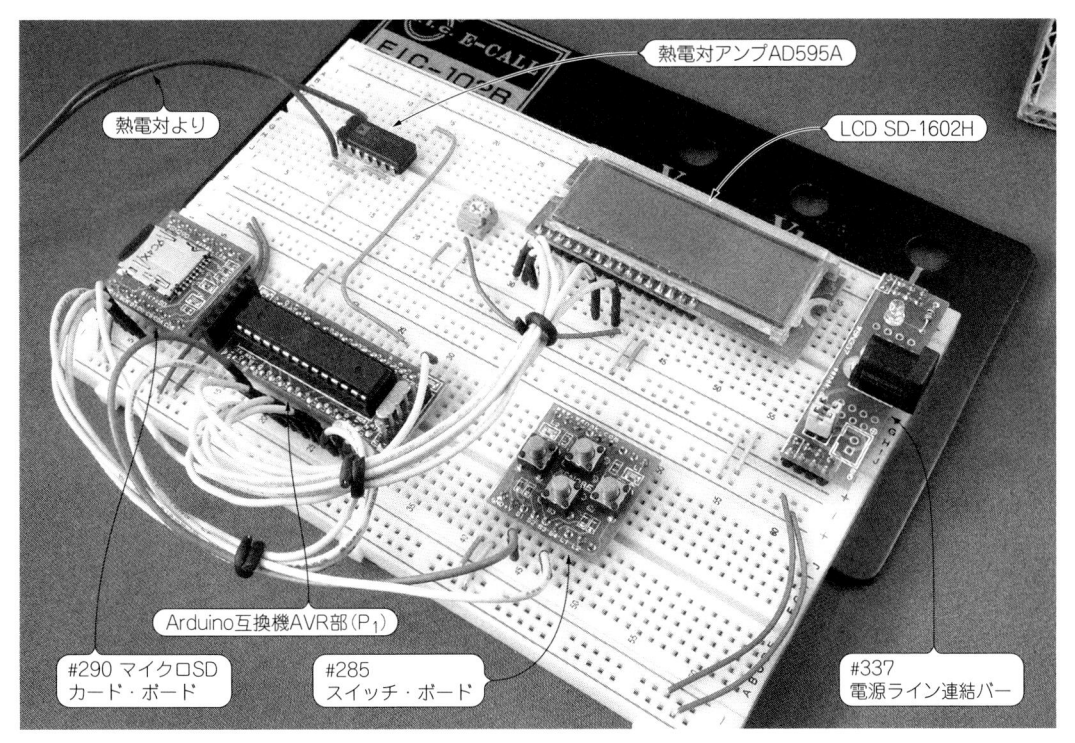

写真5-3　温度測定装置の全体
熱電対温度計のブレッドボードでの製作例の全体像を示す．#337電源連結バー基板は図5-1にはないが，この基板はブレッドボードの上下の電源ラインをそれぞれ連結して，DCジャックでACアダプタを直結するためのもの．操作スイッチ，状態表示LEDは#285スイッチ・ボードを使用している．

の代わりにそれらを使ってもよいでしょう．第6章ではLM35やリファレンス電圧発生用のTL431などを使った例も説明しているので，そちらを参照してください．コラム5-3にもLM60の使い方について記述しています．

5-3 温度測定装置のプログラミング

● プログラムの概要

　プログラムも大部分はこれまで個別で説明してきたことの組み合わせなので，機能ごとに分けて考えれば容易に理解できるでしょう．この事例で目新しいことは，A-Dコンバータから読み出した値を摂氏温度に換算する部分ぐらいです．

　このアプリケーションで使用するライブラリは，SD（SDカード），wCtcTimer2A（タイマ），w4Switch（スイッチ，LED）で，それに加え，LCDを使用する場合はLiquidCrystalです．**リスト5-1**にコードを掲載します．このスケッチはLCDのないバージョンです．

　簡単に処理を説明すると，1秒ごとにA-Dコンバータの値を読み出してそれを摂氏温度に換算し，フォーマッティングしてSDカードに書き込み，オプションでLCDへ表示します．

　1秒の周期処理は1回目のスイッチ入力で始まり（記録開始），2回目のスイッチ入力で止まります（記録停止）．

　SDカードを取り出すと，再挿入してもファイルのオープン/クローズができなくなるようなので，記録開始時にSDカード・ドライバを初期化しています．カードの抜き差しを監視していないため，記録開始のたびに初期化することになりますが，実害はないようです．

　周期処理はwCtcTimer2Aで8ms周期を作り，それをソフトウェアのカウンタSubCntで125回数えることで1秒周期を作っています．

　記録開始，停止のスイッチの処理はw4Switchライブラリを使用しています．スイッチが押されたときにKeyPress()ハンドラが呼び出されるようにして，その中で，記録開始，停止の処理を交互に呼び出します．チャタリング・キャンセルとハンドラ・コールのために8msの周期処理の中でkeyProc()を呼び出す必要があります．

　そのほかの処理はリストのコメントを参照してください．

Column…5-3 アナログ温度センサLM60について

LM60は単電源で氷点下温度まで測定でき，出力端子のインピーダンスが低くて扱いやすいICです．ただ，よく使われるLM35と違い，0℃時の出力が0Vとなっていないため，摂氏温度の計算がちょっと面倒です．

125℃のときの出力電圧は1205mV，0℃のときは424mVとなっています．温度と出力電圧が完全に比例していると想定すると（近似直線と考える），傾きが(1205－424)÷125＝6.248，切片が424の一次方程式が得られます．

$V_O = 6.248T + 424$ [mV]

よって，$T = (V_O - 424) \div 6.248$ [℃]

これらの値から，**図5-B**のような一次方程式のグラフが書けます．

ArduinoのA-Dコンバータのリファレンス電圧をAVRマイコン内蔵の1100mV [スケッチでは`analogReference(INTERNAL)`] としたとき，LM60が1100mVを出力するときの温度は，

$T = (1100 - 424) \div 6.248 = 108.19$ [℃]

です．

V_Oが0Vのときの温度（実際にはあり得ないが便宜上の温度）は，

$T = (0 - 424) \div 6.248 = -67.86$ [℃]

従って，電圧が0V～1100mVの温度差は，

$108.19 - (-67.89) = 176.08$ ℃

A-D変換値Dを横軸，温度Tを縦軸で考えると，グラフは**図5-C**のようになり，次の一次方程式が成り立ちます．

$T = 176.08/1024 D - 67.87$

$T = 0.172D - 67.87$ [℃]

これで摂氏温度への換算式が求められました．

プログラムでリファレンス電圧に内部電圧(1.1V)を使用するように設定し，換算式を上記のように変更して，A_0端子にLM60の出力信号をつなげば，LM60仕様に変更できます．

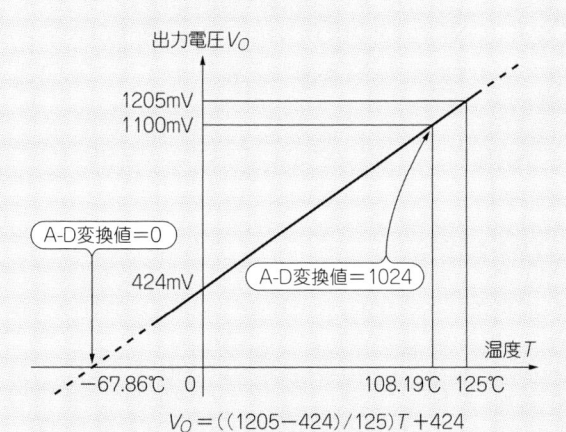

$V_O = ((1205-424)/125)T + 424$
$V_O = 6.248T + 424$

図5-B[(10)] **LM60の温度と出力電圧の関係**
アナログ温度センサLM60の温度と出力電圧の関係をグラフで示す．この温度センサは単一電源で氷点下が測定できるため取り扱いが簡単であるが，温度0℃のときの出力が0Vではないため，摂氏温度に換算するときに少し工夫が必要となる．

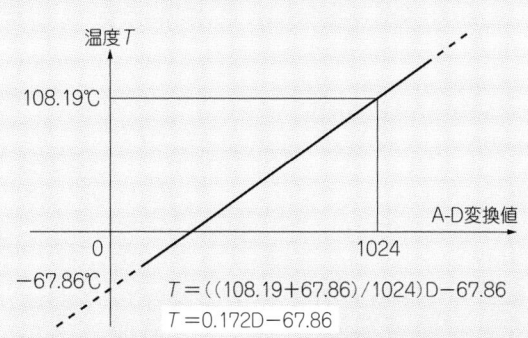

$T = ((108.19+67.86)/1024)D - 67.86$
$T = 0.172D - 67.86$

図5-C　LM60のA-D変換値と温度の関係
摂氏温度へ換算するときのA-D変換値と温度の関係をグラフで示す．このグラフはA-D変換値のリファレンス電圧を1.1Vとしたときのものである．

リスト5-1 温度測定装置のスケッチ（TempSd.ino）

```
#include <wCTimer.h>     // タイマ
#include <SD.h>           // SDライブラリ
#include <wSwitch.h>     // SW

#define ON HIGH
#define OFF LOW

wCtcTimer2A tm;          // タイマ・オブジェクトのインスタンス
w4Switch sw;             // スイッチ・オブジェクトのインスタンス

float ThTmp;             // 摂氏温度
float Factor = 0.488;    // 換算係数 Ref=5V    ← リファレンス電圧5V，AD595用の摂氏温度換算用の係数．
                                                リファレンス電圧を変える場合やセンサを変える場合は，この
                                                数値を変更する

#define SPI_CS   10      // CSポート番号

File myFile;             // ファイル・ハンドルのインスタンス ← SDカードのファイルをオープンしたときに得ら
                                                              れるオブジェクトの入れ物

char StrBuf[16];
int SubCnt = 0;          // 1秒サブカウンタ  ← 8msを125回数えるためのソフトウェア・カウンタ
int RecNum = 0;          // 記録レコード連番
byte inRec = false;      // 記録中フラグ  ← 現在記録中か停止中かの状態を示すフラグ
byte RecSw = false;      // スイッチ・オルタネート・フラグ ← スイッチが押されるたびにtrue/falseと切り替わ
                                                              るフラグ．
                                                              現在のスイッチの状態が記録中か停止中かを判断
                                                              するためのもの
// 初期化
void setup(void) {
  pinMode(SPI_CS, OUTPUT);    // SPI CS出力設定
  if (!SD.begin(SPI_CS)) {    // SDオブジェクト初期化
    // 初期化失敗
  }

  tm.init(125);               // タイマ値周期 8ms
  sw.initSwitch(2);           // SW用ポート定義 D2
  sw.initLed(3, 3);           // LED用ポート定義 D3  ← LEDは一つしか使わないので，D3を2回設定している

  // スイッチ押下時のハンドラ登録
  sw.onKeyPress(KeyPress);    ← スイッチが押されたときに呼び出される関数KeyPress()を登録

  inRec = false;
  RecSw = false;
  LedSts = false;
}

// メイン・ループ
void loop(void) {
  int adval;
  int val;
    // タイマ周期処理
  if(tm.checkTimeup()) {      ← 周期がきているかチェック
    SubCnt++;
    sw.keyProc();             // キー・センス処理 8ms周期  ← チャタリング・キャンセル用周期処理

    if(SubCnt >= 125) {       // 8ms×125＝1000ms  ← ソフトウェアによるカウンタ
```

```
      SubCnt
      // ---------------------------
      // 1秒周期処理
      // ---------------------------
      if(inRec) {
        // 記録中
        // 温度測定
        adval = analogRead(A0);      // 熱電対電圧のA-D変換値の読み出し
        ThTmp = adval * Factor;      // 摂氏温度に換算
        val = (int)(ThTmp * 10);     // 10倍して整数に変換
        // SDカードに書き込み ◀──────────────────────── 書き込みのたびにオープン/クローズする
        myFile = SD.open("data.txt", FILE_WRITE); // ファイル・オープン
        if(myFile) {
          sprintf(StrBuf, "%05d:%d.%d", RecNum, val / 10, val % 10);    // 出力文字列フォーマット
          myFile.println(StrBuf);    // 書き込み         ◀──── LCDへ表示させる場合は，このあたりに
          myFile.close();            // ファイル・クローズ      表示処理を入れる
          RecNum++;                  // レコード連番更新
        }
      }
      // ---------------------------
    }
  }
}

// 記録開始
void BeginRec(void) {
  SD.begin(SPI_CS);    // SDオブジェクト初期化(カード抜いた後の再挿入対策)
  inRec = true;
  RecNum = 0;          // レコード連番リセット
  sw.led1(ON);         // 記録中の表示
}

// 記録停止
void EndRec(void) {
  inRec = false;
  sw.led1(OFF);        // 記録停止中の表示
}

//
// キー入力ハンドラ
//    スイッチが押されたときに呼び出される処理 ◀──── スイッチが押されたときに呼び出される．
//                                                  今回はスイッチを一つだけしか使用していないため，返される値
//                                                  (keyval)は1で固定であるが，一応判定しておく
void KeyPress(byte keyval) {
  if(keyval == 1) {
    if(!RecSw) {
      BeginRec();      // 記録開始
    } else {
      EndRec();        // 記録停止
    }
    RecSw = !RecSw;    // SW状態オルタネート ◀──── スイッチが記録開始を受け付ける状態，または記録停止を受け
  }                                                付ける状態かを切り替える
}
```

[第6章] 応用事例：CANコントローラを2セット

応用 CANを利用した温度の遠隔測定

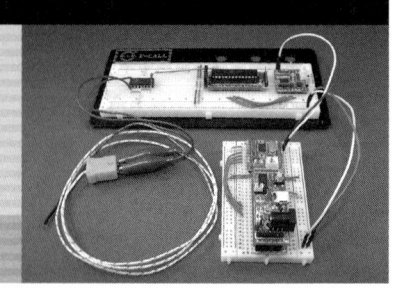

　この章ではCANの使用例として，第5章で使用した熱電対を使った温度計をCANで接続して，少し離れたところから測定できるようにします．熱電対の代わりに安価なアナログ温度センサなどを使ってもかまいません．

　複数の温度計を接続した多点測定も可能です．温度測定用CANノードを何個か用意し，それを分散させて設置すれば，比較的広範囲の温度を1か所でまとめて測定できます．ビットレートやケーブルのインピーダンスなどの諸条件にもよりますが，数百メートル程度はケーブル（主線）を延ばせると思います．百メートル程度なら余裕でしょう．ただし，配線長を長くする場合は特に主線を分岐させてはいけません．ターミネータは終端にそれぞれ1個，ということからもわかるように，基本的に主線は一筆書きとなるようにします．

6-1　温度の遠隔測定装置の機能と構成

● 温度の遠隔測定装置の機能，仕様

　温度を測定するノードは，第5章で製作した熱電対温度計からLCDやSDカード・インターフェースを取り外し，代わりにCANコントローラを接続して製作します．なお，熱電対の代わりに，LM35やLM60などのアナログ温度センサなどを接続してもかまいません．

　ここでは，少なくとも1台の温度測定用のCANノードと温度を受信する側のノードの最低2台のセットが必要です．今回は温度センサがつながるCANノード（以下ノードA）と温度を受信する側のノード（以下ノードB）の2セット構成とします．なお，多点測定にする場合はノードAを複数用意します．今回の製作例では，ノードAは四つまで増やせます．

　複数の温度測定ノードを識別させるために，温度測定ノードはジャンパ切り替えでIDを設定するようにしています．このビット数が2ビットの関係で，最大四つまで接続可能としていますが，スケッチを温度測定ノードごとに用意して，IDをスケッチごとに変更するとか，ジャンパのビット数を増やすなどすれば，ノードを増やすことは可能です．ケーブルなど諸条件にもよりますが，20個程度は増やせると思います．

● 遠隔測定のしくみ

　熱電対の出力をArduinoのA-Dコンバータで読み出すところまでは第5章と同じですが，読み出した温度値をCAN通信で送出させます．一定周期で温度値を含んだCANメッセージを送信し，それをもう1台

のCANノードで受信します．

● 温度測定ノード（ノードA）の構成

ノードAは温度を測定し，測定値をCAN通信でノードBへ送信します．温度センサの熱電対と熱電対アンプAD595，それにArduino互換機AVR部（P_1）ボード，CANコントローラ，5V電源という構成になります．

ノードAの電源はノードBから供給してもよいのですが，距離が長くなる場合は測定側のノードAで別に用意したほうがよいでしょう．

なお，複数の温度測定ノードを接続する場合は，ノードA_1，A_2…と呼称することにします．ノードの構成例は図6-5に示します．

● 温度受信ノード（ノードB）の構成

ノードBは，ノードAからCAN通信で受信した温度値をPCへ送信します．

Arduino互換機AVR部（P_1）ボード，USB/電源（P_2）ボードにCANコントローラを接続します．PCへシリアルで受信データを送信する関係で，USB/電源（P_2）ボードが必要です．PCと接続しないで，LCDやSDカードへ記録するという応用も考えられます．

● CANメッセージ

複数の測定ノード（ノードA）を接続する場合は，どのノードから送られた温度値かを区別するために，CANメッセージをノードごとに区別しておく必要があります．そこで，図6-1のようなフォーマットを定義しました．

送出元の識別番号（温度計ID）と温度データを組み合わせたものですが，CANメッセージのSID値で識別番号を表し，データ・フィールドの2バイトで温度値を10倍したものを表すようにしました．SID値は，16進数でわかりやすいように4ビット単位で定義しています．温度計IDは4ビットですので，このフォーマットでは0～15の16個のノードまで対応できます．

わかり難いかもしれませんので，簡単に説明しておきます．後述のプログラムの説明も参照してください．

CAN送信の実際のコードは，次のようになっています．

```
Can.setTxBuf(0, msg, dat, size, true);    // 送信バッファ0へメッセージを設定
Can.txReq(0);    // CAN送信要求発行
```

図6-1 CANメッセージのフォーマット
CANで送受信されるコマンドのフォーマットを示す．内訳はコマンド・コード（0x01），温度計の識別番号（温度計ID）と測定した摂氏温度を10倍した温度データとなっている．今回はメッセージID（SID）でコマンド・コードと温度計IDを表すように定義した．

具体的な例で説明すると，温度計IDが'3'の場合`msg=0x013, size=2`となります．さらに，温度データは摂氏温度を10倍したものを上位8ビットと下位8ビットに分け，配列の`dat[0]`に上位8ビット，`dat[1]`に下位8ビットを設定して，CANインスタンスの`setTxBuf()`を呼び出すと，CAN送信バッファへ図6-1のようなフォーマットでメッセージが設定されます．

後は，`txRec()`で送信要求を出すだけでメッセージが送信されます（実際の送信はバスの状態により遅れることがある）．

別の温度計にする場合は`msg`の部分が変わることになります．これに習って使えば，CANのことをあまり知らなくても利用できると思いますが，より詳しい内容は書籍「動かして学ぶCAN通信」(CQ出版社)などを参照してください．

受信側では，受信したCANメッセージのSID値より温度計を特定し，所定の処理を行います．

6-2 温度の遠隔測定装置の製作

● 温度測定ノード（ノードA）の配線，接続図

ノードAの熱電対，熱電対アンプ周りは第5章と同じ構成です．ここでは，LCDやSDカード部分の代わりにCANコントローラを接続します．

温度計IDを設定するのに，D_6とD_7をID設定ジャンパJP_1，JP_2としています．各ポートは10kΩ程度の抵抗でプルアップして，オープンにするか，GNDとショートするかでIDを設定します．ジャンパで切り替えるため，全温度計のスケッチは共用できます．

温度計を増やすために，ID用ジャンパを増やすときは，D_8，D_9を同様にJP_3，JP_4として製作してください（プログラムの変更も必要）．

なお，ジャンパなしで，プログラムでIDを固定させることもできますが，その場合は，温度計IDごとにスケッチを作る必要があり煩雑になります．

実体配線図を図6-2に，配線例を写真6-1に示します．CANバスの終端となるノードはターミネータを有効にしてください．

● 温度受信ノード（ノードB）の配線，接続図

ノードBは，CANコントローラがつながるだけの単純な構成です．ただし，PCと接続する関係で，互換機のUSB/電源部（P_2）ボードが必要です．なお，USBから給電できるので，別電源は不要です．

実体配線図を図6-3に，配線例を写真6-2に示します．この図ではP_2ボードは省略しています．ノードBが必ずしもCANバスの終端にある必要はありませんが，終端になる場合はターミネータを有効にしてください．

● Arduinoのアナログ・リファレンス電圧について

第5章ではリファレンス電圧をデフォルトのV_{CC}(5V)に設定していますが，電源電圧は変動があるため，正確なA-D変換を行うためには，正確なリファレンス電圧の印加が必要です．専用のリファレンス電圧生成用のICが市販されていますので，それを使えば電圧を正確にすることが可能です（後述）．

リファレンス電圧を2.5Vとすると，アナログ入力ポートに入力できる最大電圧は2.5Vとなります．それ以上の電圧入力はA-Dコンバータが飽和状態になるため，測定できません（電源電圧以下なら電気的に

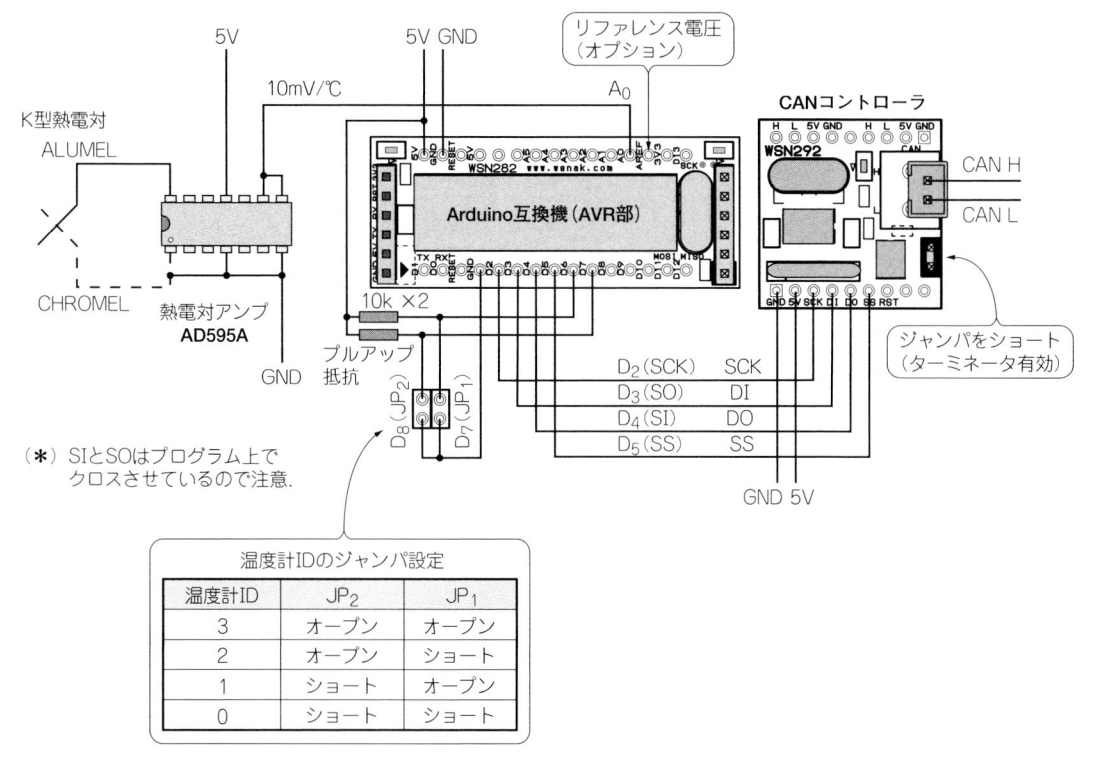

図6-2 温度測定ノード（ノードA）の配線図
温度測定用CANノードの配線図を示す．第5章で製作した熱電対温度計から，表示，操作部分の機能を削除して，CANコントローラを接続したもの．このノードは複数用意して，多点測定に使用することもできる．その場合，ジャンパにより温度計IDが4通り設定できるようにしてあるため，ノードごとに異なるIDを設定する．

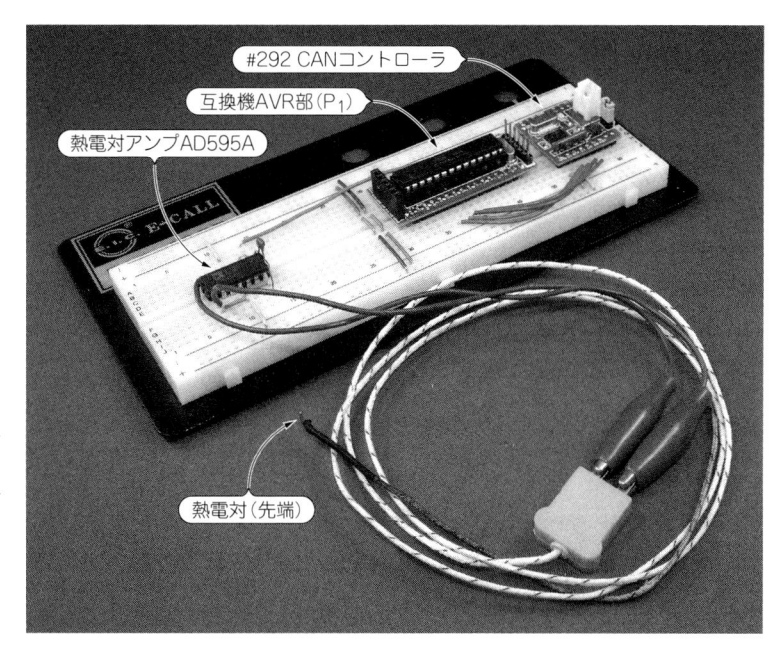

温度計IDのジャンパ設定

温度計ID	JP$_2$	JP$_1$
3	オープン	オープン
2	オープン	ショート
1	ショート	オープン
0	ショート	ショート

（＊）SIとSOはプログラム上でクロスさせているので注意．

写真6-1
温度測定ノード（ノードA）の配線例
温度を測定する側のノードの製作例を示す．Arduino互換機はAVR部（P$_1$）ボードだけで足りるが，5V電源を別に用意する必要がある．熱電対は簡易的にミノムシ・クリップで接続している．終端になるノードはターミネータを有効に，また，終端でないノードはターミネータを無効にしておくこと．

6-2 温度の遠隔測定装置の製作

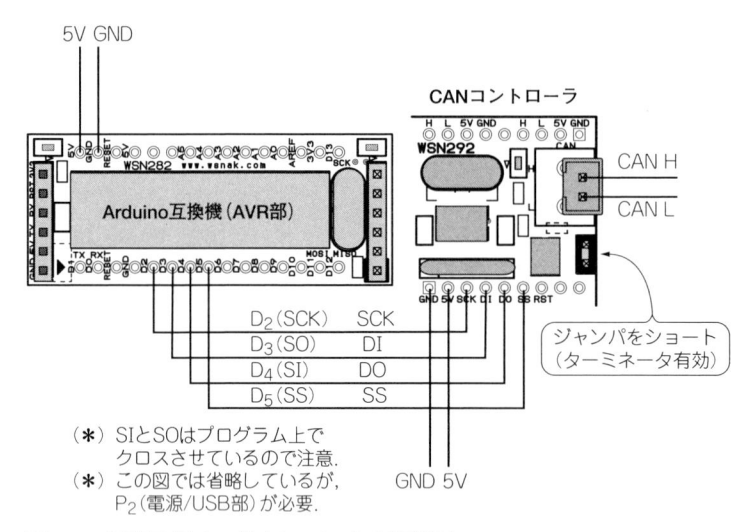

図6-3 温度受信ノード(ノードB)の配線図
温度測定ノードが測定した温度をCANで受信する側のノードの配線図を示す．この図では描かれていないが，測定結果をPCへ送信するため，Arduino互換機のUSB/電源部(P_2)ボードの接続が必要．

(＊) SIとSOはプログラム上でクロスさせているので注意．
(＊) この図では省略しているが，P_2(電源/USB部)が必要．

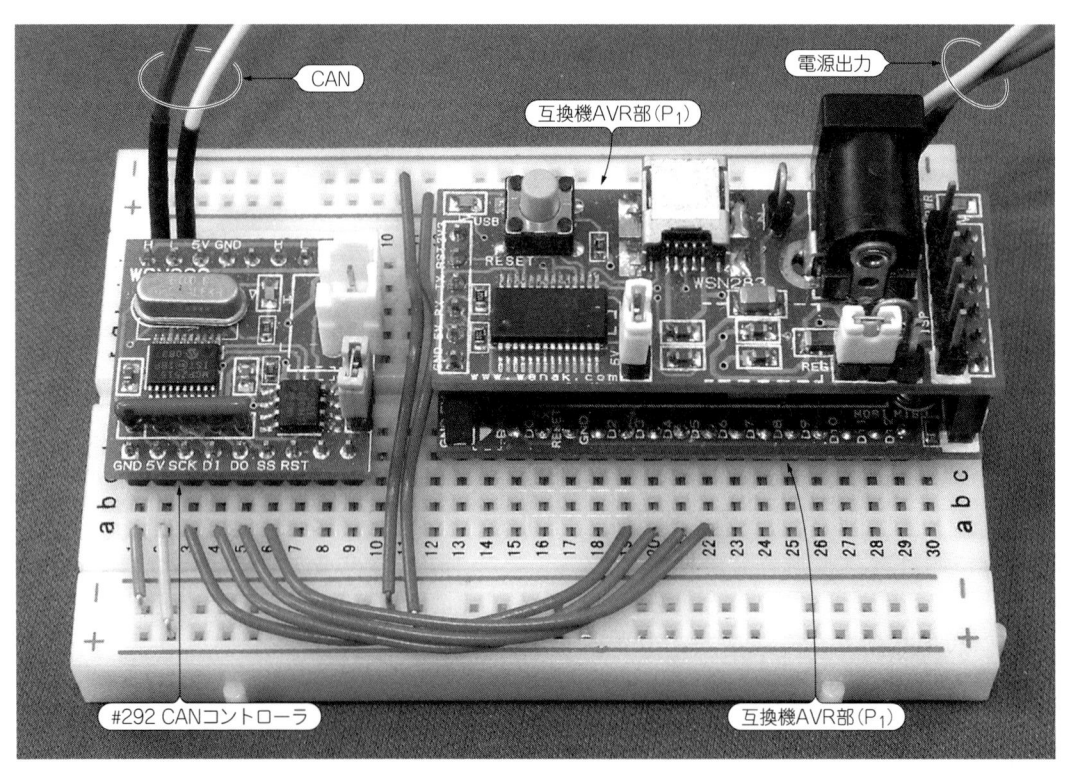

写真6-2 温度受信ノード(ノードB)の配線例
温度値を受信する側のノードの製作例を示す．電源ラインは簡易的に温度測定ノード(ノードA)に5V電力を供給するためもので，ノードA側で別電源を用意する場合は配線不要．当ノードはUSB給電のため外部電源は不要．

134　第6章　CANを利用した温度の遠隔測定

図6-4
リファレンス電圧発生回路
シャント・レギュレータTL431でリファレンス電圧を発生させる場合の回路例を示す．この回路では約2.5Vの電圧が得られるが，素子のばらつきにより，出力電圧も多少のばらつきがある．

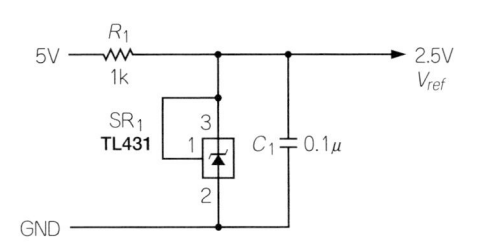

は問題ない)．

　2.5Vでフルレンジとなるため，AD595を直結した場合，10mV/℃という条件により250℃までの測定となります．

　摂氏温度の変換係数は以下のようになります．

　　250℃ ÷ 1024 = 0.244 [℃/bit]

　なお，外部リファレンス電圧を使うためには，プログラムでA-Dコンバータの設定を変更する必要があります．

● リファレンス電圧の生成

　安定した電圧を作るために，TI社のシャント・レギュレータTL431がよく使われます．このICを使用した2.5Vのリファレンス電圧生成回路を図6-4に示します．

　V_{ref}出力をArduinoのAR_{ef}端子へ接続します．なお，外部基準電圧を使用する場合は，プログラムを修正する必要があります．具体的には，ノードAのsetup()関数に次の処理を追加します．

　　analogReference(EXTERNAL);

　Arduinoで使われているATmega168/328では内部リファレンス電圧も指定可能ですが，電圧が1.1Vと低いため今回の用途では使いませんでした．

　なお，AR_{ef}入力には5V（電源電圧）より高い電圧または0Vより低い電圧（負電圧）がかからないようにしてください．プロセッサにダメージを与えます．

　リファレンス電圧を4Vにすれば，測定温度は0～400℃に広げられます．さらに測定温度の幅を広げたい場合，熱電対アンプの電源電圧を高くしてアンプ出力にOPアンプを入れ，A-Dコンバータの入力にかかる電圧を小さくしてやると，測定温度を高くできます．

● アナログ温度センサを使う場合

　熱電対アンプは少々高価ですが，常温付近の測定ならば安価なアナログ温度センサも利用できます．LM35やLM60などの入手が容易ですが，ここではLM35を使った例を説明します．このセンサは3端子で，5VとGNDを接続すれば，温度に応じた出力電圧（10mV/℃）が得られます．このセンサの出力端子をArduinoのA_0端子に接続します．

　110℃のときのセンサの出力電圧は1100mVとなります．Arduinoの内部リファレンス電圧（1.1V）を利用するとき，この温度がA-Dコンバータのフルレンジ（1024）となります．摂氏温度の換算式は次のようになります．

　　1ビットあたりの温度（係数）= 110℃/1024 = 0.1072℃

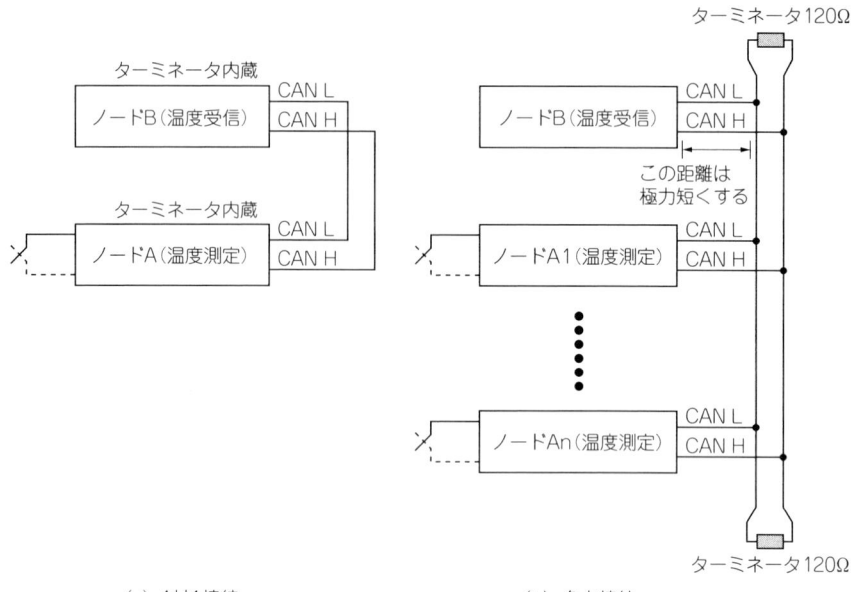

(a) 1対1接続　　　　　　　　　(b) 多点接続

図6-5　CANノードの接続例〈1〉
各ノードの接続例を示す．(a)の1対1接続の場合は，両ノードのCAN信号は直結して，両方のノードのターミネータは有効にする．(b)の多点接続の場合は，図のようにバス接続して，終端でターミネータを有効にする．この図ではバスの両端でターミネータを入れてあるが，実際は終端のノードでターミネータを有効にすればよい．

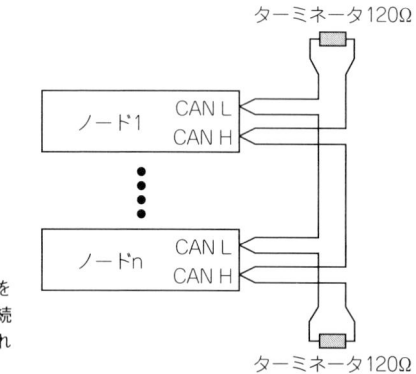

**図6-6
CANノードの接続例〈2〉**
支線を引き出さずに数珠つなぎにする場合の接続例を示す．#292 CANコントローラを使う場合はこの接続形態に近くなる．基板内部でCAN信号がY字結線されていると考える．

　　摂氏温度 = A-D変換値 × 0.1072

プログラムの換算式のところで係数を上記のように修正して，初期化処理で，内部リファレンス電圧(1.1V)を使用するために`analogReference(INTERNAL);`の処理を追加します．

● **CANの接続方法**

ノードの接続方法を**図6-5**に示します．

一般的には，**図6-5(b)**のように両端にターミネータを付けた2本のCANラインから支線を取り出して

ノードに接続します．なお，支線を作らずに**図6-6**のようにしてもかまいません．Y字ケーブルのイメージです．

ノードが2セットだけで1対1で接続する場合は，**図6-5**(a)のように直結できます．その場合は，両ノード内にターミネータが必要です．今回使用しているCANコントローラは基板内にターミネータをもっているので，外部にターミネータを用意する必要はありません．**図6-5**(b)のような接続の際は，CANバスの両端となる二つのノードだけ，ターミネータを有効にします．

6-3 温度の遠隔測定装置のプログラミング

● 温度測定ノード（ノードA）のプログラムの概要

ノードAは1秒周期でA-D変換値を読み出して摂氏温度に換算し，それをCANで送信します．

1秒周期は`wCtcTimer2A`を利用して8msのタイミングを作り，それを125回カウントして得ます．この周期でA-Dコンバータより温度値を読み出します．ジャンパJ_1，J_2の状態より温度計IDの値を取得し，それと読み出した温度データでCANメッセージを生成したのち，CAN送信します．

● ノードAのプログラムの説明

ノードAのスケッチを**リスト6-1**に示します．各処理はこれまで個別に説明してきたことの組み合わせです．これまでになかった部分を説明します．

(1)の`CANLED_ON`, `CANLED_OFF`マクロは，CANボード上にあるLEDをON/OFFさせるためのマクロです．直接MCP2551のレジスタを操作するので，ヘッダ・ファイル`p2515Reg.h`をインクルードしておく必要があります．このファイルは同一スケッチブック内に入れておきます．

SPIの通信（Arduinoからの送信）ができていることを確認するために，初期化時にこのLEDをON/OFFさせています．通常動作には関係ないので，あまり気にしなくてもかまいません．

(2)では温度計のIDをジャンパで設定するために，その状態の読み取る処理を追加してあります．D_6とD_7の状態で4通りのIDを設定し，`MyID`値（0～3）としてCANメッセージの生成時に使用します．

(3)はCANの送信完了を確認するために，CANで送信要求を出したときにArduinoのオンボードLEDを点灯させ，送信完了が確認できたら同LEDを消灯させる処理です．`LED_ON`, `LED_OFF`は，そのLEDをON/OFFさせるためのマクロです．

実際に動作させると，正常に動作している場合は，CAN送信のたびに同LEDが一瞬チカッと点灯します．もしLEDが点灯しっぱなしのときは，何らかの問題で送信が完了していないと判断できます．

● 温度受信ノード（ノードB）のプログラムの概要

ノードBでは，ノードAからCANで受信した温度データをシリアル通信でPCへ送信するだけです．ここではやっていませんが，表示件数が少ない場合はLCDをつないで，直接そこへ表示させることもできます．

● ノードBのプログラムの説明

リスト6-2にノードBのプログラムの抜粋を示します．CANの初期化関係はノードAと同じです．

ノードBではCANの受信処理がメインです．(1)で受信があったかどうか確認して，データを受信して

リスト6-1 ノードA（温度測定）のプログラム（nodeA.ino）

```
#include <wCan2515.h>
#include <p2515Reg.h>    // …(1)
#include <wCTimer.h>     // タイマ

#define TmpCmd  1    // CAN温度通知コマンド

wCan2515 Can(2, 4, 3, 5, CAN_BRP_16MHz_125KBPS);   // CANドライバのインスタンス生成
wCtcTimer2A tm;          // タイマのインスタンス

byte MyID;               // 温度計ID（0～3）
float ThTmp;             // 摂氏温度
float Factor = 0.488;    // 換算係数Ref＝5V

#define CANLED_ON  Can.BitModCmd(BFPCTRL, (1<<B0BFS) | (1<<B0BFE), (1<<B0BFS) | (1<<B0BFE))   // …(1)
#define CANLED_OFF Can.BitModCmd(BFPCTRL, (1<<B0BFS) | (1<<B0BFE), 1<<B0BFE)   // …(1)

#define LED_PIN 13                            // on board LED…(3)
#define LED_ON  digitalWrite(LED_PIN, HIGH)   // LED点灯…(3)
#define LED_OFF digitalWrite(LED_PIN, LOW)    // LED 消灯…(3)

// 温度計IDを設定用ジャンパ・ポート…(2)
#define JP1 6    // D_6
#define JP2 7    // D_7

// 初期化
void setup(void) {
  pinMode(LED_PIN, OUTPUT);             // LED
  pinMode(JP1, INPUT);                  // 温度計ID設定用ジャンパ
  pinMode(JP2, INPUT);

  // CANコントローラの設定
  Can.setMask(MASK_SID_ALL_HIT);              // マスクなし
  Can.setFilter(0, FILTER_MOD_ALL_HIT);       // フィルタ全メッセージ
  Can.setOpMode(CAM_MODE_NORMAL);             // ノーマル・モードに切替

  // CANコントローラ SPIの送信テスト…(1)
  CANLED_ON;      // LED ON
  delay(500);
  CANLED_OFF;     // LED OFF
  delay(500);
  CANLED_ON;      // LED ON

  tm.Init(125);  // タイマ値8ms（×125＝1000ms）

  // JP_1, JP_2の状態読み出し温度計IDを設定．ショートで0，オープンで1…(2)
  MyID = 0;
  if(digitalRead(JP1) == HIGH) {
    MyID |= 1;                          // b_0＝1
  }
  if(digitalRead(JP2) == HIGH) {
    MyID |= 2;                          // b_1＝1
  }
```

138　第6章　CANを利用した温度の遠隔測定

```
}

int Count = 0;              // 1sec生成のためのソフトウェア・カウンタ

// メイン・ループ
void loop(void) {
  byte size;
  unsigned int msg;         // CANメッセージ
  byte dat[8];
  int adval;
  int val;

  // タイマ周期処理
  if(tm.checkTimeup()) {
    Count++;
    if(Count >= 125) {      // 8ms×125＝1000ms
      // 1秒周期処理
      Count = 0;

      // 温度測定
      adval = analogRead(A0);          // 熱電対電圧のA-D変換値の読み出し
      ThTmp = adval * Factor + 0.5;    // 摂氏温度に換算，小数点以下四捨五入

      // CAN通信用データを作る
      msg = MyID | (TmpCmd << 4);      // CANメッセージ(SID)
      val = (int)ThTmp;                // 摂氏温度の整数部
      dat[0] = val >> 8;               // 上位8ビット
      dat[1] = (byte)val;              // 下位8ビット
      size = 2;                        // CAN送信データ数

      // CAN送信
      Can.setTxBuf(0, msg, dat, size, true);   // CAN送信バッファへ送信メッセージ，データを設定
      Can.txReq(0);                    // 送信要求発行
      LED_ON;                          // LED ON (送信要求)…(3)
    }
  }

  // 送信完了チェック(注．この処理は削除してはいけない)
  if(Can.checkTxComp(0)) {
    // 送信完了時の処理
    LED_OFF;                           // LED OFF (送信完了)…(3)
  }
}
```

いるときは(2)のgetRxBuf()で受信データを取り出します．(3)では，受信したSID値の下位4ビットが温度計IDですので，idに設定します．(4)の温度値はdat[0]とdat[1]に入っているので，それを16進数にしてvalへ設定します．(5)で，温度計ID(idの値)と温度値(valの値)を文字列に変換し，それをシリアルで送信します．

リスト6-2　ノードB（温度受信）のプログラム（nodeB.ino）

```
#include <wCan2515.h>      // CANドライバ
#include <p2515Reg.h>      // CAN関連レジスタ定義

// CANドライバのインスタンス生成
wCan2515 Can(2, 4, 3, 5,
  CAN_BRP_16MHz_125KBPS);

(中略)

// 初期化
void setup(void) {
  // シリアル通信パラメータ設定
  Serial.begin(19200);

  // CANコントローラ設定
  Can.setMask(MASK_SID_ALL_HIT);
  Can.setFilter(0, FILTER_MOD_ALL_HIT);
  Can.setOpMode(CAM_MODE_NORMAL);
(中略)
}

// メイン・ループ
void loop(void) {
  byte size, datfrm;
  unsigned int msg;
  byte dat[8];         // CANメッセージ用バッファ
  int val;
  char buf[10];        // 文字列生成用バッファ
  byte id;

  // CAN受信処理
  if(Can.rxCheck()) { // CAN受信チェック…(1)
    // CANメッセージを受信しているとき
    // データとメッセージを取り出す．
    msg = Can.getRxBuf(0, dat, &size, &datfrm);   // …(2)
    id = msg & 0x0F;   // 温度計ID…(3)

    // 摂氏温度の取り出し(整数値)…(4)
    val = (int)dat[0] << 8;
    val |= (int)dat[1];

    // 摂氏温度送信
    sprintf(buf, "%2d:%3d\r\n", id, val);   // …(5)
    Serial.print(buf);                       // シリアル出力
  }
}
```

Column…6-1　SPI制御の熱電対コンバータ・モジュールの利用

第5章，第6章ではアナログで熱電対の温度を読み出していますが，ここではディジタルで読み出す方法を紹介します．

● 熱電対のディジタル測定モジュール

スイッチサイエンス社からディジタルで温度が読み取れる熱電対コンバータ・モジュールが発売されているので，入手してArduinoにつないでみました．このモジュールは「K型熱電対温度センサモジュールキット」という商品名で，コントローラにマキシム社のMAX31855を使用しています．執筆時点での価格は，K型熱電対付きのセット（5V用）で2,980円です．

このモジュールを使うとアナログ的なことを考えなくてよいので，扱いが簡単です．3.3V電源用と5V電源用の2種類が発売されていますが，いずれも単電源で氷点下温度が測定できるため，手軽に低温から高温まで測定できます．

マイコンとのインターフェースはSPI接続なので，Arduinoのほか，SPI機能があるマイコン（汎用I/Oポートでソフト制御も可能）など，何にでも接続できます．また，SPIのCS信号を個別に用意すれば，複数セットを接続して，同時測定も可能です．

モジュールには熱電対コネクタが実装できるため，熱電対プローブを直接接続できます．また，SPI信号，電源ラインは6ピン1列のピン・ヘッダで取り出せるため，ブレッドボードにも容易に接続できます．基板サイズは約20×34mm（コネクタ突起含まず）です．

この商品は，コネクタとピン・ヘッダのみはんだ付けが必要です．**写真6-A**にコネクタ類を実装したあとのようすを示します．マニュアル類は付属していないので，MAX31855のデータシートを元に使い方などを簡単に説明します．

● MAX31855のおもな特徴

主な特徴をデータシートより引用します．
▶冷接点補償付き
▶分解能：14ビット（符号付き），0.25℃

写真6-A　熱電対温度モジュール
コネクタを取り付けたあとの温度モジュールと付属のK型熱電対を示す．写真のようにピン・ヘッダでブレッドボードに直接取り付け可能．

▶K，J，N，T，およびEタイプ熱電対のバージョンがある
▶簡易なSPI対応インターフェース（読み取り専用）
▶熱電対のGNDまたはV_{CC}への短絡検出
▶熱電対のオープン検出

K型熱電対の場合，−200℃〜＋700℃の温度範囲で±2℃の精度で測定できます．なお，詳細はデータシートを参照してください．

● 通信フォーマット

図6-Aに，SPI通信で熱電対コンバータから受信するデータのビット・フォーマットを示します．熱電対の温度が14ビット，基準接点の温度が12ビット（ともに符号ビット含む），それにエラー状態などを示すビットが4ビット，リザーブ・ビットの合計32ビットから構成されています．SPIで8ビットずつ受信する場合は，4バイト受信ということになります．

● 温度値のフォーマット

目当ての熱電対温度は，ビット31〜ビット18に格納されています．従って，エラー・チェックや補正などが不要な簡易的な用途では，先頭の2バイト

31	30	29	28	27	26	25	24	23	22	21	20	19	18	17	16	15	14	13	12	11	10	9	8	7	6	5	4	3	2	1	0
SG	2^{10}	2^9	2^8	2^7	2^6	2^5	2^4	2^3	2^2	2^1	2^0	2^{-1}	2^{-2}	RES	1=Fault	SG	2^6	2^5	2^4	2^3	2^2	2^1	2^0	2^{-1}	2^{-2}	2^{-3}	2^{-4}	RES	SCV	SCG	OC

熱電対温度（0.25℃/bit）　　　内部基準接点温度（0.0625℃/bit）

SG：符号ビット（2の補数表現)
RES：リザーブビット
SCV：SCV Fault 1=熱電対がV_{CC}に短絡/0＝正常
SCG：SCG Fault 1=熱電対がGNDに短絡/0＝正常
OC：OC Fault 1=熱電対がオープン（接続なし）/0＝正常

図6-A　熱電対コンバータのデータ・フォーマット
SPIで受信する最大4バイトのデータのビット・フォーマットを示す．温度のみで足りる場合は2バイトだけ受信すればよい．

だけSPIで受信して利用することもできます.

温度値は符号1ビット＋数値データ13ビットの合計14ビット構成で，2の補数形式で格納されています．そのうち下位2ビットは小数点以下の数値です．また，1ビットの重みは0.25℃となっています．

● 温度値の取り出し

符号付き2の補数形式の数値は，符号ビットが'0'のときはそのまま，符号ビットが'1'のときは数値部分を正数に変換して利用します．

正数に変換する手順は次のようになります．
(1) 符号ビットが'1'のとき，符号ビットより下の13ビットを取り出す
(2) その値をビット反転する
(3) 最後に1加える

これで負数の数字部分が得られます．この値にマイナス記号を付けて表示すれば，負数として表示されます．

● 小数点付き表示の処理

今回扱う数値は下位2ビットが小数なので，整数部分と小数部分に分けて処理します．これは正数でも負数でも同じです．

先の方法で得られた13ビットの値の，上位11ビットを整数部分として取り出します．それとは別に，13ビットの下位2ビットの値に0.25を掛けます．これが小数点以下の数値となります．0.25を掛ける代わりにb_1が'1'のときは0.5，b_0が'1'のときは0.25をそれぞれ加算すると同じ結果が得られます．

このようにして得られた小数値を整数で表示させるために100倍すると，小数点以下の値が得られます．先に求めた整数部の値と小数部の値，それに負数の場合はマイナス符号を組み合わせると，符号付き小数点表示のデータができあがります．

小数点付き負数の処理方法の具体例を**図6-B**に示します．また，計算処理のサンプル・スケッチを用意してあります．コードは`CalcTemp.ino`を参照してください．ここで`getTemp()`という，文字列を得るための関数を作成しています．

● マイコン接続例

図6-CにArduino互換機と温度測定モジュールの接続例を示します．今回はSPI通信にArduinoのSPIライブラリを利用するために，図のような接続にしました．SPIをソフトウェアで制御する場合は，任意のディジタル出力ポートに接続できます．

この温度測定モジュールはリード・オンリなので，MISO信号の接続は不要です．

なお，MOSI信号を並列接続し，CS(SS)信号を分けておけば，SDカードなどほかのSPIデバイスとの同時使用も可能です．この温度測定モジュール

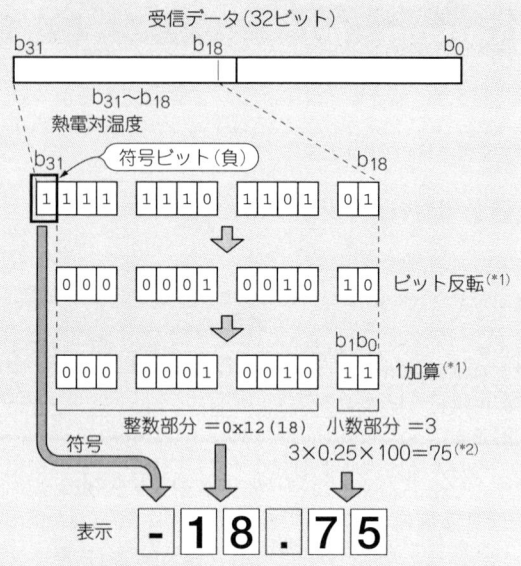

図6-B 温度データの取り出し例
温度データが1111 1101 1101 01の場合の摂氏温度の取り出し方法を示す．14ビットの温度データは最上位ビットが符号，下位2ビットが小数という，2の補数形式の数値になっている．

(*1) 符号ビットが'0'のときは処理不要
(*2) $b_1×0.5+b_0×0.25$（b_1, b_2のとる値は0または1）と考えると加算のみで計算可能

を2セット以上同時に接続することもできます．この場合，ソフトウェアでCS信号を切り替える必要があります．

このようなSPIデバイスの並列接続やCS信号の切り替えなどの処理は第3章の3-14項で行っているので，そちらも参照してください．

● サンプル・スケッチ

温度を読み出してシリアルで送信するサンプルを用意してあります．一部抜粋で説明します．コードの詳細は`ReadTemp.ino`を参照してください．

このデバイスはSPIのモード1（正論理クロックの立ち下がりエッジでサンプリング）で作動するため，あらかじめ設定しておく必要があります．なお，SDカードはモード0なので，併用する場合はその都度切り替える必要があります．同じようなことは3-14項でも行っています．初期化例を示します．

```
SPI.setClockDivider(SPI_CLOCK_DIV4);
                // SPIクロック分周比
SPI.setBitOrder(MSBFIRST);
                // 送信ビット順番
SPI.setDataMode(SPI_MODE1);
                // SPIデータ・モード切り替え
```

図6-C
Arduinoとの接続例
K型熱電対温度センサ・モジュールとArduinoとの接続例を示す．この図はSPIライブラリを利用する場合の配線であるが，ソフトウェアで制御する場合はSPI信号は任意の出力ポートに接続可能．また，いずれの場合もCS（SS）信号も任意の出力ポートに接続可能．

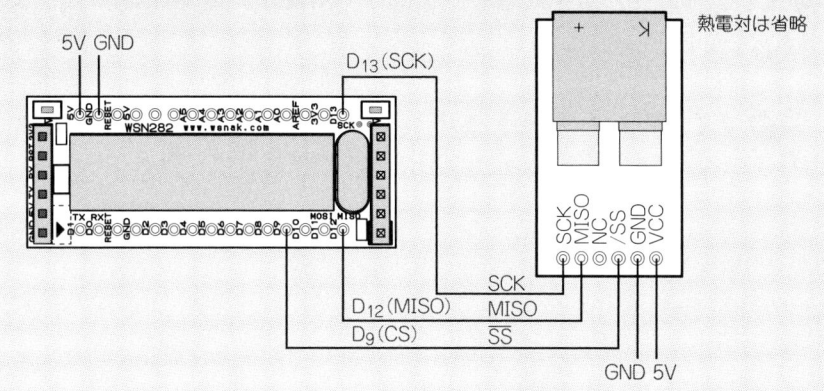

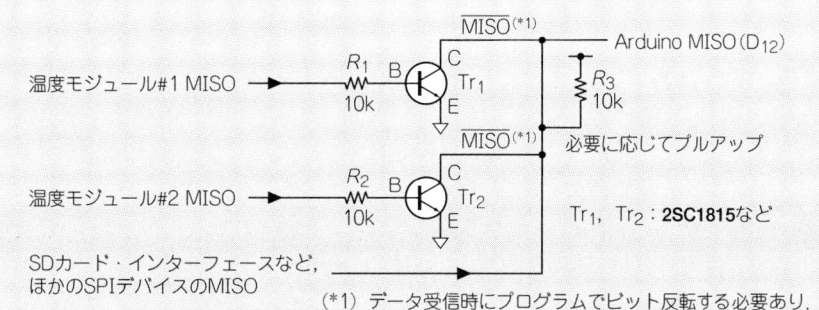

図6-D
複数接続する場合の対策
同一SPIバスへ温度モジュールを複数接続したり，SDカードを接続する場合のバッファ回路の例．

(*1) データ受信時にプログラムでビット反転する必要あり．

次に，SPIデータを2バイト受信する処理を示します．`SPI_CS_ON`, `SPI_CS_OFF`はSS信号を"L"また"H"にするマクロ，`spiDat[]`は受信したSPIデータを順番に格納する配列変数です．受信にも`transfer()`関数を使います．

```
SPI_CS_ON;          // SS="L"
for(i = 0; i < 2; i++) {
                    // 2バイトだけ受信
  spiDat[i] = SPI.transfer(0);
                    // ダミーデータ送信（1バイト受信）
}
SPI_CS_OFF;         // SS="H"
```

ここで`getTemp()`という関数で摂氏温度値に換算して文字列を得、それをシリアルで送信します．`getTemp()`は`ReadTemp.ino`で作ったものと同じです．`val`は16ビットの変数，`strBuf`は変換文字列を格納する配列変数です．

```
val = ((word)spiDat[0] << 8) | (word)
spiDat[1];
getTemp(val, strBuf);
                    // 温度値の文字列を生成
Serial.println(strBuf);
                    // シリアル送信
```

● **複数のSPIデバイスを並列接続する場合の注意**

この温度モジュールは5V系マイコンで使うために，MAX31855のMISO出力にレベル変換素子が挿入されているようです．素子の種別は不明ですが，この素子のためなのか，SS信号が"H"レベルのときに，MISO出力はフロート状態であるべきはずがそうなっていません．従って，複数のSPIデバイスを並列接続してSS信号で切り替えて使うような用途には，そのままでは使えません（SPIデバイスが温度モジュールの一つだけなら問題なし）．

調べてみると，SS信号が"H"レベルのときは，MISO出力が"L"レベルになっているため，バッファを付けてオープン・コレクタ出力にすると並列接続できそうです．

そこで，**図6-D**のようなトランジスタ回路を付けてみました．オープン・コレクタで論理反転するため，プログラムでSPIデータを読み出した際にデータをビット反転させる必要があります．

この回路で，二つの温度センサとSDカード・インターフェースを並列接続し，SS信号で切り替えるようにして動作させてみましたが，正常に動きました．

なお，3.3V用モジュールにはレベル変換素子は付いていないようなので，その場合は直結で問題ないと思います．

[第7章] 応用事例：7セグメントLED＋LCD表示器＋リアルタイム・クロックRTC-8564

応用

デバイスのI²C化を推進

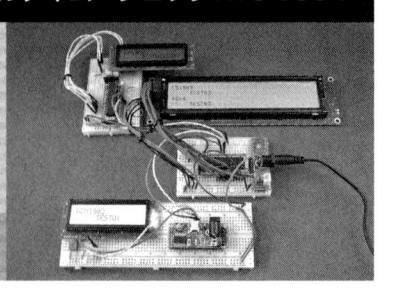

　この章では，7セグメントLEDやLCDなどのデバイスをI²Cで制御できるサブ・コントローラを，Arduinoを利用して製作します．I²C化することで，省配線化できるため，ArduinoのようにI/Oピンの少ないマイコン・ボードにも多くのデバイスが接続できます．

　なお，LCDなど汎用デバイスにI²Cコントローラをセットしたものを本書では「I²C化デバイス」と呼ぶことにします．これらのI²C化デバイスを制御するための専用のライブラリ（I²CホストのArduino用）も用意しています．

7-1　I²C制御4桁7セグメントLEDの製作

　7セグメントLEDは視認性がよい表示器ですが，制御信号数が多くてArduinoでは扱いにくいデバイスです．これをI²C化することで省配線で手軽に使えるようにします．

　図7-1は今回製作するセットの構成例です．破線で囲んだ部分が今回製作するI²C化デバイスです．この図では7セグメントLEDが接続されていますが，後述のI²C化LCDは7セグメントLEDの代わりに市販

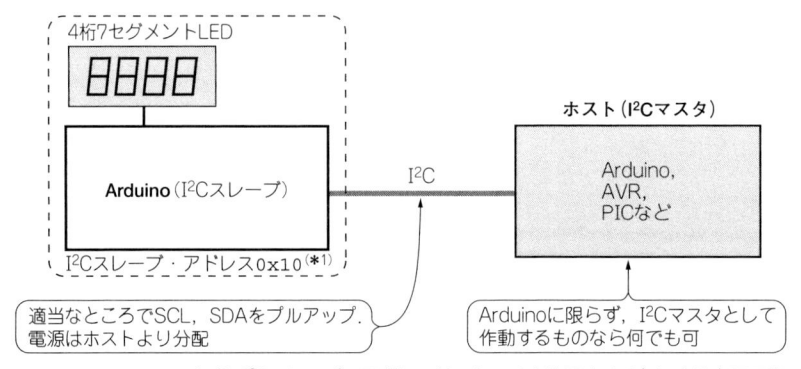

（＊1）I²Cスレーブ・アドレスはスケッチを修正することにより変更可能．

図7-1　I²C化4桁7セグメントLEDの構成
ここで製作するI²C化4桁7セグメントLEDとI²Cマスタとの接続形態を示す．スレーブ・アドレスはプログラムで0x10に設定しているが，プログラムを修正してアドレスを変更すれば，ホスト側の制御信号を増やすことなく，同じものを複数接続することもできる．I²CマスタはArduinoに限らず，I²Cマスタの機能があれば，PICなどほかのマイコンなどでも使用できる．

写真7-1
4桁7セグメントLED OSL40562の外観
本書で製作している4桁7セグメントLEDの外観を示す．内部でダイナミック・ドライブ用に結線されているため，外部配線の手間がだいぶ省ける．LEDの色は赤のほかに，緑，黄，青などの色違いのものも販売されている．

のLCDが接続されたものとなります．

　このセットは汎用なので，I^2CホストにはAVRやPICなどI^2Cマスタの機能をもったマイコンなら何でも使用できます．

● I^2C制御にすると便利になる

　筆者は以前からLCDや7セグメントLED，キー・パッドやトライアック調光器などをI^2CやSPIで制御するというコンセプトを持っていて，書籍「マイコンの1線 2線 3線インターフェース活用入門」，「Windowsで制御するPICマイコン機器」（ともにCQ出版社）などでも発表しています．以前はPICで作っていたのですが，本書ではより手軽に使えるArduinoをコントローラとしてI^2Cデバイスを製作することにしました．

● I^2C制御4桁7セグメントLEDの概要

　7セグメントLEDは配線が楽なように，第2章で使用したOSL40562-LRを使用します（**写真7-1**）．その他，電流制限用に抵抗器が8本とArduinoという構成です．Arduinoについては，USBは不要ですので，Arduino互換機のAVR部（P_1）ボードのみを使用します．

　なお，OSL40562-LR以外でも，個別の7セグメントLED 4個以下をダイナミック・ドライブ接続にしたものならそのまま使えます．

　5V電源は別に必要ですが，ホスト（I^2Cマスタ）側から供給を受けるとよいでしょう．

● I^2Cコマンドの仕様

　ホスト（I^2Cマスタ）から送信する（スレーブが受信する）コマンドの一覧を**図7-2**に示します．コマンドは2バイトの固定長で，同図はそれをビット単位で表しています．

　数値更新のデータは単純に0～9999（0～0x270F）の数値です．それ以外は小数点の表示，0パディングの設定，全消灯といった制御コマンドになっています．

　図7-3にコマンド処理の概要のフローチャートを示します．

　数値とそれ以外のコマンドの区別は，D0バイトの最上位ビットで切り替えています．このビットが'0'のときは数値設定，'1'のときは制御コマンドとしています．

　小数点表示コマンドは，7セグメントLEDの一の桁から順にp0，p1，p2，p3と割り当て，対応する

		7	6	5	4	3	2	1	0	7	6	5	4	3	2	1	0
数値設定 コマンド(0x00〜)		0	0	n	n	n	n	n	n	n	n	n	n	n	n	n	n

最大9999＝0x270F

		7	6	5	4	3	2	1	0	7	6	5	4	3	2	1	0
小数点表示 コマンド(0x80)		1	0	0	0	0	0	0	0	0	0	0	0	p3	p2	p1	p0
ゼロ・パディング コマンド(0x81)		1	0	0	0	0	0	0	1	0	0	0	0	0	0	0	Z
点灯コマンド (0x82)		1	0	0	0	0	0	1	0	0	0	0	0	0	0	0	C
桁設定コマンド (0x88〜0x8B)		1	0	0	0	1	0	d1	d0	0	0	0	g4	g3	g2	g1	g0

nn…：表示する数値（16進数で0〜0x270F）．右端がLSB
p3…p0：小数点表示1=点灯/0=消灯 p0から順に1の桁〜1000の桁に対応
Z：1=ゼロ・パディング（0詰め）/0=ゼロ・パディングなし
C：1=通常点灯/0=全桁消灯
d1, d0：桁指定0〜3（0から順に1の桁〜1000の桁）
g4…d0：桁ごとの値（0〜15＝ヘキサ・コード/16＝マイナス表示/17＝ブランク）

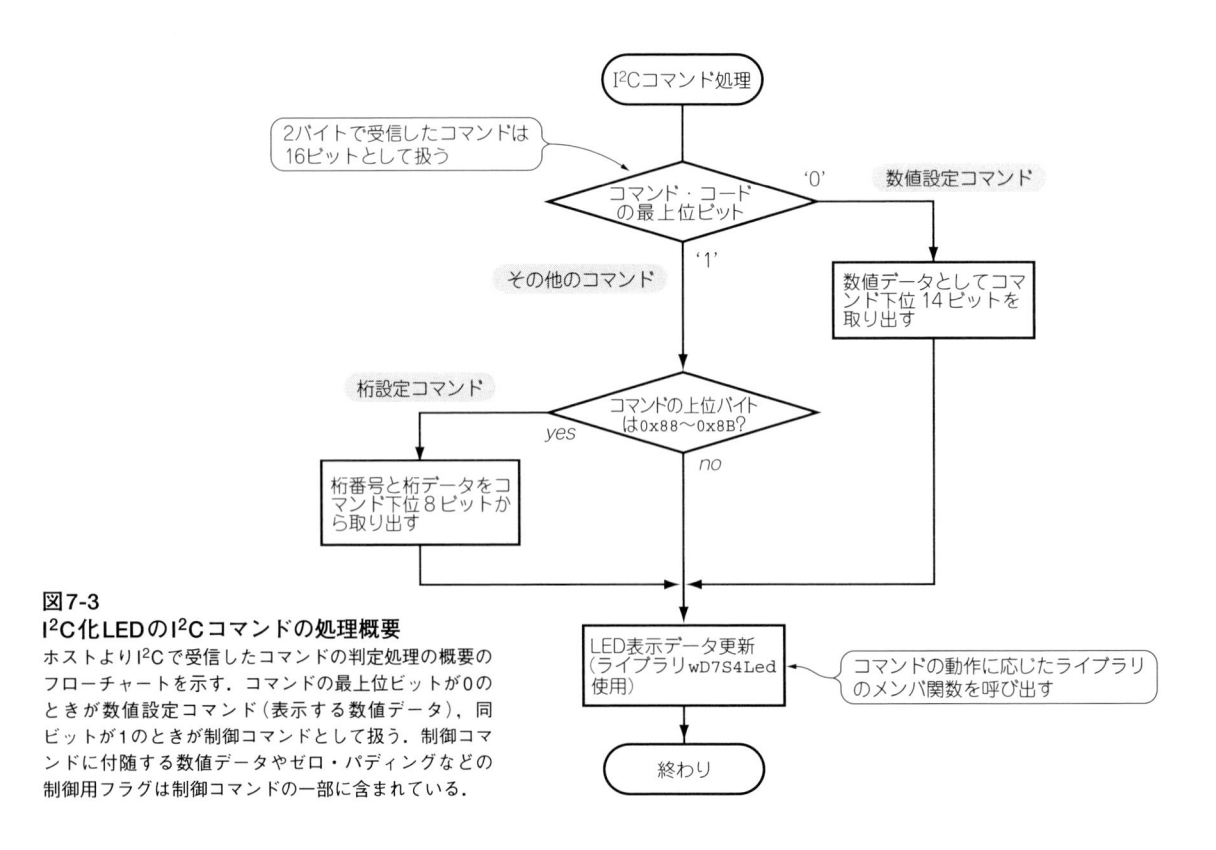

図7-2　I²C制御4桁7セグメントLEDのI²Cコマンド一覧
I²Cで送受信される制御コマンドの一覧を示す．コマンドはI²Cの2バイトのデータD0，D1でやりとりされる．表示データなどパラメータはコマンドの一部に組み込まれている．

図7-3
I²C化LEDのI²Cコマンドの処理概要
ホストよりI²Cで受信したコマンドの判定処理の概要のフローチャートを示す．コマンドの最上位ビットが0のときが数値設定コマンド（表示する数値データ），同ビットが1のときが制御コマンドとして扱う．制御コマンドに付随する数値データやゼロ・パディングなどの制御用フラグは制御コマンドの一部に含まれている．

146　第7章　デバイスのI²C化を推進

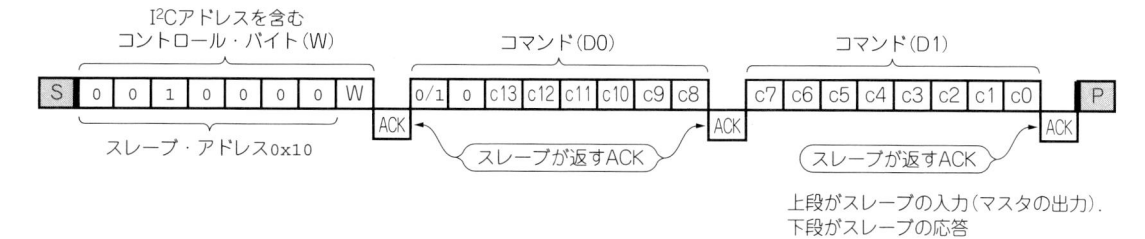

```
 ┌──────────────────┐  ┌──────────────────┐  ┌──────────────────┐
 │ I²Cアドレスを含む │  │    コマンド(D0)  │  │   コマンド(D1)   │
 │ コントロール・バイト(W)│  │                │  │                 │
 └──────────────────┘  └──────────────────┘  └──────────────────┘
│S│0│0│1│0│0│0│0│W│  │0/1│0│c13│c12│c11│c10│c9│c8│  │c7│c6│c5│c4│c3│c2│c1│c0│ │P│
                 ACK                              ACK                       ACK
        スレーブ・アドレス0x10      スレーブが返すACK        スレーブが返すACK
```

上段がスレーブの入力（マスタの出力），下段がスレーブの応答

図7-4 I²C制御4桁7セグメントLEDのI²Cコマンド・フォーマット
実際にI²Cで送受信されるI²C通信のビット・フォーマットを示す．Sはスタート・コンディション，Pはストップ・コンディション，ACKはデータを受信する側（ここでは通信対象のI²Cスレーブ）が返すビット・データを表す．スレーブ・アドレスは0x10にしてある．

ビットが'1'のときにその桁の小数点が点灯します．従って，四つの小数点は任意に独立して点消灯できます（同時点灯も可）．

図7-4にI²C送受信のフォーマットを示します．この図中のD0とD1の2バイトに**図7-2**のコマンド・コードが入ります．

スレーブのI²Cアドレスは今回は0x10に固定してあります．I²Cデバイスは複数つなげられるので，その場合はスケッチを修正して適当にアドレスを振り分けてください．

● I²C制御4桁7セグメントLEDの機能，仕様

第2章で説明した7セグメントLEDの表示器にI²Cの通信機能をつけて，I²Cのコマンドにより10進数4桁の数値と小数点が表示できるようにします．

表示する内容は10進数4桁の数字ですが，オプションとしてゼロ・パディング（0詰め）表示の有無，任意位置の小数点の表示/非表示，全消灯といったI²Cコマンドを用意しています．

I²C通信処理にはArduinoライブラリのWireを利用します．

このセットは別のホスト・マイコン（I²Cマスタ）からI²Cでコマンドを受けて動作するので，I²Cスレーブとして製作します．

7セグメントLEDはダイナミック・ドライブ制御で，コマンドを受けたときに表示内容を更新して表示に反映させます．

● I²C制御4桁7セグメントLEDの配線，接続図

配線図を**図7-5**に示します．回路構成は第2章で製作したものとほぼ同じです．WireライブラリはArduinoのプロセッサが内蔵しているTWI（Two-wire Serial Interface）というモジュールを使用するため，I²C信号のSCLとSDAは接続するピンが決まっています．I²Cに関しては2-9項なども参照してください．

7セグメントLED用の配線もドライバで固定されているため変更できません．

セグメントごとに電流制限用の抵抗器を付ける必要があります．I²Cの信号ラインのSCL，SDAも10kΩ程度の抵抗でプルアップしておきます．ホスト（I²Cマスタ）とつながるラインはこの2本とGND，+5Vの合計4本です．配線をしたようすを**写真7-2**に示します．

Arduino互換機は，プログラムを書き込んだあとはUSB/電源部（P₂）ボードが不要なため，取り外し可能です．

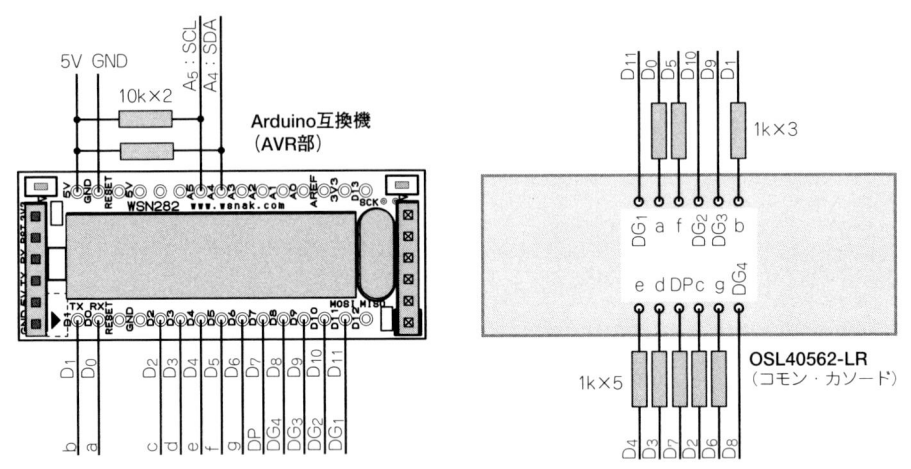

図7-5 I²C制御4桁7セグメントLEDの接続図
Arduinoと7セグメントLEDの接続図を示す．LEDの各セグメント信号とディジタル・ポートの間に1kΩの電流制限用抵抗器を挿入する．プログラム時以外はUSBは使用しないため、互換機のAVR部（P₁）のみで製作できる．5V電源はI²Cマスタから供給を受けるとよい．

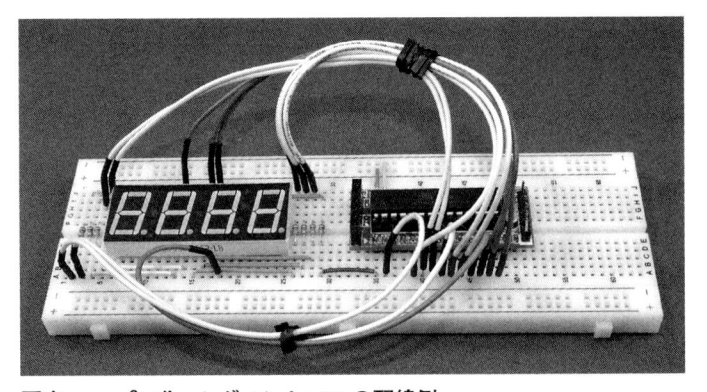

写真7-2 I²C化7セグメントLEDの配線例
I²C化7セグメントLEDの製作例．このボードはI²Cスレーブとして働き、別のホスト・マイコン（I²Cマスタ）と接続して使用する（単独では使用できない）．ホストとの接続はI²CのSCL、SDAの二つの信号と、電源の計4本で足りる．

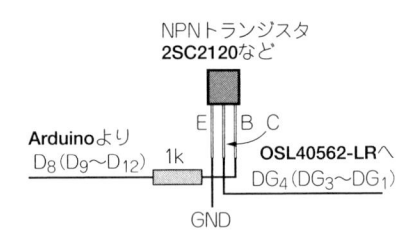

図7-6 トランジスタ・バッファ
7セグメントLEDのセグメントの電流を増やすと、桁信号の電流も増えるため、トランジスタなどによる電流バッファが必要になる．この図はトランジスタによるバッファ回路の例．図にはないが、ベース（B）は10kΩ程度の抵抗器でプルダウンしたほうがよい．なお、トランジスタを入れる場合、桁信号の論理が逆（"L"レベルで桁ON）となるため、インバータICを入れるか、ソフトウェアで論理を反転させる必要がある．

● 桁切り替え信号

OSL40562-LRの各セグメント電流の最大定格は20mAですが、今回は回路を簡単にするために3mA程度しか流していません．この場合、8セグメントが同時に点灯すると、桁切り替え用出力ポートには最大24mA流れる（吸い込む）ことになります．

表示が暗い場合はこのセグメント電流を大きくできますが、それを8倍したものが40mAを超えるとArduinoのI/Oピンではドライブできなくなります．そこで**図7-6**のようなトランジスタ・バッファ回路を入れてドライブ電流を増強します．

このような回路を入れた場合，D_8〜D_{11}が"H"レベルのときに桁表示がONと，これまでと逆になるので，プログラムの桁切り替えの処理で論理を逆にする必要があります．

● I²C制御4桁7セグメントLED用プログラムの概要

このプログラムは，7セグメントLEDのダイナミック・ドライブ表示処理にI²Cの受信処理を組み合わせたものです．

このセットはI²Cのスレーブ・デバイスで，マスタから送られてくるコマンドをスレーブ受信して，その内容に応じて表示内容を更新します．I²Cの通信にはArduinoライブラリの`Wire`を利用します．

7セグメントLEDのダイナミック・ドライブ処理は第2章でも使用した`wD7S4Led`ライブラリを使用します．ダイナミック・ドライブの処理については第2章を参照してください．

● 4桁7セグメントLED用ドライバ wD7S4Led

第2章でも簡単に説明しましたが，このドライバは汎用ですので，コモン・カソードの7セグメントLEDを4桁までダイナミック点灯用に接続したものならそのまま使えます．`wD7S4Led`は`wDisplay`に含まれています．

`wD7S4Led`のパブリック・メンバを簡単に説明します．

〔パブリック関数〕

- `wD7S4Led()`; …コンストラクタ
- `init()`; …ドライバを初期化（通常は使用不要）
- `process()`; …ダイナミック点灯処理．繰り返し処理
- `setDP(dp, on_off)`; …指定位置の小数点の表示，消去（1＝表示／0＝消去）
- `disp(on_off)`; …全表示，消去の設定（1＝表示／0＝消去）
- `setNum(n)`; …表示する内容（n＝0〜9999の数値）を設定
- `setZeroSup(on_off)`; …ゼロ・サプレス有無の設定（1＝有／0＝無）

〔パブリック変数〕

- `onDelay`; …桁表示区間のディレイ値（デフォルト値4）
- `offDelay`; …桁非表示区間のディレイ値（デフォルト値1）
- `digit[4]`; …桁ごとの表示データ（各配列要素ごとに0〜9の数値）
- `colRvs`; …桁信号の論理反転（デフォルト値`true`）　トランジスタを入れる場合は`false`

設定関係の関数は，「表示データ」の領域を書き換えるものです．

セグメント用の信号（a〜g，DP）は順にArduinoのD_0〜D_7，桁切り替え信号（DG_4〜DG_1）は順D_8〜D_{11}へ接続する必要があります．このアサインは固定です．従って，シリアル通信を使う用途には使用できません．

● I²Cスレーブ受信処理

I²C関係はArduino標準ライブラリの`Wire`を利用します．I²Cスレーブ・アドレスは`0x10`にしてあります．変更する場合は，スケッチを修正して，変数`I2CAdrs`の値を適当に書き換えてください．

スレーブ受信ハンドラ`hSlvRcv()`を`onReceive()`で登録して，表示データの更新処理はスレーブ受信ハンドラで行います．

リスト7-1　4桁7セグメントLED制御プログラム（I2cD7S4Ctrl.ino；一部省略）

```
#include <Wire.h>        // I2C
#include <wDisplay.h>    // 7セグメントLEDドライバ

wD7S4Led L7Seg;          // 7セグメントLEDのインスタンス
byte I2CAdrs = 0x10;     // I2Cスレーブ・アドレス  ◀── スレーブ・アドレスを変更する
                                                      場合は，この値を書き換える

// 初期化
void setup(void) {
  L7Seg.init();                // ドライバ初期化
  Wire.begin(I2CAdrs);         // I2Cスレーブ初期化
  Wire.onReceive(hSlvRcv);
                               // I2Cスレーブ受信ハンドラ登録
  L7Seg.setZeroSup(true);      // ゼロ・サプレス
// L7Seg.setNum(120);   ◀──────────────── デバッグ用の固定値表示処理
}

// メイン・ループ
void loop(void) {
  L7Seg.process();     // ダイナミック・ドライブ…(1)
}

// スレーブ受信時のハンドラ…(2)
void hSlvRcv(int cnt) {
  while(cnt >= 2) {   ◀────── 必ず2バイト来るという前提で，2バイト
    cmdProc();   …(3)           以上あるときに2バイト取り出す
    cnt -= 2;
  }
}

// I2Cコマンド処理…(3)
void cmdProc() {
  int num;
  byte cmd, para;
  byte buf[2];
  buf[0] = Wire.read();       // データ読み出し1バイト目
  buf[1] = Wire.read();       // データ読み出し2バイト目
  if(buf[0] & 0x80) {
    // 制御コマンド…(4)
    cmd  = buf[0];
    para = buf[1];
    switch(cmd) {
      case 0x80:     // 小数点表示コマンド
        if(para & 1) {
          // 1の桁 小数点表示
          L7Seg.setDP(1, 1);
        } else {
```

● **プログラムの説明（I2cD7s4Ctrl.ino）**

制御プログラムのスケッチを**リスト7-1**へ示します．動作にあまり関係しないコードは一部省略しています．( )の数字は，リスト中のコメントに対応しています．

```c
          // 1の桁 小数点なし
          L7Seg.setDP(1, 0);
        }
        if(para & 2) {
          // 10の桁 小数点表示
          L7Seg.setDP(2, 1);
        } else {
          // 10の桁 小数点なし
          L7Seg.setDP(2, 0);
        }
        (中略)
        break;
      case 0x81:     // ゼロ・パディング・コマンド
        if(para & 1) {
          // ゼロ・パディングあり
          L7Seg.setZeroSup(0);    // ゼロ・サプレスなし
        } else {
          // ゼロ・パディングなし
          L7Seg.setZeroSup(1);    // ゼロ・サプレスあり
        }
        break;
      case 0x82:     // 表示コマンド
        if(para & 1) {
          // 通常点灯
          L7Seg.disp(1);          // 点灯
        } else {
          // 全表示消灯
          L7Seg.disp(0);          // 消灯
        }
        break;
      case 0x88:  // 1桁表示コマンド(1の桁)…(6)
      case 0x89:  // 1桁表示コマンド(10の桁)
      case 0x8A:  // 1桁表示コマンド(100の桁)
      case 0x8B:  // 1桁表示コマンド(1000の桁)
        int ix;
        ix = cmd & 0x03;          // 桁インデックス
        if(para > 17) {           // 18～
          L7Seg.digit[ix] = 17;   // ブランク
        } else {
          L7Seg.digit[ix] = para;
        }
        L7Seg.SetSegPat();
                // セグメント・パターン生成(更新)…(7)
        break;
    }
  } else {
    // 数値設定コマンド…(5)
    num = ((int)buf[0] << 8) + buf[1];
                    // 表示する数値(14ビットに合成)
    L7Seg.setNum(num);     // 数値設定，表示更新
  }
}
```

（1）LEDのダイナミック点灯の処理はwD7S4Ledがすべて処理するので，loop()の中にprocess()関数を置くだけ．

（2）コマンド処理はI²Cのイベント・ハンドラhSlvRcv()がメイン．この関数は，I²Cでデータをスレーブ受信したときにコールされる．ここでは（3）のcmdProc()関数に処理を任せている．

（3）この関数の中で，read()により受信したデータを2バイト取り出す．

（4）1バイト目の最上ビットが'1'のときは制御コマンドとみなして，各コマンドごとの処理へ振り分ける．この場合，2バイト目はそのコマンドに付随するパラメータ．

（5）1バイト目の最上位ビットが'0'のときは数値データと見なして，数値をwD7S4Ledへ渡す．
　コマンド処理は少し大きめのswitch-case文で，複雑に見えるかもしれないが，コマンド・コードで振り分けて，wD7S4Ledのメンバ関数をコールしているだけ．

（6）1桁設定コマンドの0x88〜0x8Bは，下位2ビットが桁番号（桁インデックス）を示している．digit[]は桁ごとの表示データを保持する変数で，桁番号で指定された表示データを書き換える．
　表示データは'0'〜'15'が10進数の0〜9と16進数のA〜F，'16'はマイナス記号，'17'はブランクとなっている．

（7）桁ごとの数値データより，実際に表示する際に使われる，セグメントごとのON/OFFパターンを生成する．

7-2　I²C制御LCDの製作

次に，入手の容易な16文字×2行などのパラレル制御のLCDをI²C化します．LCDは7セグメントLEDに比べれば少ない信号線で制御できるものの，Arduinoでそのまま使うには，余裕があるとはいえないので，I²C化することで未使用I/Oピン数を増やして，アプリケーションの用途を広げられます．

また，制御ポート数を増やすことなくI²C化LCDやI²C化7セグメントLEDなどのI²Cデバイスを複数増設することができます．

図7-7は今回製作するセットの構成例です．同図上側の破線で囲んだ部分が今回製作するI²C化LCDです．下側は7-4項で製作します．

● I²C制御LCDの概要

以前，PICでI²C制御のLCDボードを作ったことがありますが（書籍「Windowsで制御するPICマイコン機器」などに掲載），そのときはコントローラ側で文字列表示などある程度の機能をもたせてインテリジェント化（というほどのものでもないが）していました．

今回は，単純にI²CからLCDコマンドを渡すだけのものにしてあります．このようにすると，ホスト（I²Cマスタとなるマイコン）側の負担が増えますが，その分，細かい制御ができます．ホスト側からはWireで直接操作できるほか，LiquidCrystal互換の専用のライブラリwI2cLcdを用意しています（後述）．

このコントローラは汎用ですので，16文字×2行のタイプ以外に40行×2行などのLCDも接続できます．

● I²Cコマンド

LCDを直接制御する際のコマンド（以下，LCDコマンド）またはデータ（以下LCDデータ）の大きさは8

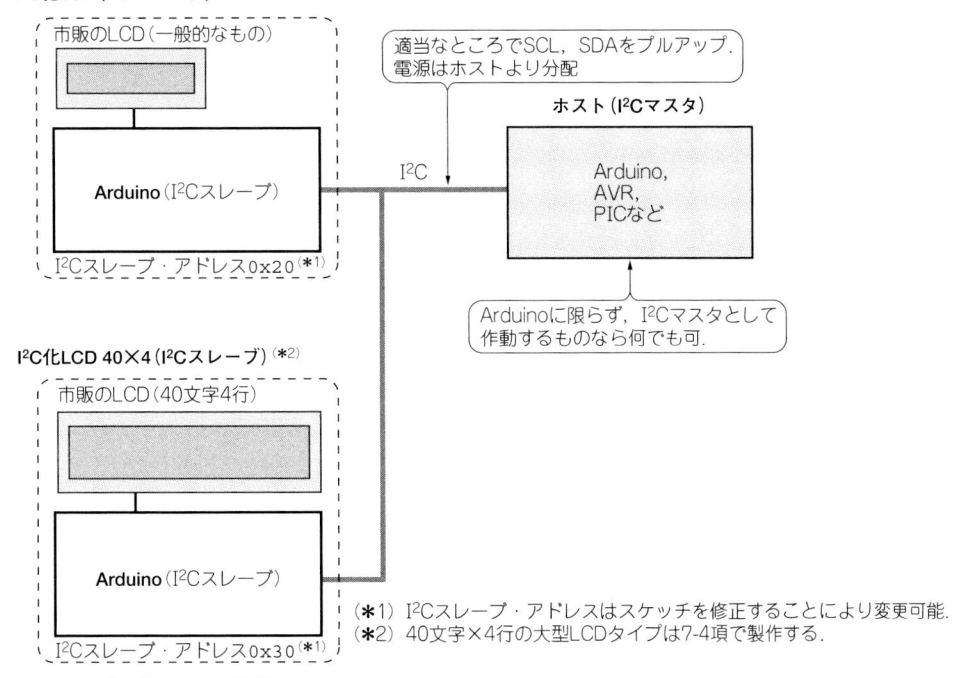

図7-7 I²C化LCDの構成
今回製作するI²C化LCDとI²Cマスタの接続形態を示す．スレーブ・アドレスはプログラムで0x20または0x30に設定しているが，プログラムを修正してアドレスを変更すれば，ホスト側の制御信号を増やすことなく，同じものを複数接続することもできる．I²CマスタはArduinoに限らず，I²Cマスタの機能があれば，PICなどほかのマイコンなどでも使用できる．

図7-8 I²C化LCDのコマンド一覧
I²Cで送受信される制御コマンドの一覧を示す．コマンドはI²Cの2バイトのデータD0，D1でやりとりされる．コマンドの1バイト目（D0）はLCDのRS信号の切り替え，2バイト目（D1）はLCD制御コマンド，または文字コードなどのデータとなる．LCD制御コマンド，データはそのままLCDへ渡されるため，LCDコントローラの制御コマンドがそのまま使用できる．

ビットで，それにRS（レジスタ・セレクト）信号を加えるとワード長は9ビットと考えることができます．RS信号が'0'のときはLCDコマンド，RS信号が'1'のときはLCDデータというように判別されます．

I²Cコマンドは**図7-8**，**図7-9**のように，この9ビットを2バイトのコードで表し，第1バイトが，LCDコマンドかLCDデータかの判別コード（RS信号に相当するもの），第2バイトがLCDコマンドまたはLCDデータとして扱います．

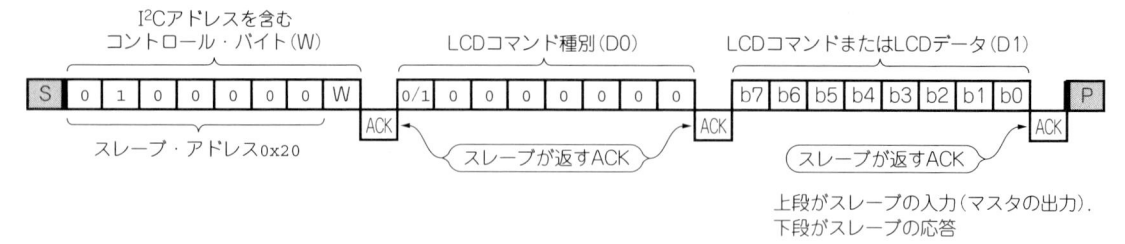

```
        I²Cアドレスを含む
        コントロール・バイト(W)           LCDコマンド種別(D0)      LCDコマンドまたはLCDデータ(D1)
     ┌─────────────────┐           ┌─────────────┐      ┌─────────────────────┐
   ┌─┐                   ┌─┐       ┌─┐           ┌─┐    ┌─┐                   ┌─┐ ┌─┐
   │S│ 0 1 0 0 0 0 0 │W│       │0/1│0 0 0 0 0 0 0│   │b7│b6│b5│b4│b3│b2│b1│b0│   │P│
   └─┘                   └─┘       └─┘           └─┘    └─┘                   └─┘ └─┘
                            ACK                     ACK                         ACK
        └────────────┘      └──────────────┘           └──────────────┘
         スレーブ・アドレス0x20  スレーブが返すACK               スレーブが返すACK
```

                                                            上段がスレーブの入力(マスタの出力),
                                                            下段がスレーブの応答

図7-9 I²C化LCDのI²Cコマンド・フォーマット
実際にI²Cで送受信されるI²C通信のビット・フォーマットを示す．Sはスタート・コンディション，Pはストップ・コンディションン，ACKはデータを受信する側(ここでは通信対象のI²Cスレーブ)が返すビット・データを表す．スレーブ・アドレスは0x20にしてある．

　具体的には1バイト目が0x00のときは種別がLCDコマンドで，それに続く1バイトがLCDコマンドのコードとなります．また，1バイト目が0x80のときは種別がLCDデータで，2バイト目がLCDデータ(文字コードなど)となります．これは市販品のASM1602NIに合わせてあります．スレーブ・アドレスは0x20にしてあります．複数接続しない場合は，スレーブ・アドレスはASM1602に合わせて0x50としてもかまいません．

● I²C制御LCDの機能，仕様

　このセットはI²Cスレーブとして働きます．2バイトのデータを受信したら，それをLCDコマンドかLCDデータに分離して，LCDのコントローラへ渡します．動作は単純にこれだけです．
　電源を入れたときに単独でLCDが自動的に初期化するように，4ビット・モードで初期化する処理だけ入れてあります．従って，通常はホスト側から初期化し直す必要はありません．このセットは4ビット・モードで製作していますので，誤ってホストから8ビット・モードで初期化してしまうと，動作しないので注意してください．
　ArduinoのA₃ポートをGNDへショートさせて起動すると，初期化後にテスト用の文字を表示します．この機能により，ホストなしで単独でLCDのテストができます．

● I²C制御LCDの配線

　I²C化LCDセットの実体配線図を**図7-10**，**図7-11**に示します．**図7-11**(**a**)はSD1602などの16ピン1列のタイプ，図(**b**)はSC1602などの7ピン2列のタイプの接続例です．どちらの場合も4ビット・モードで使用するため，DB₀〜DB₃は無接続です．SC1602をつないだようすを**写真7-3**に示します．
　R/W信号はWrite固定でGNDに接続してあるため，制御信号はRSとEの2本だけです．LCDによっては1番と2番の端子の"V_{DD}(+5V)"と"V_{SS}(GND)"が入れ替わっているものがあるため，通電前によく確認してください．番号の振り方が表裏逆のものもあります．
　SD1602の1番端子は，16番端子の左から始まっているので注意してください．A₃にはテスト用のジャンパを付けてありますが，使用しない場合はなにもつながないでください．

● I²C制御LCD用プログラムの概要

　I²C受信部に関しては，7-1項の受信処理とほぼ同じです．LCDの場合は，受信したコマンドを振り分

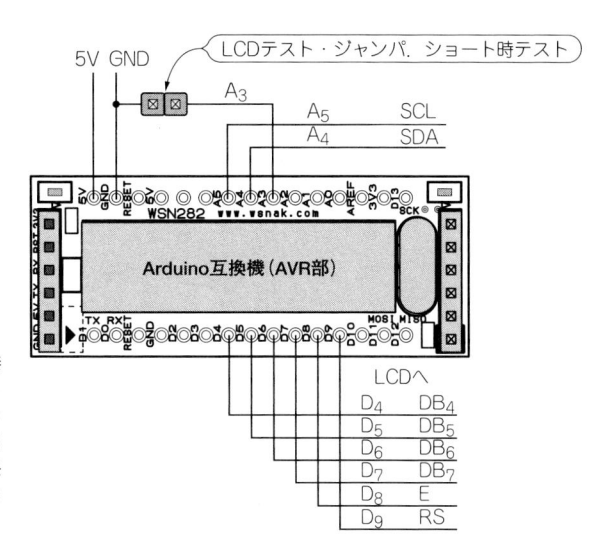

図7-10
I²C化LCDの制御部分の回路

I²C化LCDのLCD関係の回路を除く制御部分の接続図を示す．A₃に接続されているジャンパは，パワー・オン時のテスト表示の有無を切り替えるもの．ショートして電源を入れるとLCDにテスト用のテキストが表示される．なお，A₃は本来アナログ入力であるが，プログラム上でディジタル・ポート（プルアップ付き）で再設定してある．

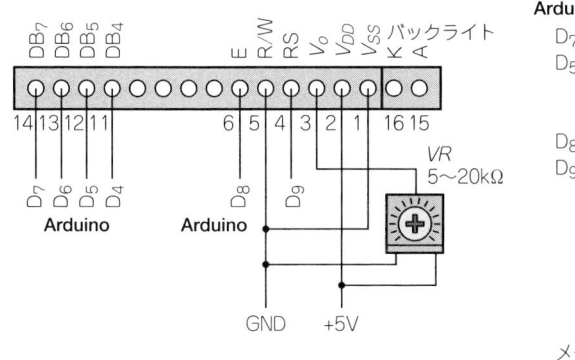

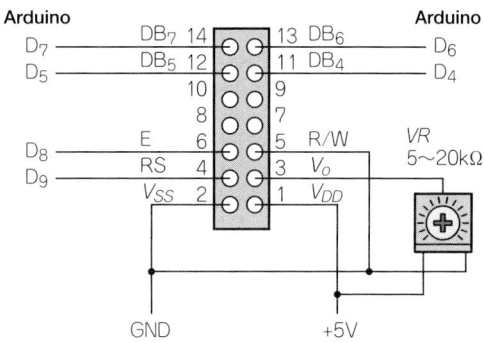

(a) SD1602

(b) SC1602

図7-11　LCD部分の回路

I²C化LCDの制御部分に接続するLCD関係の回路図を示す．(a)はSD1602のピン配列が1列のタイプ，(b)はSC1602などピン配列が7ピン×2列のタイプの接続図を示す．(a)のSD1602はピンの並びが右から15, 16, 1, 2となっているので注意．また，(b)の2列タイプは機種により，電源のV_{SS}とV_{DD}のピンが逆のものがあるので注意．

写真7-3
I²C化LCDの製作例

I²C化LCDの製作例を示す．Arduino互換機AVR部（P₁）にLCDが接続されただけのものである．この写真ではLCDにアダプタ基板#234を使用してLCDを直結している．コントラスト調整用のVRはこの#234基板に付いているため，ブレッドボード上には必要ない．

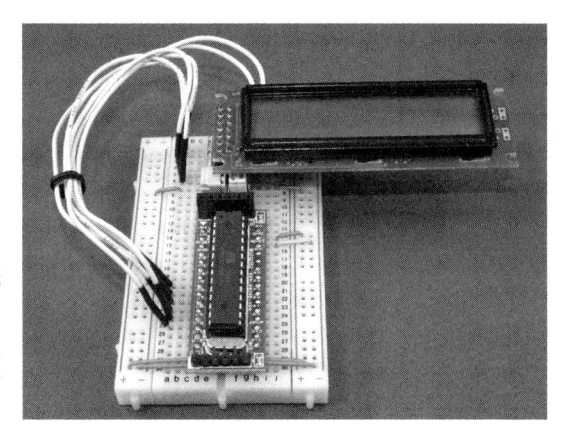

けてLCDへ渡すだけなので，処理はシンプルです．

このセットはLCDを4ビット・モードで動作させます．スレーブ受信するデータ，コマンドは8ビット単位ですが，LCDへ設定するときに4ビットを2回書き込むようにしています．

電源投入時，LCDの初期化（4ビット・モードに設定して画面をクリア）だけ実行されます．A_3ポートのジャンパをショートした状態で電源を入れると，LCDテストのために文字列を表示します．その場合でもそのまま継続して通常どおり使用できます．

なお，A_3（PC_3）は本来アナログ入力ポートですが，ディジタル入力に再設定して，内蔵プルアップを有効にしてありますので，外部にプルアップ抵抗器は不要です．使わないときは，オープンのままでかまいません．

リスト7-2　I²C化LCDの制御プログラム（I2CLcdCnt.ino）

```
#include <Wire.h>

#define E_ON     digitalWrite(8, HIGH)
#define E_OFF    digitalWrite(8, LOW)
#define RS_CMD   digitalWrite(9, LOW)     // RS=0
#define RS_DATA  digitalWrite(9, HIGH)    // RS=1
#define LCD_DAT  PORTD                    // LCD DB0～DB7
#define TST_SW   !(PINC&(1<<3))           // PC3(A3)ジャンパ．ショート時テスト

byte CmdCnt;
byte Cmd, Data;

void setup(void) {
    // 入力ポートのディジタル・バッファをイネーブルにする
    DIDR0 &= ~(1<<ADC3D);    // ADC3
    // A3(PC3)ポートをディジタル入力に再設定
    DDRC &= ~(1<<3);         // input
    PORTC |= (1<<3);         // pullup enable
    Wire.begin(0x20);        // I²C初期化
    Wire.onReceive(hSlvRcv); // I²Cスレーブ受信ハンドラ

    CmdCnt = 0;
    pinMode(4, OUTPUT);      // LCD DB4
    pinMode(5, OUTPUT);
    pinMode(6, OUTPUT);
    pinMode(7, OUTPUT);      // LCD DB7
    pinMode(8, OUTPUT);      // LCD E
    pinMode(9, OUTPUT);      // LCD RS
    E_OFF;
    RS_CMD;
    LcdInit();               // LCD初期化(4ビット・モード)

    // テスト表示(A3ポートのジャンパ設定による)
    if(TST_SW) {
        delay(100);
```

- E, RS信号を"H"レベルまたは"L"に設定するマクロ
- アナログ入力A_3をディジタル入力ポートとして利用するための再設定処理．内容は本文参照のこと
- I²C初期化．スレーブ・アドレスは0x20
- I²Cスレーブ受信したときに呼び出されるユーザ関数を登録しておく
- 使用するディジタル・ポートをすべて出力に設定する
- LCD制御信号の初期設定
- A_3ポートのジャンパがショートされているかテスト

● **プログラムの説明（I2CLcdCnt.ino）**

スケッチをリスト7-2に示します（一部省略）．

各種初期化のあとは，大部分がI²C受信ハンドラhSlvRcv()とその中から呼び出される低レベル関数の処理です．受信したら内容に応じてLCDのレジスタへ値を書き込むだけのシンプルなものです．

このプログラムでは，起動時にA₃ポートの状態で，テスト表示するかどうか切り替えるようになっていますが，その部分だけ簡単に説明しておきます．

A₃ポートはArduinoでは初期状態ではアナログ入力ポートにされていますが，これをディジタル入力ポートに再設定します．その際にアナログ入力では使わなかった「ディジタル入力バッファ」を有効にする必要があります．この設定に使うのが，`DIDR0`レジスタです．I/Oの切り替えは，`DDRC`レジスタで設定します．'0'のビットが入力になります．

```
      WriteData('T');          単独テスト用の文字表示処理．
      WriteData('E');          A₃のジャンパがオープンの場合は処理をスキップする．
      WriteData('S');          テスト用の文字列は任意に書き換え可能．
      WriteData('T');          文字列の表示処理は用意していないため，1文字ずつ表示させる必要がある
   }
}

// メイン・ループ
void loop(void) {
}

// スレーブ受信ハンドラ              I²Cでデータを受信したときに呼び出されるユーザ関数．
void hSlvRcv(int cnt) {            cntの中に受信したデータのバイト数が入っている
   int i;
   for(i = 0; i < cnt; i+=2) {    複数のコマンド，データを受信している可能性があるため，それらをすべて
      Cmd = Wire.read();           拾うために処理をループさせている（通常はループしない）
      Data = Wire.read();         受信した2バイト（コマンド種別とデータ）をそれぞれ保存してLCDの
      writeCmd();                  レジスタへ書き込む
   }
}

// コマンド書き込み
void writeCmd(void) {              コマンド種別の応じて，LCDコマンドまたはLCDデータをLCDの
   if(Cmd == 0x00) {               レジスタへ書き込む
      WriteCmd(Data);    // LCDコマンド
   } else {
      WriteData(Data);   // LCDデータ
   }
}

// LCD初期化
void LcdInit(void) {               LCDを4ビット・モードに設定して，画面クリアなどの設定を行う
   (中略)
}
```

リスト7-2　I²C化LCDの制御プログラム（I2CLcdCnt.ino．つづき）

```
// LCDデータ書き込み
void WriteData(byte dat) {          ← 8ビットのLCDデータ（文字コード）を4ビット2回に分けて，LCDの
  Write4bitData(dat >> 4);      // 上位4bit    レジスタへ書き込む
  Write4bitData(dat);           // 下位4bit
}
// LCDコマンド書き込み
void WriteCmd(byte dat) {           ← 8ビットのLCDコマンド（画面クリアなど）を4ビット2回に分けて，
  Write4bitCmd(dat >> 4);       // 上位4bit    LCDのレジスタへ書き込む
  Write4bitCmd(dat);            // 下位4bit
}
// 4ビットLCDコマンド書き込み
void Write4bitCmd(byte data) {      ← RS（レジスタ・セレクト）を"L"に設定して，4ビットのデータを
  RS_CMD;                            LCDのレジスタへ書き込む．
  LCD_DAT = data << 4;               PORTDへ出力すべきデータを設定し，Enableパルスを印加する
  E_Pulse();
}
// 4ビットLCDデータ書き込み
void Write4bitData(byte data) {     ← RS（レジスタ・セレクト）を"H"に設定して，4ビットのデータを
  RS_DATA;                           LCDのレジスタへ書き込む．
  LCD_DAT = data << 4;               PORTDへ出力すべきデータを設定し，Enableパルスを印加する
  E_Pulse();
}
// Eパルス出力
void E_Pulse(void) {                ← Enableパルス（ライト・ストローブ）をLCDへ出力する
  E_OFF;
  delayMicroseconds(1);       ←
  E_ON;
  delayMicroseconds(1);       ←──── パルス幅確保のためのディレイ
  E_OFF;
  delayMicroseconds(100);
}
```

ポートの状態はポートCから直接読み出す必要があります．AVRの場合，入力はPORTCではなくPINCから読み出します．入力であるにもかかわらずポートCのビット3に'1'をセットしていますが，これはPC₃のプルアップを有効にするための設定です．実際のコードは**リスト7-2**を参照してください．

7-3　40文字×4行LCDの制御

大型の40文字×4行のLCDが入手できるようになったので，専用のI²C化コントローラを製作しますが，まずは通常のパラレル信号接続で表示できることを確認します．I²C化は次の7-4項で行います．

● 40文字×4行LCDについて

使用するLCDはOPTREX社の C-51549NFJ-SLW-ADN（以下，C-51549）という製品です．このLCDはバックライトに白色LEDがついていますが，いわゆる白抜きタイプと異なり，通常の緑色系の表示面なので，バックライトなしでも視認できます．

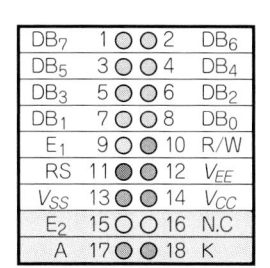

図7-12
大型LCD C-51549のピン配置

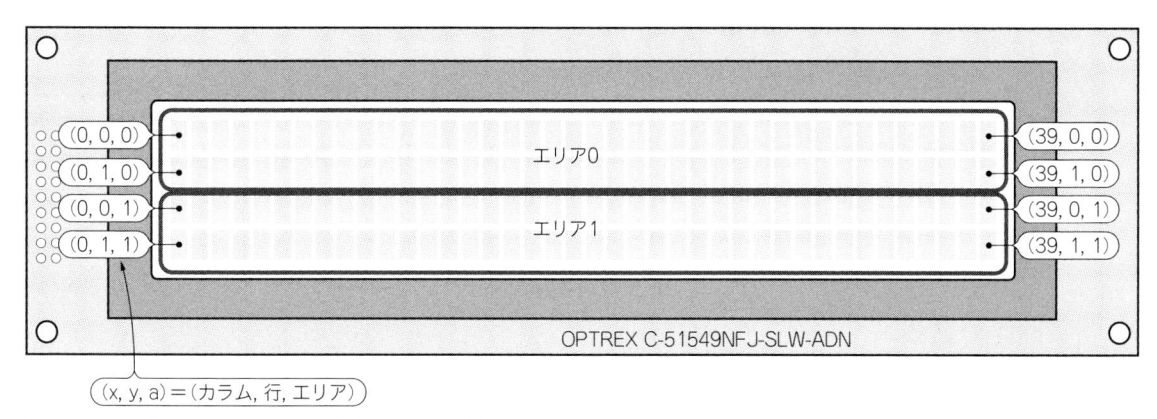

DB$_7$	1 ○○ 2	DB$_6$
DB$_5$	3 ○○ 4	DB$_4$
DB$_3$	5 ○○ 6	DB$_2$
DB$_1$	7 ○○ 8	DB$_0$
E$_1$	9 ○○ 10	R/W
RS	11 ○○ 12	V$_{EE}$
V$_{SS}$	13 ○○ 14	V$_{CC}$
E$_2$	15 ○○ 16	N.C
A	17 ○○ 18	K

(x, y, a) = (カラム, 行, エリア)

図7-13　大型LCD C-51549 40文字×4行の表示エリア

LCD C-51549の表示エリアと座標の関係を示す．このLCDは上2行（エリア0）と下2行（エリア1）の独立した二つの表示エリアを別々に制御する必要がある．従って座標系も上下別々である．筆者が作成した制御用ライブラリではエリア番号も座標と考えて，三次元座標として扱えるようにしている．

制御信号の端子は**図7-12**のように，16文字×2行の一般的なLCDの配列に4端子追加した18端子となっています．enable端子はE$_1$，E$_2$と二つあります．

コントラスト調整は一般的なLCDと同じく，電源を半固定抵抗器で分圧したものをV$_{EE}$端子に与えますが，この調整が少々クリティカルです．

● 40文字×4行LCDの制御方法

このLCDは簡単にいうと，40文字×2行のLCDを二つくっつけて，enable信号だけ個別に取り出し，それ以外の信号を並列接続したような構造になっています．

制御の際は，**図7-13**のように表示エリアを二つに分け，上半分をエリア0，下半分をエリア1として，別々に制御する必要があります．enable信号が二つあり，E$_1$がエリア0，E$_2$がエリア1に対応しています．どちらのエリアを操作するかは，E$_1$，E$_2$信号で切り替えます．

今回は，エリア選択はカーソル位置指定と同様の考えて，あらかじめどちらか一方の表示エリアを指定して，それぞれの40文字×2行の座標系で操作するようにしています．

一般的なLCDでは，パラレル信号のデータ信号は8ビットまたは4ビットで切り替えられますが，このLCDは8ビット・モードのみに対応しています．

制御方法によってはR/W信号はGNDに固定してライト・オンリにすることができますが，その場合でもデータ信号8本と制御信号RS，E$_1$，E$_2$合わせて11本のディジタル出力ポートが必要です．

> **Column…7-1　オブジェクト指向言語の用語**
>
> **クラス**：関数や変数をまとめた構造体のようなもの．構造だけなので使用する際は実体化が必要．
> **メンバ**：クラスに含まれる個々の関数や変数のこと．
> **インスタンス**：実体という意味．クラスを実体化させるとオブジェクトとなる．
> **メソッド**：オブジェクト言語での関数のこと．本書では関数に統一．
> **フィールド**：オブジェクト言語での変数のこと．本書では変数に統一．
> **オーバロード**：多態性とも呼ばれ，引数や戻り値の型や数を変えて，同じ名称で関数を多重定義すること．
> **オーバライド**：親から継承した際，親が持つ元々の関数を上書きして，カスタマイズしたものに置き換えること．
> **継承**：親クラスの機能を子クラスが受け継ぐこと．親にある関数や変数はそのまま子でも使用できる．親にある関数をオーバライドして使うか，新たに関数を加えて機能を拡張するといった使い方をする．
> **コンストラクタ**：クラスと同じ名称の関数．インスタンス化したときに最初に実行される，オブジェクトを初期化するためのもの．

● **制御回路の拡張**

拡張といってもE_2信号用に出力ポートを一つ増やすだけです．

E_1かE_2のどちらか一方だけ使用するなら，Arduino添付ライブラリのLiquidCrystalを8ビット・モードで初期化して使用できます．ちなみにE_1とE_2をショートすると，上下両エリアに同じ内容が表示されます．

R/Wは"L"レベル固定で扱うので，制御信号はRS，E_1，E_2の3本になります．

● **LiquidCrystal互換のドライバwLcd404**

I^2C化する前に，直接C-51549を制御するためにLiquidCrystalとほぼ互換性のあるドライバwLcd404を作成しました．このドライバはLiquidCrystalをベースにE_1，E_2信号を切り替える処理を追加したものです．

コンストラクタは，8ビット・モードでR/Wを使用するタイプを流用します．オリジナルのrwをE_1，enableをE_2と置き換えたものです．インスタンス生成時は次のようにします．

```
wLcd404(rs, e1, e2, d0, d1, d2, d3, d4, d5, d6, d7);
```

エリアを直接設定する関数selectArea(area)と，カーソル，エリアを一緒に設定できる関数setCrusor(row, line, area)を追加しました（オーバロード）．それ以外はLiquidCrystalとまったく同じです．引数のareaは，'0'がエリア0，'1'がエリア1，それ以外が両エリアの指定となっています．

print()などを実行する前にselectArea()でエリアを指定するか，setCursor()でカーソル位置とエリアを指定します．なお，同一エリアに続けてアクセスする場合は，エリアを選択し直す必要はありません．また，画面クリア時などは，両エリアを選択しておけば，一度の操作で同時に操作できます．

● **wLcd404の使用例（test_lcd404.ino）**

表示テストのサンプル・プログラムを**リスト7-3**に示します．また，その際の配線図を**図7-14**に示しま

リスト7-3　40文字×4行LCDの表示テスト・スケッチ（test_lcd404.ino）

```
#include <wLcd404.h>      // ライブラリのリンク

#define LCD_D0 8          // D8
#define LCD_D1 9          // D9
#define LCD_D2 2          // D2
#define LCD_D3 3          // D3
#define LCD_D4 4          // D4
#define LCD_D5 5          // D5
#define LCD_D6 6          // D6
#define LCD_D7 7          // D7
#define LCD_E1 10         // D10
#define LCD_E2 11         // D11
#define LCD_RS 12         // D12

// インスタンス生成
wLcd404 lcd(LCD_RS, LCD_E1, LCD_E2,
    LCD_D0, LCD_D1, LCD_D2, LCD_D3,
    LCD_D4, LCD_D5, LCD_D6, LCD_D7);

// 初期化
void setup() {
  lcd.begin(40, 2);

  // エリア別表示の例
  lcd.selectArea(2);        // 両エリア指定
  lcd.clear();              // 両エリア一括クリア
  delay(1000);              // 1秒待つ
  lcd.selectArea(0);        // エリア1選択
  lcd.print("hello, world!(AREA1)");
                            // エリア1に表示
  lcd.selectArea(1);        // エリア2選択
  lcd.print("hello, world!(AREA2)");
                            // エリア2に表示
  lcd.selectArea(2);        // 両エリアを選択
  lcd.print("  AREA1 & 2");
                            // エリア1，2に同じ内容を表示
  delay(2000);              // 2秒待つ

  // カーソル，エリア指定の例
  lcd.selectArea(2);               // 両エリア選択
  lcd.clear();
  lcd.setCursor(0, 0, 0);          // エリア1の(0,0)
  lcd.print("test1");
  lcd.setCursor(10, 0, 1);         // エリア2の(0,1)
  lcd.print("test2");
  lcd.setCursor(10, 1, 0);         // エリア1の(10,1)
  lcd.print("test3");
  delay(2000);                     // 2秒待つ

  // 全画面数字フィル
  lcd.selectArea(2);               // 両エリア選択
  byte i;
```

リスト7-3 40文字×4行LCDの表示テスト・スケッチ（test_lcd404.ino．つづき）

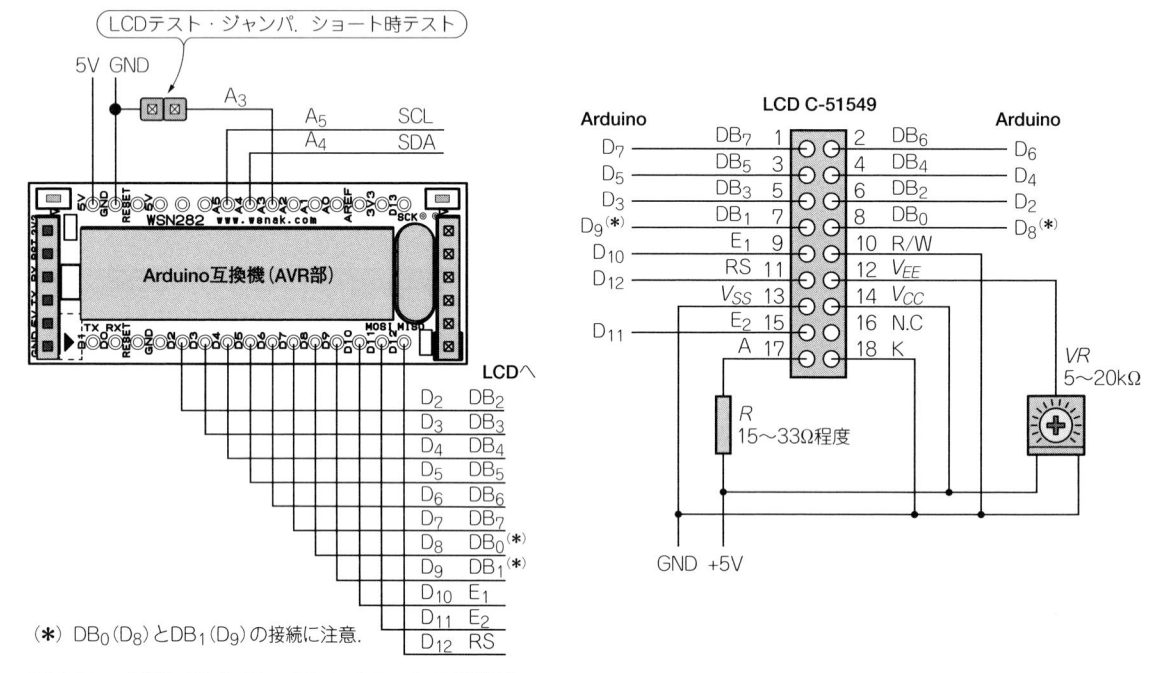

```
  lcd.setCursor(0,0);
  for(i = 0; i < 40; i++) {
    lcd.print(i%10);          ← 0～9に制限して表示
  }
  lcd.setCursor(0,1);
  for(i = 0; i < 40; i++) {
    lcd.print(i%10);          ← 0～9に制限して表示
  }
}

void loop() {
}
```

図7-14 大型LCD C-51549とArduinoとの接続図
サンプル・スケッチを作動させるためのC-51549とArduinoとの接続図を示す．A_3のジャンパはパワー・オン時にテスト表示するかどうかを設定するもの．このLCDは8ビット・モードでしか使用できないため，パラレル信号はDB_0～DB_7の8本を使用する．プログラムの便宜上，並びが一部変則的になっているので注意．

（＊）DB_0(D_8)とDB_1(D_9)の接続に注意．

す．

　この回路は，後にI^2C化する際，そのままの配線が使えるように，データ信号の並びが一部順番になっていない部分があるので注意してください．D_0，D_1はシリアル用に空けてあります．"`LCD_D2(DB2)`"～"`LCD_D7(DB7)`"はArduinoのD_2～D_7に対応していますが，"`LCD_D0(DB0)`"，"`LCD_D1(DB1)`"はD_8とD_9につながっています．I^2C化する際，D_0とD_1を避けて，レジスタを効率よく使えるようにこのような並びにしてあります．

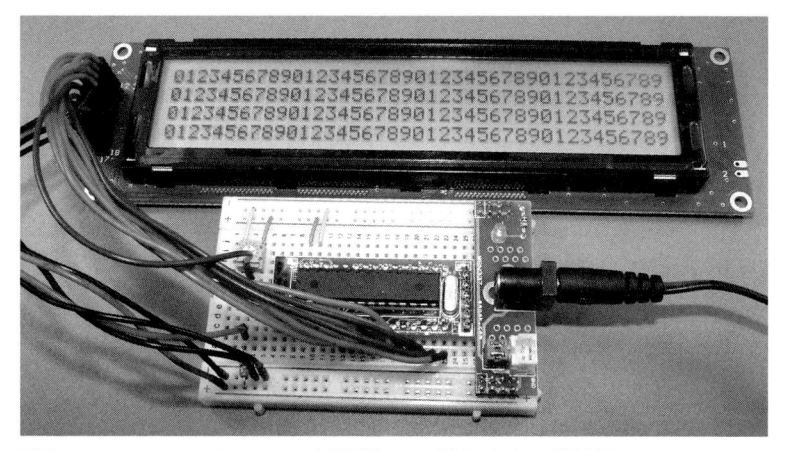

写真7-4　C-51549とArduino互換機 AVR部（P₁）との接続例
40文字×4行の大型LCD C-51549を制御する場合の配線例を示す．Arduino互換機はAVR部のみ使用している．ここではブレッドボードの右端に付いている#337電源ライン連結バー2に5VのAC-DCアダプタを接続して給電している．

　サンプル・プログラムを使うだけなら，I²C，ジャンパ関係（A_3～A_5）の配線は不要です．プログラムは，初期化（インスタンス生成），画面クリア，エリアごとの文字列表示の方法を示しています．
　このプログラムを実行すると，エリアごとに文字列を表示したあと，**写真7-4**のように全面に0～9の数字が表示されます．

7-4　40文字×4行LCDのI²C化

　いよいよC-51549をI²C化します．今回のプログラムは，7-2項の一般型LCD用プログラムを拡張し，7-3項で作成したプログラムの要素を取り入れたものです．

● 一般型のI²C化プログラムとの変更点
　7-2項で作った一般型のものとの相違点を中心に説明します．
　まず，LCDのデータ・アクセスが4ビット・モードから8ビット・モードに変更になります．従って，LCDの初期化処理が8ビット専用に変更になります．それに伴い，4ビットでデータを書き込む処理がなくなり，多少単純になります．
　また，enableがE_1，E_2の二つになるために，Eパルスの出力処理が個別，もしくは両方同時出力できるように拡張してあります．

● I²Cコマンド
　エリアを指定できるコマンド0xFFを追加しました．LCDコマンドやLCDデータを送信する前に，必要に応じてエリアを切り替えます．
　図7-15，**図7-16**にコマンド一覧とI²C通信フォーマットを示します．フォーマットは一般型とほぼ同じですが，スレーブ・アドレスを0x30にしてあります．複数接続する場合は適当に変更してください．

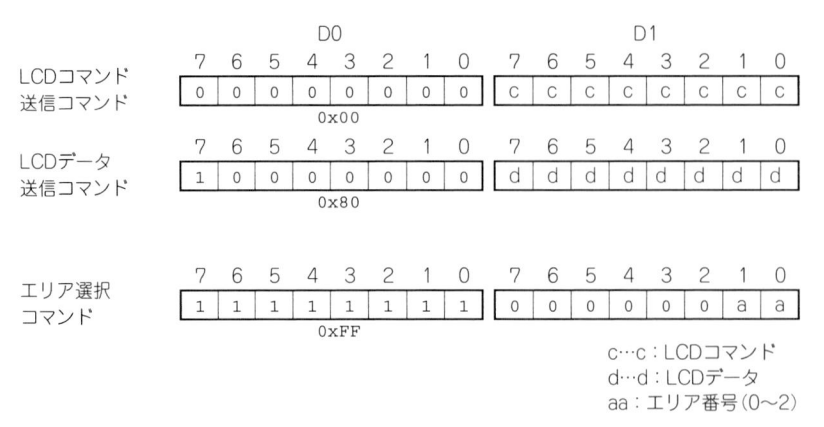

```
                          D0                    D1
                  7 6 5 4 3 2 1 0     7 6 5 4 3 2 1 0
LCDコマンド
送信コマンド       0 0 0 0 0 0 0 0     c c c c c c c c
                       0x00

                  7 6 5 4 3 2 1 0     7 6 5 4 3 2 1 0
LCDデータ
送信コマンド       1 0 0 0 0 0 0 0     d d d d d d d d
                       0x80

                  7 6 5 4 3 2 1 0     7 6 5 4 3 2 1 0
エリア選択
コマンド           1 1 1 1 1 1 1 1     0 0 0 0 0 0 a a
                       0xFF
                                      c…c：LCDコマンド
                                      d…d：LCDデータ
                                      aa：エリア番号（0〜2）
```

図7-15　I²C化LCD（40×4）コマンド一覧
I²Cで送受信される制御コマンドの一覧を示す．コマンドはI²Cの2バイトのデータD0，D1でやりとりされる．コマンドの1バイト目（D0）はLCDのRS信号の切り替え，またはエリア設定コマンドの識別，2バイト目（D1）はLCD制御コマンド，文字などのデータ，またはエリア番号となる．エリア選択コマンド以外は7-2項のI²C化LCDのコマンドと互換性がある．

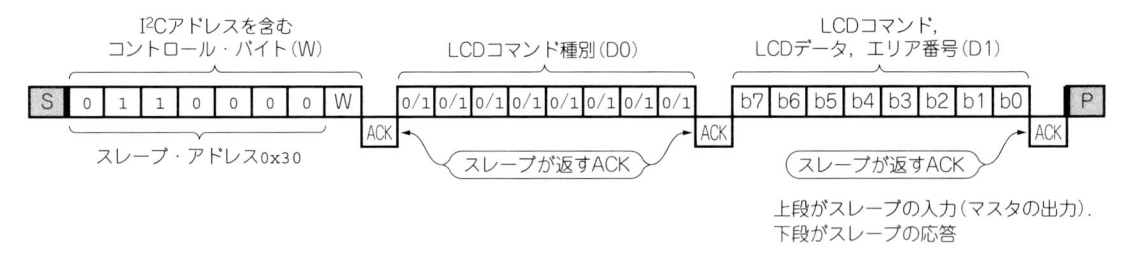

```
      I²Cアドレスを含む               LCDコマンド種別(D0)      LCDコマンド,
      コントロール・バイト(W)                                  LCDデータ，エリア番号(D1)

   S  0 1 1 0 0 0 0 W       0/1 0/1 0/1 0/1 0/1 0/1 0/1 0/1      b7 b6 b5 b4 b3 b2 b1 b0   P
                     ACK                                    ACK                         ACK
      スレーブ・アドレス0x30        スレーブが返すACK             スレーブが返すACK

                                                          上段がスレーブの入力（マスタの出力），
                                                          下段がスレーブの応答
```

図7-16　I²C化LCD（40×4）のI²C通信フォーマット
実際にI²Cで送受信されるI²C通信のビット・フォーマットを示す．Sはスタート・コンディション，Pはストップ・コンディション，ACKはデータを受信する側（ここでは通信対象のI²Cスレーブ）が返すビット・データを表す．スレーブ・アドレスは0x30にしてある．

リスト7-4　コマンド処理関数writeCmd()

```c
void writeCmd(void) {
  switch(Cmd) {
    case 0x00:        // LCDコマンド
      WriteCmd(Data);
      break;
    case 0x80:        // LCDデータ
      WriteData(Data);
      break;
    case 0xFF:        // エリア設定コマンド
      SelArea = Data;
      break;
  }
}
```

リスト7-5　E1, E2 ストローブ・パルスの出力関数E_Pulse()

```
void E_Pulse(void) {
  E1_OFF;
  E2_OFF;
  delayMicroseconds(1);
  if(SelArea == 0) {
    // エリア0
    E1_ON;
  } else if(SelArea == 1) {
    // エリア1
    E2_ON;
  } else {
    // エリア0，1同時
    E1_ON;
    E2_ON;
  }
  delayMicroseconds(1);
  E1_OFF;
  E2_OFF;
  delayMicroseconds(100);
}
```

● 40文字×4行LCDのI²C化回路の配線

配線は7-3項で製作したものとまったく同じです．電源とI²Cの2本のラインをホスト（I²Cマスタ）へ接続するだけでそのまま使用できます．I²Cバス上でどこにもプルアップされていない場合は，プルアップ抵抗器を付けてください．

● 40文字×4行LCDのI²C化用プログラム（I2CLcdCtrl404.ino）の説明

一般型LCD用と異なるのは，コマンド処理の関数writeCmd()です．I²Cコマンドが一つ増えて3種類になります．

エリア設定コマンドは変数SelAreaを書き換えます．この変数の値が'0'のときがエリア0，'1'のときがエリア1，'2'のときがエリア0とエリア1同時というように設定されます．Eパルス出力の際，関数E_Pulse()はこのSelAreaの値によって，E_1, E_2個別またはE_1, E_2同時にストローブ・パルスを発生させるように拡張してあります．

writeCmd()のコードをリスト7-4，E_Pulse()のコードをリスト7-5に示します．"E1_ON"，"E1_OFF"などのマクロは，対応する信号ラインのレベルを"H"または"L"に切り替えるものです．

7-5　I²CインターフェースLCD ACM1602の使い方

最近，I²Cで直接制御できるLCDが販売されているので，使い方などを説明します．

● ACM1602NIはI²Cインターフェースをもつ

ここで紹介するLCDは，XIAMEN ZETTLER ELECTRONICS CO., LTD.社のACM1602NI-FLW-FBW-M01という製品です（**写真7-5**）．I²Cで制御するものなので，Arduino専用というわけではありませ

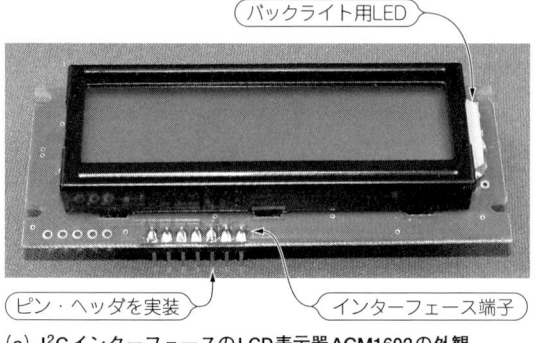

(a) I²CインターフェースのLCD表示器ACM1602の外観
7ピンのピン・ヘッダが付いている端子でマイコンなどと接続する．白色バックライトが付いているため見やすいが，コントラストの調整がクリティカルなのが少々使い難い．

(b) ACM1602背面
ACM1602を背面から見たようす．画面右側にI²C通信用のPICが載っている．左側にある8ピンのチップは昇圧レギュレータ．3.3V駆動時に5Vを生成してLCD制御回路に供給している．PICの信号線はI²C，電源ともインターフェース端子に直結されているため，5Vまたは3.3Vで直接作動する．

写真7-5 I²CインターフェースのLCD ACM1602

んが，本書ではArduinoで使うという前提で説明します．

　このLCDの基板上にはLCDのコントロール・チップのほかに，I²C通信用のPICが搭載されています．また，昇圧レギュレータを内蔵しているため，3.3Vでも駆動できます．

　このLCDも一般的なLCDと同様，電源電圧をVRで分圧したものを加えて電圧でコントラスト調整が可能ですが，この調整がちょっとクリティカルです．電源電圧が少し変わると見え難くなったりしますので，このあたりはちょっと使い難いです．

　ただ，自作するよりコンパクトで取り扱いが便利ですので，従来のLCDの置き換えとして魅力のある製品です．

● I²Cの通信仕様

　このLCDも7-2項などで製作したI²C化LCDセットと同様，2バイトのコマンドでLCDのレジスタを書き換えるという単純な機能のみをもっています．実は，7-2項を執筆している最中にちょうどACM1602NIを入手して使用する機会があったため，I²Cコマンドのコードは ACM1602NIに合わせてあります（C-51549用は独自に拡張）．

　従って，ホスト側（I²Cマスタ側）は本書で製作したI²C化LCDとACM1602NIをほとんど区別なく使用できます．

　なお，ACM1602NIのスレーブ・アドレスは0x50固定ですが，自作のI²C化LCDはスケッチを書き換えると任意にアドレスを変更できるため，同一のI²Cバスに混在させて使うこともできます．

● ACM1602の接続

　Arduinoへの接続は図7-17のようにします．電源以外はI²CのSCLとSDAの2本の信号線を接続するだけです．

　この図は5V電源で使用する場合の接続ですが，バックライト用の電源端子に適当な抵抗器を直列に挿入します．3.3Vで使用する場合は抵抗器なしで電源に直結できます．

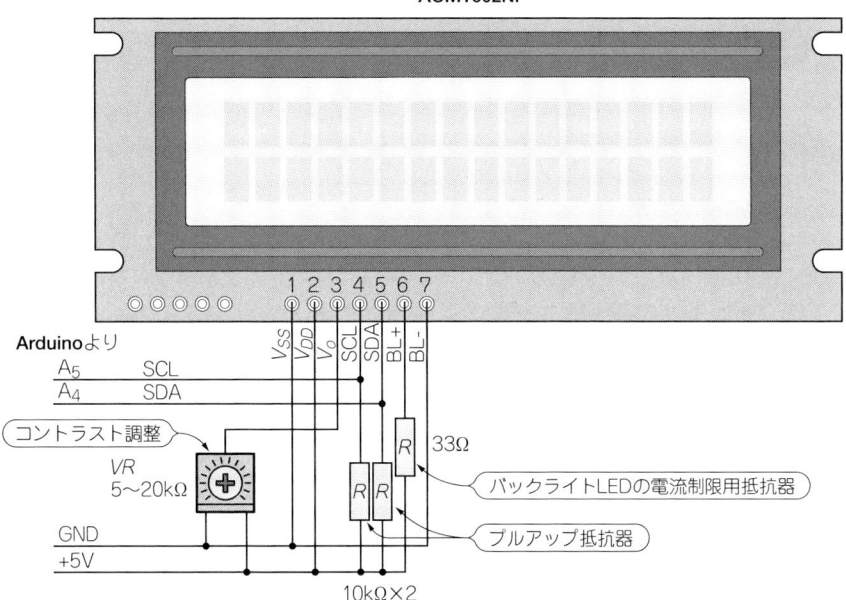

図7-17
I²C制御LCD ACM1602 の実体配線図

サンプル・スケッチを動かす際のACM1602とArduinoとの接続図を示す．Arduino部分は省略．Arduinoとの接続はI²C信号2本と電源ライン2本の接続で足りるため，配線が非常に楽になる．電源電圧を3.3Vにする場合は33Ωの抵抗器は不要（LCDの6番端子を直接+3.3Vに接続）．

リスト7-6　ACM1602のLCDデータの送信関数

```
// LCDコマンド送信
void writeCmd(byte cmd) {
  byte rs_flg;
  Wire.beginTransmission(0x50);
  rs_flg = 0x00;      // 種別設定…(1)
  Wire.write(rs_flg);    // 種別(LCDコマンド)を送信…(2)
  Wire.write(cmd);       // LCDコマンド・コードを送信
  Wire.endTransmission();
}

// LCDデータ送信
void writeData(uint8_t dat) {
  Wire.beginTransmission(0x50);
  Wire.write(0x80);      // 種別(LCDデータ)を送信
  Wire.write(dat);       // LCDデータ送信
  Wire.endTransmission();
}
```

● **Wireライブラリを使った制御方法**

　このLCDはレジスタへの書き込みが8ビット・モードに設定されています．通常のLCDと同じように，最初に8ビット・モードとしての初期化処理が必要です．

　LCDのレジスタへの書き込みはI²Cで2バイトのデータを送信することで行います．

　ArduinoライブラリのWireを使ったLCDコマンド，LCDデータの送信関数の例を**リスト7-6**に示します．典型的なI²Cの送信処理です．普通のLCDの制御プログラムで，RS信号を設定してレジスタへデータ，

> **Column…7-2 マイコン回路の電源電圧**
>
> 一般的なマイコン回路には，5V電源で動作するもの，3.3V電源で動作するものがあります．昔のCMOSロジック回路などでは12Vで使うということもありましたが，現在は特別な場合を除き5Vを使います．
>
> 電源電圧が異なると当然ならが，信号の"H"レベル，"L"レベルの電圧範囲も異なり，通常は5V系のデバイスと3.3V系のデバイス同士を直接接続することはできません．そのため，5V系と3.3V系のデバイスを接続する場合は，通常，信号レベルをどちらかに合わせて変換してやる必要があります．ただし，3.3V系のデバイスでも5V系の信号を直接入力できるものもあります．このようなデバイスは自分自身で3.3Vへの変換回路を内蔵しています．これを5Vトレラント(許容)と言います．
>
> 一例を挙げると，#290 SDカード・ボードで使用しているシュミット・トリガ・タイプのインバータ74LVC14は入力信号のレベル変換に使用しています．このICは3.3Vで動作していますが，5Vトレラントのため，Arduinoの5V系の信号を直結できます．
>
> マイコン回路に3.3V系のセンサなどを接続する場合，プロセッサが3.3Vで動作させられる場合は，回路全体を3.3Vに統一してしまうのが簡単です．Arduinoのプロセッサ(AVR)は3.3Vでも動作します．
>
> ただし，電源電圧を低くするとシステム・クロックの許容周波数も低くなってしまいます．3.3VタイプのArduinoのクロックが8MHzになっているのはその制限のためです．
>
> 最近は3.3V系のマイコン回路も増えてきています．今回使用しているI²CインターフェースのLCD，ACM1602は，そういった3.3V系に直結できるように作られています．ただし，LCD関係の回路は一般的なLCDと同様，5Vで動作するために，内部では3.3Vを5Vに昇圧し5Vを作り出しています．このとき，I²C制御用のPICは3.3Vで動作しています．ちなみにACM1602は5Vでも使用可能ですが，その場合はPICも5Vで動作します．

文字コードを書き込む処理の部分をこの関数で置き換えれば，普通のLCDと同じように制御可能です．

注意事項として，(1)でいったんコマンド種別(0x00)を変数に入れて，それを(2)で`write()`に渡していますが，これは，`write()`が"0x00"を文字列の"NULL"と勘違いして，コンパイル・エラーになるのを回避するための処置です．

7-6 用意したI²Cデバイス用ライブラリ

ここでは，7-5項までで説明してきた，I²C化デバイスやACM1602など，I²Cで制御するデバイスをより簡単に使用できるようにするライブラリについて説明します．

● ホスト(I²Cマスタ)用ライブラリ

ここで解説するライブラリは「ホスト(I²Cマスタ)」側で使うものです．ちょっとややこしいかもしれませんが，7-4項までで説明してきたI²C化デバイス(Arduinoを使ったコントローラ)で使うものではないので，混同しないようにしてください．

図7-18のようなイメージです．

ライブラリ名には`wI2cLcd`のように，"I2c"と付けることにします．

I²Cデバイスは`Wire`を使えば，そのまま制御可能ですが，ここで説明するライブラリは`Wire`を利用して，利用を補助するためのものです．このようなものを「ラッパ」(ラッピングするものという意味)と言

ホスト(I²Cマスタ)　　I²Cデバイス(I²Cスレーブ)　　I²Cデバイス(I²Cスレーブ)　　I²Cデバイス(I²Cスレーブ)

```
Arduino
  使用するライブラリ
    wI2cLcd
    wI2cD7S4Led
    wI2cRtc8564
```

I²C化7セグメントLED

I²C化LCD
I²Cインターフェース
LCD ACM1602

リアルタイム・クロック
RTC8564

I²C

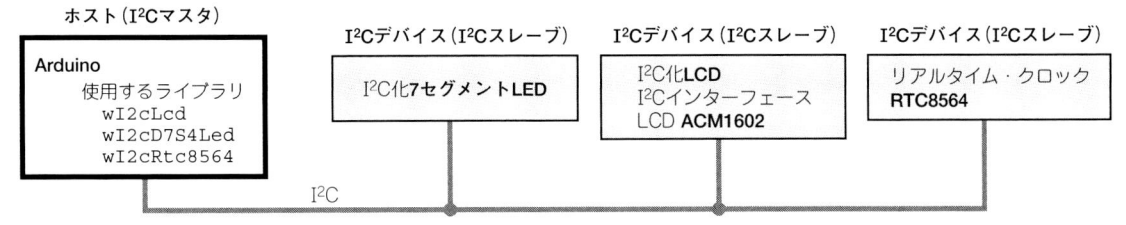

図7-18　I²Cライブラリの制御対象
I²C関係のライブラリの制御対象を示す．これらライブラリは，I²Cデバイスを制御するためにI²CホストのArduinoで使用するもの．I²C化7セグメントLED，I²C化LCDのほかにRTC8564制御用ものも用意してある．

リスト7-7　Wire併用時の手順（I²C化LCD）

```
#include <Wire.h>         // I²C…(1)
#include <wDisplay.h>     // wI2cLcd…(2)

wI2cLcd lcd(LCD_4BITMODE);    // I²C化LCDインスタンス…(3)

void setup(void) {
  Wire.begin();           // I²C初期化…(4)
  lcd.begin(16, 2);       // LCD初期化…(5)

  lcd.clear();            // 全クリア…(6)
  lcd.noBlink();          // カーソル点滅なし
  lcd.noCursor();         // カーソル表示なし

  lcd.setCursor(5, 1);    // カーソル位置
  lcd.print("test");      // 文字列表示
}
```

います．

● Wire併用

　ここで解説するライブラリはI²Cマスタとして働くものです．I²C通信にはArduinoライブラリのWireを利用しますが，初期化以外はI²Cを意識しないでも済むようにしてあります．

　初期化時に少し手順が必要なので，あらかじめ説明しておきます．7-2項のI²C化LCDを使う場合の例を**リスト7-7**に示します．( )の番号は，リスト上のコメントにある番号に対応しています．

(1) Wireをリンク．これはI²C化デバイス用ライブラリを使う上で必須．
(2) wI2cLcdライブラリをリンク（ライブラリの説明は後述）．このライブラリがI²C化LCDのドライバ．
(3) wI2cLcdのインスタンスをlcdとして生成する．4ビット・モードに指定している．
(4) WireをI²Cマスタとして初期化．
(5) lcdを初期化．文字数と行数を指定する．この設定はArduinoライブラリのLiquidCrystalではオプション扱いだが，wI2cLcdでは省略できない．

(6) これ以降は，`LiquidCrystal`と同じように`lcd`へアクセスできる．

このように，初期化の手順を実行した後は，`LiquidCrystal`とまったく同じようにI²C化LCDを使用できます．普通のLCDを使った既存のプログラムへの適用も容易です．

●I²C関係のライブラリ

本書で用意したI²C関係のライブラリは次の三つです．
- `wI2cLcd`…I²C制御LCD用の`LiquidCrystal`とほぼ互換性のあるドライバ
- `wI2cD7S4Led`…4桁7セグメントLED用のドライバ
- `wI2cRtc8564`…リアルタイム・クロックRTC8564用のドライバ

LCD用の`wI2cLcd`は，一般的なLCDをI²C化したもの，40文字×4行LCDをI²C化したもの，ACM1602のすべてで共用できるようにしました．

`wI2cRtc8564`は，I²C制御のリアルタイム・クロックを，I²Cをあまり意識せずに便利に利用できるようにしたものです．

●I²C制御LCD用ドライバ wI2cLcd

このライブラリはインスタンス化時や初期化時の設定を切り替えることにより，本書で製作した一般的なLCDをI²C化したもの，40行×4行LCDをI²C化したもの，市販のACM1602のすべてに対応しています．

このライブラリは`wDisplay`に含まれています．

初期化関係の一部を除き，Arduinoライブラリの`LiquidCrystal`とほぼ互換性があるため，既存のプログラムへの移植も容易です．

`LiquidCrystal`と互換性のないものを中心におもなメンバ関数を説明します．

- `wI2cLcd(m)`（コンストラクタ）

  インスタンスを生成する関数．データ・モード(m)で8または4ビット・モードに指定できる．引数省略時は8ビット・モードになる．

- `begin(x, y, ad)`

  LCDを初期化する関数．LCDの文字数(x)，行数(y)，操作対象のI²Cスレーブ・アドレス(ad)を指定できる．スレーブ・アドレス(ad)を省略した場合は`0x50`になる．

- `setCursor(x, y)`

  カーソル位置指定（`LiquidCrystal`互換）．

- `setCursor(x, y, a)`（オーバーロード）

  40文字×4行LCDでエリア指定付きのカーソル位置を設定する関数．画面を40文字×2行の二つのエリアに分けて扱うため，yの範囲は0～1となるので注意．

  エリアはa＝0がエリア0（上半分），a＝1がエリア1（下半分），a＝2が両エリア同時指定となる．40文字×4行以外のLCDの場合は，エリア(a)は無視される．

- `selArea(a)`

  40文字×4行のLCDでカレント・エリアを設定する関数．エリアはa＝0がエリア0（上半分），a＝1がエリア1（下半分），a＝2が両エリア同時指定となる．一般型LCDの場合は無効．

ここに掲載した以外の`clear()`や`display()`，`print()`などの関数は`LequidCrystal`の同名関数と

互換性があるため，同じように使用できます．

● 三つのLCDを同時に使用するサンプル・スケッチ（test_MulLcd.ino）

リスト7-8に三つのLCDを同時に使用する場合のサンプルを掲載します．

リスト7-8 複数LCDでのwI2cLcd使用例（test_MulLcd.ino）

```
#include <Wire.h>              // I2C              ← wI2cLcdを使用するためにはライブラリのWireが必要
#include <wDisplay.h>          ← wI2cLcdが含まれるライブラリをリンク

#define I2C_LCD_GENERAL    LCD_4BITMODE
#define I2C_LCD_ACM1602    LCD_8BITMODE     ← タイプごとのパラメータを再定義
#define I2C_LCD_C51549     LCD_8BITMODE

wI2cLcd lcd_acm(I2C_LCD_ACM1602);   // ACM1602
wI2cLcd lcd(I2C_LCD_GENERAL);       // 一般型          LCDごとにインスタンスを作成
wI2cLcd lcd404(I2C_LCD_C51549);     // 40文字×4行タイプ

void setup(void) {
  Wire.begin();        // I2C初期化     ← Wire初期化
  lcd_acm.begin(16, 2, 0x50);
  lcd.begin(16, 2, 0x20);          インスタンスごとに文字数，行数，I2Cスレーブ・アドレスを設定して初期化．
  lcd404.begin(40, 4, 0x30);       begin()の第3引数はI2Cスレーブ・アドレス

  // 全クリア
  lcd_acm.clear();                       ← インスタンスごとに画面をクリア
  lcd.clear();
  lcd404.selectArea(2);    // 両エリア指定   ← 40×4タイプはエリア番号を'2'に設定して，両エリア
  lcd404.clear();          // 全クリア          を同時にクリア

  // 文字列表示
  lcd_acm.print("ACM1602");              ← インスタンスごとに文字列を表示
  lcd.print("S*1602");
  lcd404.selectArea(0);    // エリア0指定   ← エリア0（画面上半分）を選択して文字列表示
  lcd404.print("C51549");
  lcd404.selectArea(1);    // エリア1指定   ← エリア1（画面下半分）を選択して文字列表示
  lcd404.print("40x4");

  // カーソル位置指定
  lcd_acm.setCursor(5, 1);               ← それぞれのカーソル位置指定
  lcd.setCursor(5, 1);
  lcd404.setCursor(5, 1, 2);  // 両エリア  ← カーソル位置とエリアを同時に指定

  // 文字列表示
  lcd_acm.print("TEST01");
  lcd.print("TEST02");
  lcd404.print("TEST03");                ← エリア0とエリア1に同じ文字列が同時に表示される
}

void loop(void) {
}
```

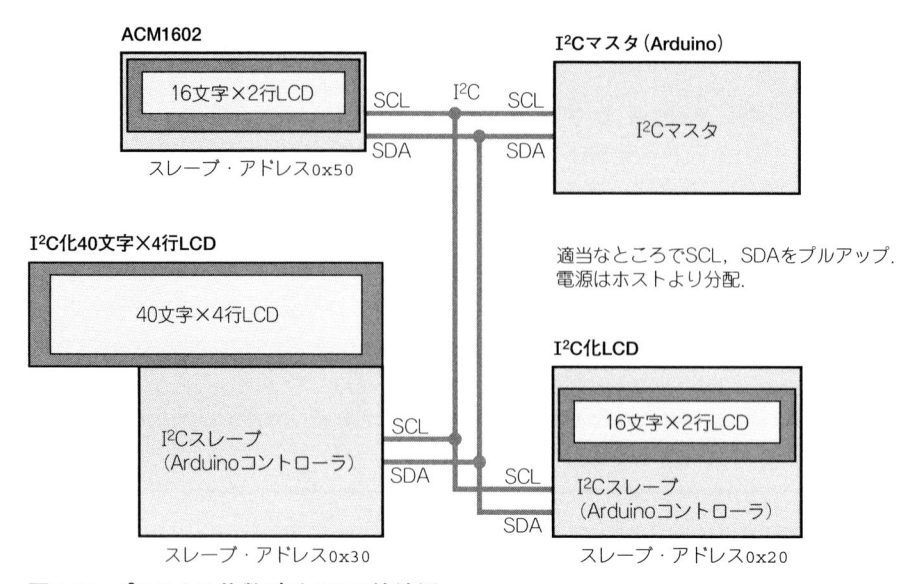

図7-19 I²Cによる複数デバイスの接続例
サンプル・スケッチを作動させるときの複数LCDの接続例．ACM1602以外はI²Cスレーブ・アドレスを変えれば（プログラムで変更），同一デバイスを複数接続することもできる．この図ではSCL，SDAの両信号に必要なプルアップ抵抗が省略されているが，実際は適当なところにプルアップ抵抗器を付ける必要がある．なお，電源を共用しない場合は，全デバイスのGNDラインをつなぐ必要がある．

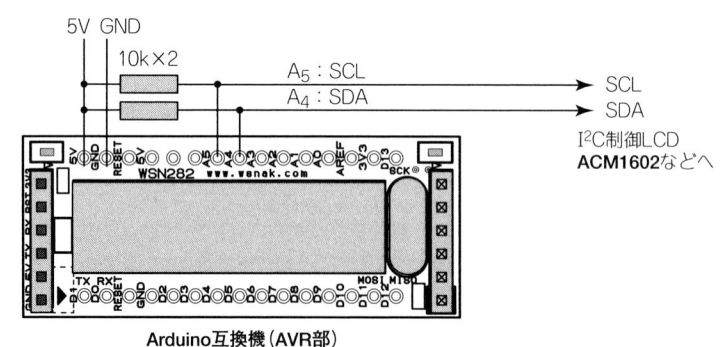

図7-20 I²Cホストの回路
サンプル・スケッチでI²C制御のLCDを制御するためのI²Cホストの配線図．I²Cのプルアップ抵抗器を付けただけの何の変哲もない回路である．

　接続は図7-19のブロック図のようにします．ホストとなるArduinoの回路は図7-20のように単純なものです．三つのLCDのスレーブ・アドレスはそれぞれ0x50，0x20，0x30になっているものとします．なお，電源は全デバイスで共用してもかまいませんが，もし別電源にする場合は，全デバイスのGNDをすべて接続してください．図7-19では電源は省略してあります．

　wI2cLcdの使い方は，まず最初にLCDごとにインスタンスを作成し，初期化処理内でbegin()でLCDを初期化します．Wire.begin()も忘れないように実行しておきます．その後は，Arduino標準ライブラリのLiquidCrystalと同じ手順でカーソル位置指定や文字列表示が可能です．実際につないだよ

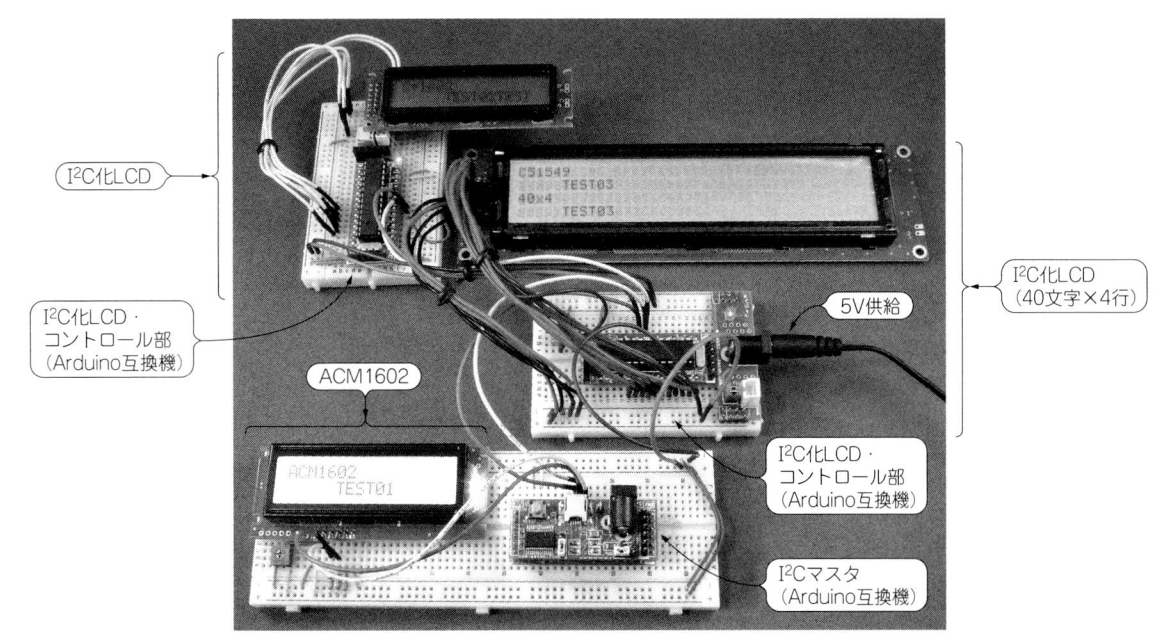

写真7-6 I²Cデバイスの複数接続例
三つのI²C制御のLCDをつないで，一つのI²Cマスタ（Arduino互換機）で駆動しているようすを示す．電源は中央のブレッドボードにつながっているDCプラグから受け取り，全デバイスへ分配している．写真ではI²CマスタのArduino互換機にUSB/電源部（P₂）が実装されているが，使っていないので実装は不要．

うすを写真7-6に示します．

　サンプル・スケッチではLCDの操作ごとに各LCDの処理を並べて，アクセス方法を比較しやすくしています．このように，インスタンス名が変わるだけで，ほとんど同じように記述できます．

● I²C制御4桁7セグメントLED用ドライバwI2cD7S4Led

　このドライバはI²C化した4桁7セグメントLEDをI²Cで制御するためのドライバです．`wDisplay`に含まれています．

　おもなメンバ関数を説明します．

- `wI2cD7S4Led()`（コンストラクタ）
- `begin(ad)`
  ドライバ初期化．adでI²Cスレーブ・アドレス（7ビット）を指定する．
- `zeroPadding()`
  ゼロ・パディングに設定する．
- `noZeroPadding()`
  ゼロ・パディングを解除（ゼロ・サプレス）する．
- `display()`
  全桁通常表示にする．
- `noDisplay()`
  全桁消灯する．

- `putNumber(n)`
  10進数4桁の数値を表示する．nの値の範囲は0〜9999．
- `setDP(p)`
  小数点を表示させる．1の桁（右端）から順にp＝1，2，3，4．p＝0で小数点なし．
- `putDigit(d, n)`
  指定の一桁に16進数を表示する．桁位置（d）は1の桁から順に0〜3．表示値（n）は0〜15でヘキサ値，n＝16はマイナス表示，n≧17でブランク．

● I²C化4桁7セグメントLEDを使用したサンプル・スケッチ（test_D7s4.ino）

リスト7-9にI²C化4桁7セグメントLEDでの使用例を示します．
適当な時間間隔で処理を並べたものですので，順番に見ていけば難しくはないと思います．

リスト7-9　7セグLEDドライバ・テスト（test_D7s4.ino）

```
#include <Wire.h>        // I²C
#include <wDisplay.h>    // 7セグメントLEDドライバ

wI2cD7S4Led d7sled;
        // I²C化7セグメントLEDのインスタンス

// 初期化
void setup(void) {
  Wire.begin();      // …(1)
  d7sled.begin(0x10);    // I²Cアドレス…(2)

  // ゼロ・サプレス，数値表示のテスト
  d7sled.putNumber(0);    // 数値表示
  delay(1000);
  d7sled.zeroPadding();
  delay(1000);
  d7sled.noZeroPadding();
  delay(1000);
  d7sled.zeroPadding();
  delay(1000);

  d7sled.putNumber(101);  // 数値表示
  delay(1000);
  d7sled.zeroPadding();
  delay(1000);
  d7sled.noZeroPadding();
  delay(1000);
  d7sled.zeroPadding();
  delay(1000);

  d7sled.putNumber(123);  // 数値表示
  delay(500);
```

(1) I²Cを利用するためにWireを初期化．これを忘れないように注意．
(2) 7セグメントLEDドライバを初期化．I²Cスレーブ・アドレスは0x10に指定．
(3) 小数点を1桁ずつ，1の桁から順番に点灯させる．setDP(0)とすると，小数点がすべて消去される．
(4) 1桁ずつ，0〜9，A〜F，マイナス記号を順に表示．1桁終わったら一つ上の桁で同様の処理を繰り返し，それを4桁分繰り返す．

● I²C制御のリアルタイム・クロックRTC

次に，市販品のリアルタイム・クロック（RTC）RTC-8564用のライブラリも同時に作ったので，掲載しておきます．

● RTC-8564について

リアルタイム・クロックには，**写真7-7**のようにDIP形状のものが市販されているので，それを使いま

```
// 小数点表示のテスト…(3)
d7sled.setDP(1);
delay(500);
d7sled.setDP(2);
delay(500);
d7sled.setDP(3);
delay(500);
d7sled.setDP(4);
delay(500);
d7sled.setDP(0);   // 小数点なし
delay(500);

// 表示切り替えのテスト
d7sled.noDisplay();
delay(500);
d7sled.display();
delay(500);

// 1桁表示のテスト…(4)
byte i, j;
for(j = 0; j < 4; j++) {      // 桁番号
  for(i = 0; i < 17; i++) {
    d7sled.putDigit(j, i);
    delay(500);
  }
}
}

// メイン・ループ
void loop(void) {

}
```

写真7-7 リアルタイム・クロック・モジュールRTC-8564の外観
市販のリアルタイム・クロック・モジュールの外観を示す．DIP形状に変換するボードの上にRTC-8564NBチップが実装されている．

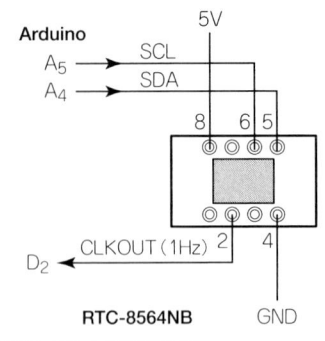

図7-21 RTC-8564の周辺回路
RTC-8564をArduinoへ接続する場合の接続図を示す．CLKOUTは1Hzのパルスが出力されているため（プログラムでそのように設定），ArduinoのD₂に接続して外部割り込みで1秒を検出するのに利用できる．

す．このデバイスには時計と年月日のカレンダ機能があります．1Hzなどのクロック出力や，アラーム割り込み出力といった信号が取り出せます．

ホストからのアクセスはI²Cで行います．電池や大容量のコンデンサを接続しておけば，ホスト側の電源がOFFになっているときでも電池駆動が可能です．配線図を図7-21に示します．

● 秒の検知

時計のように1秒ごとに時計を読み出したい場合は，1秒より早い周期で時刻を読み出して秒の変わり目を検知して表示を更新するというような処理が必要になります．

別の方法として，RTC-8564のクロック出力から1Hzを出力させて，それを適当なディジタル入力ポートで受けて，プログラムでクロックのエッジを検出する（ポーリングや割り込みを使用）方法もあります．この場合はI²Cの通信がない分，オーバヘッドが軽くなります．

外部割り込みによる1秒検出の処理は7-7項のディジタル・クロックで使用しています．

● RTC ドライバ wI2cRtc8564

RTC-8564はWireで直接制御可能ですが，ここでは，I²CやRTC-8564のレジスタを意識しないで使えるようにライブラリ化しました．このライブラリもwI2cLcdなどと同様にArduinoのWireを併用します．なお，RTC-8564のI²Cスレーブ・アドレスは0x51に固定されています．

日時関係の引数はBCDコードとしても扱えます．該当関数で，引数の"bf"がTrueのときは数値はBCDコードとして扱います．"bf"は省略可能で，省略時はTrueとなり，BCD扱いになります．引数の日数，月数は1オリジンですが，それ以外は0オリジンです．

おもなメンバ関数を説明します．

- init()
RTCを初期化する．時計やカレンダなどのカウンタはリセットされない．

- setDate(year, mon, day, wkday, bf)
年月日,曜日を設定する．曜日の値は0～6で日，月～土の順．

Column···7-3　リアルタイム・クロックRTC-8564の特徴

　本書では，リアルタイム・クロックにRTC-8564というI²C制御のデバイスを使用しています．このICはエプソンのRTC-8564NBというSOPパッケージのICを，DIP変換ボードに実装してDIP ICとして使えるようにして市販されているものです．

　32.768kHzのクリスタルを内蔵していて，外付け部品なしでカレンダ付きの時計として動作します．動作電圧は1.8V～5.5V，バックアップ時の時計動作時は1.0V～5.5Vとなっていて，一般的なディジタル回路に簡単に接続できます．3.0V動作時の消費電流は275nA（標準）と極少なので，大容量コンデンサや電池によるバックアップ動作も容易です．

　図7-Aにピン配列を示します．この図はチップではなく，変換ボードのDIPピンなので注意してください．ボード上のJP₁，JP₂をはんだブリッジによりショートさせると，2.2kΩのプルアップ抵抗器がSCLとSDAに接続されます．

　CLKOUTピンからは正確な32.768kHz，1024Hz，32Hz，1Hzの矩形波が出力可能です（出力周波数はI²Cによるコマンドで変更可能）．本書では1Hzを1秒周期のタイミングとして利用しています．

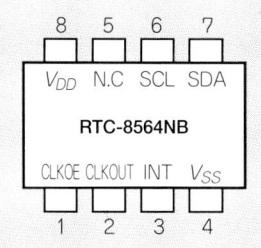

図7-A[11] **RTC-8564のピン・アサイン**
RTC-8564NB（DIP 変換ボード）のピン・アサインを示す．コントローラ・チップのアサインではないので注意．

- setTime(hur, min, sec, bf)
時(hur)，分(min)，秒(sec)を設定する．

- readDate(*year, *mon, *day, *wkday, bf)
年(year)，月(mon)，日(day)，曜日(wkday)を読み出す．monの範囲は1～12，dayは1～31，wkdayは0～6．

- readTime(*hur, *min, *sec, bf)
時(hur)，分(min)，秒(sec)を読み出す．

- setAlarm(day, hur, min, bf)
アラーム日(day)，時(hur)，分(min)を設定する．dayの範囲は1～31．

- checkAlarm(void)
アラーム状態をチェックする．メイン・ループで周期的に呼び出す．アラーム状態になるとTrueを返す．

- setClkOut(frq)
クロック出力端子の周波数を設定する．設定値(frq)の範囲は0～4で，'0'はクロック出力なし，'1'～'4'は順に1Hz，32Hz，1024Hz，32768Hzに設定．

- AlmEnable(wkd, day, hur, min)
アラーム有効項目を設定する．アラーム時刻の比較対象を指定する．曜日(wkd)，日(day)，時(hur)，分(min)の各引数を'1'に設定すると，対応する項目が比較対象となる．'0'の項目は比較対象とならない．

- AlmStop(void)
アラーム状態を解除する．

リスト7-10 日時を設定後読み出すRTCテスト・スケッチ(testRTC.ino)

```
#include <Wire.h>
#include <wCTimer.h>

wI2cRtc8564 rtc;       // RTC-8564のインスタンス
char StrBuf[16];

// 初期化
void setup(void) {
  byte year, mon, day, wkday;
  byte hur, min, sec;

  Wire.begin();          // I2Cマスタ初期化
  rtc.init();            // RTC初期化
  Serial.begin(19200);   // シリアル通信初期化

  Serial.println("RTC test");

  // 日時設定…(1)
  rtc.setDate(0x12, 4, 0x13, 5);  // 2012/4/13 金
  rtc.setTime(0x23, 0x59, 0x58);  // 23：59：58
  Serial.println("RTC set date/time");

  // 日時読み出し…(2)
  rtc.readDate(&year, &mon, &day, &wkday);
  rtc.readTime(&hur, &min, &sec);
  Serial.println("RTC read date/time");

  // 日時をシリアル送信…(3)
  sprintf(StrBuf, "20%02x/%02x/%02x-%02x",
      year, mon, day, wkday);
  Serial.println(StrBuf);
  sprintf(StrBuf, "%02x:%02x:%02x", hur, min, sec);
  Serial.println(StrBuf);

  delay(10000);      // 10秒待ち

  // 日時を読み出し…(2)
  rtc.readDate(&year, &mon, &day, &wkday);
  rtc.readTime(&hur, &min, &sec);
  Serial.println("RTC read date/time");

  // 日時をシリアル送信…(3)
  sprintf(StrBuf, "20%02x/%02x/%02x-%02x",
        year, mon, day, wkday);
  Serial.println(StrBuf);
  sprintf(StrBuf, "%02x:%02x:%02x", hur, min, sec);
  Serial.println(StrBuf);
}

void loop(void) {
}
```

リスト7-11　RTCアラームの動作確認用スケッチ（testRTC_Alm.ino）

```
#include <Wire.h>
#include <wCTimer.h>

wI2cRtc8564 rtc;        // RTC-8564ドライバ
char StrBuf[16];
int Count = 30;
byte AlmOn = false;     // アラーム発生中フラグ

// 初期化
void setup(void) {
  byte year, mon, day, wkday;
  byte hur, min, sec;
```

● 日時を設定した後すぐに読み出すサンプル・スケッチ（**testRTC.ino**）

RTCに日時を設定した後すぐに日時を読み出し，結果をシリアルで送信する簡単なプログラムを作成します．

リスト7-10にプログラムを示します．（ ）の数字はリストのコメントに対応しています．

---

(1) 年月日，時刻をそれぞれ設定．数値はBCDコードなので，12年は0x12，13日は0x13，23:59:58は0x23，0x59，0x58としていることに注意．

(2) 年月日，時刻をそれぞれ読み出す．読み出した数値もBCDコード．読み出し時の関数の引数は参照渡し．"rtc.readTime(&hur, &min, &sec);"を実行すると"hur"，"min"，"sec"にBCDコード（コラム7-4参照）の値が返される．

(3) 読み出した年月日をフォーマットしてシリアルで送信する．値はBCDコードなので，"%02x"でフォーマットすると，2桁の10進数として表示される．

● アラームの動作確認用のサンプル・スケッチ（**testRTC_Alm.ino**）

アラームの動作確認用のプログラムを**リスト7-11**にプログラムを示します．

Column…7-4　BCDコードとは

BCDコードとはBinary Coded Digitの略で，1桁の10進数の数値を2進数の4ビットで表現する方法です．

16進数の場合，1桁は4ビットで0～15までの数値を表すことができますが，BCDコードの場合は1桁4ビットで0～9までの数値を表します．具体的にいうと，2進数で1001の次は1010ではなく，桁上がりして，0000（上位桁は+1）になります．

16進数の同じビット数に比べると，BCDコードは表現できる数値の範囲が狭くなり，そのままでは演算もできず不便ですが（演算する場合はいったん16進数に変換する必要あり），桁ごとに数値を表示する場合など，10進数で桁ごとに何らかの処理をさせる場合は扱いが単純になります．

リスト7-11　RTCアラームの動作確認用スケッチ（testRTC_Alm.ino．つづき）

```
  Wire.begin();          // I2Cマスタ初期化
  rtc.init();            // RTC初期化
  Serial.begin(19200);   // シリアル通信初期化
  pinMode(13, OUTPUT);
  Serial.println("RTC test");

  // 日時設定
  rtc.setDate(0x12, 4, 0x13, 5);  // 2012/4/13 金
  rtc.setTime(0x23, 0x59, 0x58);  // 23：59：58
  PrintDateTime();       // 日時をシリアル送信…(2)

  delay(10000);    // 10秒待ち
  Serial.println("... after 10s");
  PrintDateTime();       // 日時をシリアル送信…(2)

  // アラームのセット
  rtc.setAlarm(0x14, 0, 1);    // 14日00時01分
  rtc.AlmEnable(0, 1, 1, 1);   // 日，時，分 有効

  // アラーム時刻を読み出してシリアル送信
  Serial.println("**** Alarm set ***");
  rtc.readAlarm(&day, &hur, &min);
  sprintf(StrBuf, "day=%02x %02x:%02x",
          day, hur, min);
  Serial.println(StrBuf);
}

// メイン・ループ
void loop(void) {                      ──〈 約200ms周期で繰り返し実行 〉
  byte year, mon, day, wkday;
  byte hur, min, sec;
  if(rtc.checkAlarm()) {      // …(1)
    // アラーム発生
    digitalWrite(13, HIGH);   // LED ON
    if(!AlmOn) {
        AlmOn = true;
        Serial.println("**** Alarm ON ****");
        PrintDateTime();      // 日時をシリアル送信…(2)
    }
  }
  // アラーム発生時のLED点滅処理
  delay(100);                 // 100ms待ち
  digitalWrite(13, LOW);      // LED OFF
  delay(100);
  if(!AlmOn) {
    return;                   // アラーム状態でないとき
  }
  if(Count > 0) {
    Count--;
    if(Count == 0) {          // 規定回数でアラームを止める
```

```
      rtc.AlmStop();         // アラーム停止
      Serial.println("**** Alarm OFF ****");
      PrintDateTime();       // 日時をシリアル送信…(2)
      Count--;               // stop  ←──────────────⟨負数にしてカウントさせないようにする⟩
    }
  }
}

// 日時を読み出してシリアル送信…(2)
void PrintDateTime(void) {
  byte year, mon, day, wkday, hur, min, sec;
  // 日時を読み出し
  rtc.readDate(&year, &mon, &day, &wkday);
  rtc.readTime(&hur, &min, &sec);
  // 日時をシリアル送信
  sprintf(StrBuf, "20%02x/%02x/%02x-%02x",
          year, mon, day, wkday);
  Serial.println(StrBuf);
  sprintf(StrBuf, "%02x:%02x:%02x", hur, min, sec);
  Serial.println(StrBuf);
}
```

(1) アラームが発生しているかをメイン・ループでポーリングする．
(2) 日時の読み出し，シリアル送信は関数`PrintDateTime()`にまとめてある．

7-7　I²Cデバイスを組み合わせた応用例…ディジタル時計

　I²Cデバイスを組み合わせた応用として，I²C制御のLCDとRTCを使った単純なディジタル時計を製作します．

● ディジタル時計の概要
　時計はRTCから日時を読み出してそれをLCDへ表示するだけなので，基本動作だけなら簡単ですが，時計として使うには日時を設定する機能が必要です．今回はスイッチを何個か付けて，ボタン操作で年月日，時分秒を設定できるようにしました．

●1秒ごとの表示更新
　RTCの1Hzクロック出力を利用して，1秒の周期を得ます．クロック出力をディジタル入力ポートへ接続し，外部割り込みで1秒周期を検出します．1秒の周期タイミングでRTCより日時を読み出して，それをLCDへ表示して時計の機能を実現します．
　1秒の検出はクロックの変化点を検出することで行います．外部割り込みを利用するには特定のピンにクロック信号を接続する必要があります．今回はD₂にRTCのクロックを接続し，「割り込み番号0」で立ち上がりモードという設定で使用します．詳細はArduinoのリファレンスなどを参照してください．

● 外部割り込みの使用

　Arduinoで使われているATmegaタイプのAVRには5本の外部割り込みポートがありますが，Arduinoのディジタル・ポートに割り付けてあるのはD_2とD_3の2本です．割り込み番号（後述）は順に'0'，'1'が割り当てられています．

　Arduinoの"`attachInterrupt(inm, fc, md)`"という関数を使うと，外部割り込みが使えるようになります．ここで`inm`は割り込み番号，`fc`はハンドラ（ユーザ関数）のアドレス，`md`は立ち上がりエッジなどのモードを指定します．

　D_2にRTCのクロックを接続して立ち上がりエッジで割り込みをかけ，`hSecInt()`という名前のハンドラを使う場合のコードは次のようになります．

```
attachInterrupt(0, hSecInt, RISING);
```

`hSecInt()`は1秒ごとに割り込みにより呼び出されるユーザ関数で，この中で1秒の周期処理を実行させます．この関数は割り込みサービス・ルーチンということになります．

　注意事項として，この`hSecInt()`の中では，ディレイ関係の関数（`delay()`など）が使えないため，LCDなどの処理を直接実行させることができません．

　そこで`hSecInt()`ではソフトウェアによるフラグを立てるだけにして，そのフラグをメイン・ループで監視することにします．これは，ほかの章でよく使った，`wCtcTimer2A`などを使ったときのポーリング方式と同じような方法です．

● LCD（ACM1602）表示部分

　表示はI^2C制御のLCDを使います．ここではコンパクトにするためにACM1602を使用しました．また，時，分のみの"00.00"のような簡易的な表示になりますが，7セグメントLEDを補助的に並列で接続することもできます（後述）．

● 操作部分

　日時などを設定するためにスイッチを付けます．今回のアプリケーションでは，スイッチ操作による日時の設定処理が一番複雑かもしれません．第4章のクロックのスイッチ操作と同じような処理なので，そちらも参照してください．

● 時計の電池駆動

　電流の逆流防止用ダイオードを通して3V程度の電池をつないでおくと，Arduino本体の電源が切れているときでもRTCを動作させ続けることができます．充電式の電池より，簡単に交換できる3Vのリチウム・ボタン電池を使うと良いでしょう．最近のPCのマザーボードでもほとんどはリチウム・ボタン電池になっています．

　電流がほとんど流れないので，ダイオードは1S1588や1N4148など一般的な100mA程度のスイッチング・ダイオードならなんでもかまいません．

　通常の時計として使用する場合は表示の関係もあるため，全体を通電しっぱなしで使用するということになるでしょうが，その場合は停電時のバックアップ用ということになります．

　組み込み機器の時計として使う際に，使用するときだけ機器に通電する場合はRTCの電池駆動が真価を発揮します．

Column···7-5 割り込みとポーリング

● 割り込みとは

コンピュータの用語で割り込みというのは，定常処理中に，何らかの外的要因で別の処理を割り込ませることです．「例外処理」の一種です．

割り込みが発生すると，定常処理とは無関係に割り込みサービス・ルーチンが起動し，制御がそちらへ移ります．同ルーチンの処理が終わると，再び定常動作に戻ります．

● 外的要因の検知方法

割り込みはハードウェアなどにより検知されて，自動的に割り込みサービス・ルーチンがコールされるため，定常処理は割り込みの起動には関知していません．ただし，割り込み処理の結果を定常処理で利用することはあります（後述）．

外的要因を検知するもう一つの方法として，ポーリングという手法があります．これは，定常処理の中で外的要因を常に監視して，要因が成立した場合に特定の処理を実行させるという方法です．

通常，メイン・ループの中に外的要因の発生を調べる処理を入れて，それを周期的に動作させます．このような方法をポーリングと言います．

● 割り込み処理の制限

割り込み内の処理が多くて処理が重くなると，定常処理に悪影響を及ぼすため，通常は割り込みサービス・ルーチンは極力単純化して，短時間に終了させる必要があります．

従って，通常は処理時間のかかる処理や，ディレイを伴うような処理は割り込み処理の中では実行させてはいけません．

割り込み処理を軽くするために，外的要因の発生だけ割り込み処理で検知して，それに伴う処理は定常処理で行うという方法がよく使われます．

本書では，RTCの1Hzのクロック出力から1秒周期を得るのに使用しています．

● 割り込みとポーリングの併用による利点

具体的には，割り込み処理でソフトウェアのフラグをセットし，それを定常処理でポーリングして，外的要因の発生を検知したら本処理を実行させるという方法です．一見あまり意味がないように思えるかもしれませんが，一般的に外的要因の検知はオーバヘッドが大きくなることが多いため，それを周期的に繰り返し動作させるとなると，なおさらオーバヘッドが増大します．割り込みを併用することでこのオーバヘッドはほとんどなくなります．

仮にRTCで割り込みを使わずに1秒を検出する場合，I^2C通信で秒数を読み出して，前回の読み出し値と比較し，変更があったときに1秒周期検知，という具合になります．あるいは，クロック入力をディジタル・ポートから読み出し，前回状態と比較してクロックのエッジ（信号の変化点）を検出するというような処理になります．

これら一連の処理はメイン・ループの中で，1秒間に何十回，何百回と呼び出されることになり，それだけで相当処理時間が必要になります．

ポーリングに割り込みを併用する場合は，ポーリング処理では単純にフラグの状態をチェックするだけなので，オーバヘッドはほとんど無視できます．

● ディジタル時計の回路

図7-22に実体配線図を示します．Arduino互換機（AVR部）とACM1602，RTC-8564，それにスイッチ・ボードという構成です．3V電池はオプションです．ACM1602周りの回路図は省略しているので，7-5項の図7-17を参照してください．配線したようすを写真7-8に示します．

I^2C化7セグメントLCDなど，I^2Cデバイスを増設する場合は，SCLとSDAを並列に接続します．プルアップ抵抗は離れた位置のノードに追加したり，値を小さくしたりしたほうがよい場合がありますが，今回の製作例ではそのままか，もう一組10kΩの抵抗器を付けるぐらいで大丈夫だと思います．

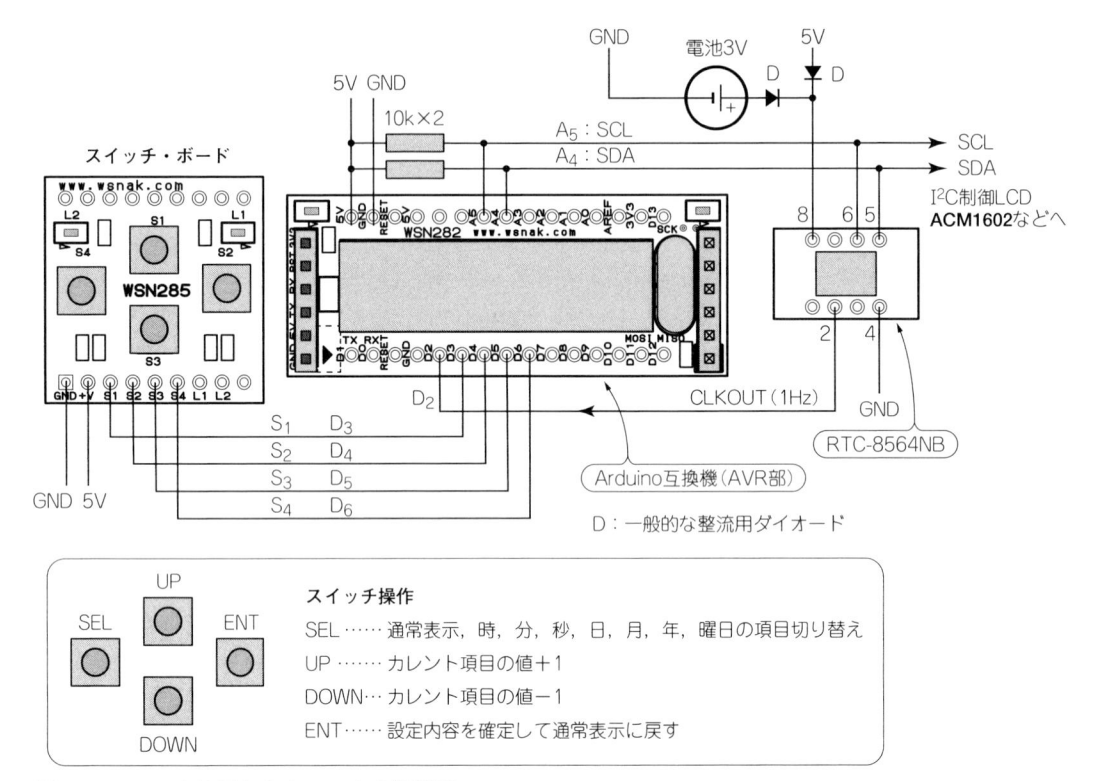

図7-22 RTCを使用したクロックの接続図
RTC-8564を使用した，簡易ディジタル・クロックの接続図を示す．時刻など設定するために，#285スイッチ・ボードも接続している．表示回路は省略してあるが，I^2C制御LCDのACM1602を接続する．プログラムでスレーブ・アドレスを変更すれば，前述のI^2C化LCDも接続可能．図のように，ダイオードを通して3Vの電池を接続しておけば，電源OFF時にもRTCが動作し続ける（バックアップ動作）．

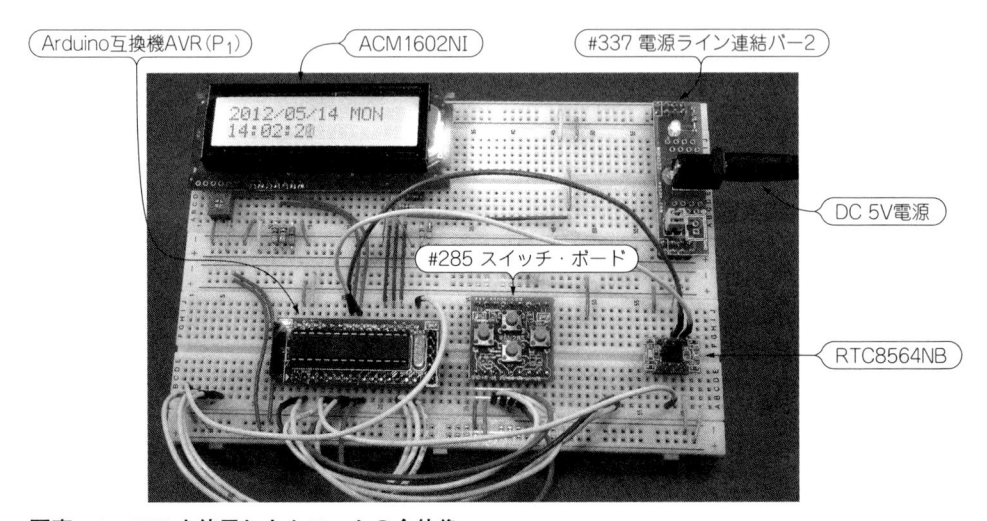

写真7-8 RTCを使用したクロックの全体像
ブレッドボードで製作したディジタル・クロックの全体像を示す．電源は#337電源連結バー2で5VのACアダプタより受けている．バックアップ用の電池関係は未実装．表示部分にはI^2CインターフェースのACM1602を使用しているため，LCD周りはすっきりしている．

● ディジタル時計のプログラムの説明（I2cClock.ino）

時計プログラムのコード（抜粋）を**リスト7-12**に示します．（ ）の数字は，リスト中のコメントの番号に対応しています．

リスト7-12　ディジタル・クロック（I2cClock.ino，抜粋）

```
#include <Wire.h>
#include <wCTimer.h>          // wI2cRtc8564
#include <wDisplay.h>         // wI2cLcd
#include <wSwitch.h>          // w4Switch

wI2cRtc8564 rtc;              // RTC-8564
wI2cLcd lcd(LCD_8BITMODE);    // ACM1602
w4Switch sw;                  // スイッチ

byte Flag1Sec = false;   // 1秒フラグ
char StrBuf[17];         // 文字列バッファ

byte stHour, stMin, stSec;       // 設定用時刻バッファ
byte stYer, stMon, stDay, stWek;
                                 // 設定用日付バッファ
byte Mode = 0;    // カレント・モード

// 曜日文字列
char *week[7] = { "SUN", "MON", "TUE", "WED",
  "THR", "FRY", "SAT"};

// 初期化
void setup(void) {
  pinMode(13, OUTPUT);   // LEDポート
  Wire.begin();          // I2Cマスタ初期化
  rtc.init();            // RTC初期化
  lcd.begin(16, 2);      // LCD初期化

  sw.initSwitch(3, 4, 5, 6);    // SW用ポート定義
  sw.onKeyPress(KeyPress);
                    // スイッチ押下時のハンドラ登録
  sw.maxCount = 100;            // スイッチ状態確定回数

  // 割り込み設定
  attachInterrupt(0, hSecInt, RISING);   // …(1)
                    // D2 立ち上がりエッジ
  rtc.setClkOut(1);   // RTC 1Hz Clock out enable
}

// メイン・ループ
void loop(void) {
  byte year, mon, day, wkday;
  byte hur, min, sec;
  sw.keyProc();                 // キー・センス処理

  // 1秒周期処理
```

> ディレイなしでメイン・ループでKeyProc()をコールしているため，多めに設定している

リスト7-12 ディジタル・クロック（I2cClock.ino，抜粋．つづき）

```
  if(Flag1Sec) {       …(2)
    Flag1Sec = false;
    if(Mode == 0) {
      rtc.readDate(&year, &mon, &day, &wkday);    // 年，月，日，曜日の読み出し
      rtc.readTime(&hur, &min, &sec);             // 時，分，秒の読み出し

      lcd.setCursor(0, 0);
      sprintf(StrBuf, "20%02x/%02x/%02x %s",
                      year, mon, day, week[wkday]);
      lcd.print(StrBuf);                                   ⎫
      lcd.setCursor(0, 1);                                 ⎬ LCDへ，年月日曜日，時分秒を表示
      sprintf(StrBuf, "%02x:%02x:%02x",                    ⎭
                      hur, min, sec);
      lcd.print(StrBuf);
    }
  }
}

// 割り込みハンドラ（1Hz clock rising edge）…(3)
void hSecInt(void) {
  Flag1Sec = true;    // …(4)
}

// キー入力ハンドラ
// スイッチが押されたときに呼び出される処理
void KeyPress(byte keyval) {
  switch(keyval) {
    case 1:       // UPスイッチ
      KeyProcUp();  ◀
      break;
    case 2:       // SETスイッチ
      KeyProcSet(); ◀──┐
      break;           │─ スイッチ入力に応じたコマンド処理の関数
    case 3:       // DOWNスイッチ
      KeyProcDown();◀──┘
      break;
    case 4:       // SELスイッチ
      KeyProcSel(); ◀
      break;
  }
}

// 画面メニュー表示
void MenuDisp(void) {  ◀────── モードに応じた表示を行う
  lcd.clear();
  switch(Mode) {
    case 0:       // 通常表示
      return;
    case 1:       // 設定モードの現在時刻設定［時］
      lcd.print("SET Hur:");
      sprintf(StrBuf, "%02d", stHour);
      lcd.print(StrBuf);
```

```
          break;
        case 2:       // 設定モードの現在時刻設定[分]
          lcd.print("SET Min:");
          sprintf(StrBuf, "%02d", stMin);
          lcd.print(StrBuf);
          break;
         (***中略***)
        case 7:       // 設定モードの現在日付設定[曜日]
          lcd.print("SET WEK:");
          sprintf(StrBuf, "%s", week[stWek]);
          lcd.print(StrBuf);
          break;
    }
    lcd.setCursor(9, 0);     // 値表示位置
}

// SELスイッチ
void KeyProcSel(void) {
    Mode = (Mode + 1) %  8;
    if(Mode == 1) {      // …(5)
        rtc.readDate(&stYer, &stMon,
                     &stDay, &stWek, false);
        rtc.readTime(&stHour, &stMin,
                     &stSec, false);
        // 0オリジンに補正…(6)
        stMon--;
        stDay--;
    }
    MenuDisp();
}

// ENTERスイッチ
void KeyProcSet(void) {
    // 設定値確定…(7)
    rtc.setDate(stYer, stMon+1, stDay+1, stWek, false);
    rtc.setTime(stHour, stMin, stSec, false);

    Mode = 0;
    MenuDisp();
}

// UPスイッチ
void KeyProcUp(void) {
    switch(Mode) {
        case 0:       // 通常表示
          return;
        case 1:       // 設定モードの現在時刻設定[時]
          stHour = (stHour + 1) % 24;
          break;
        case 2:       // 設定モードの現在時刻設定[分]
          stMin = (stMin + 1) % 60;
          break;
```

リスト7-12 ディジタル・クロック(I2cClock.ino，抜粋．つづき)

```
      (***中略***)
  }
  MenuDisp();
}

// DOWNスイッチ
void KeyProcDown(void) {
  switch(Mode) {
    case 0:      // 通常表示
      return;
    case 1:      // 設定モードの現在時刻設定[時]
      stHour = (stHour + 23) % 24;
      break;
    case 2:      // 設定モードの現在時刻設定[分]
      stMin = (stMin + 59) % 60;
      break;
    (***中略***)
  }
  MenuDisp();
}
```

(1) 外部割り込みの登録を行う．割り込み番号'0'，ハンドラ名hSecInt()，立ち上がりエッジで登録．この登録で，割り込み発生時は(3)のhSecInt()がコールされる．
(2) メイン・ループで，割り込みハンドラがFlag1Secをセットするのを待つ．このフラグがセットされたタイミング(1秒周期)で時計を更新する．
(3) 割り込み発生時にコールされる(割り込みサービス・ルーチン)．
(4) 割り込み処理はFlag1Secをセットするだけ．
(5) スイッチ操作により，日時設定状態になった第一段階(Mode = 1)で，現在の日時を設定用のワーク変数(stXXX)へ取り込む．以後，UP/DOWNスイッチによる設定値の増減は，このワーク変数に対して行う．
(6) 内部処理の都合で，月数(stMon)と日数(stDay)は0オリジンに補正．
(7) SETスイッチが押されると設定が確定したものとして，ワーク変数(stXXX)の内容をRTCへ書き込む．このとき，月数(stMon)と日数(stDay)は1オリジンに戻す．また，Mode = 0にして通常表示に戻す．

● 7セグメントLEDの表示

I^{2}C化4桁7セグメントLEDをI^{2}Cバスへ加えて，LEDのほうへも時，分を同時に表示させるように変更します．図7-23のような構成にしました．

変更個所はI^{2}C化4桁7セグメントLED用ライブラリをリンクして初期化し，1秒周期でLCDへ表示する個所へLED表示処理を追加します．I^{2}C化4桁7セグメントLEDとはSCLとSDA，それに電源+，GNDの4本の信号線のみ接続しておきます．

写真7-9はI^{2}C化4桁7セグメントLEDのボードを連結して，LEDのほうへも時刻を表示させるように

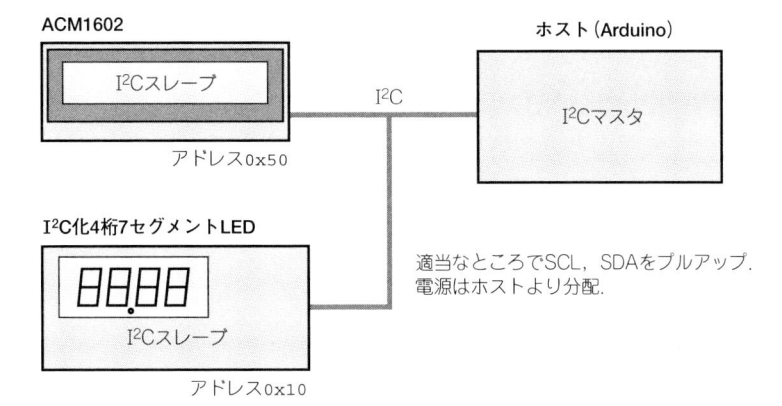

図7-23　I²C機器の接続例
7-1項で製作したI²C化7セグメントLEDを接続する場合の接続図を示す．このように，I²Cホスト側の制御信号線を増やすことなくデバイスを拡張できるのもI²C化の利点である．

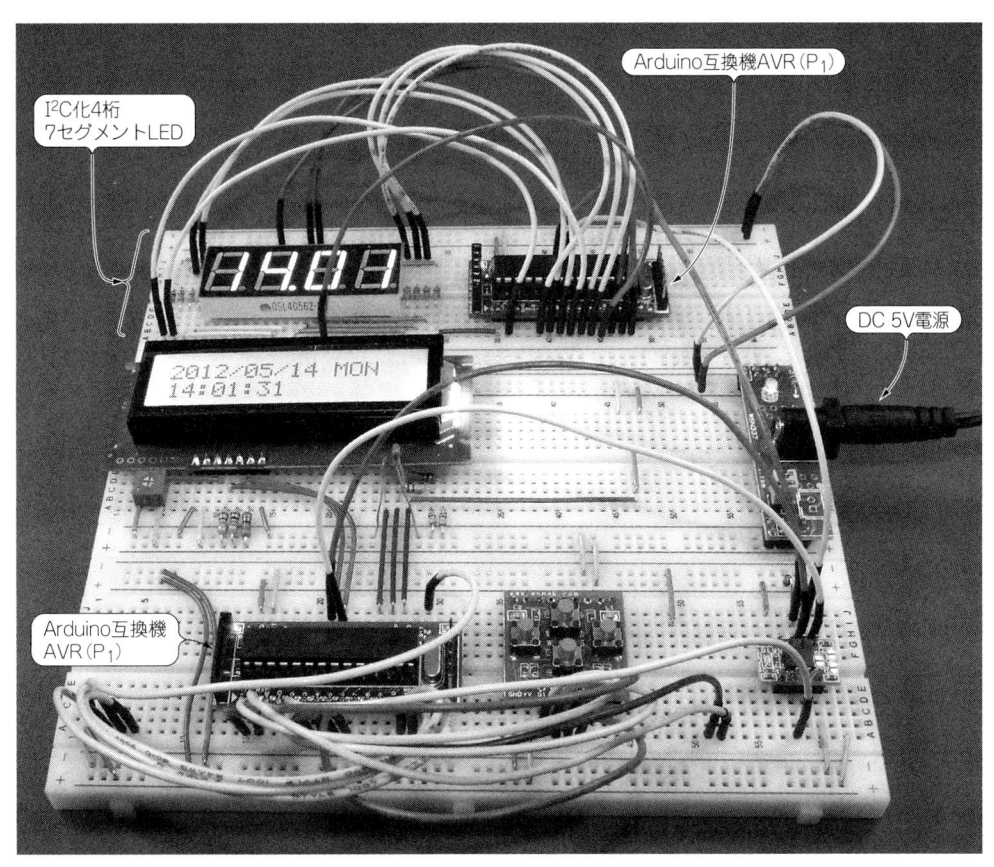

写真7-9　ディジタル・クロックの拡張例
I²C化7セグメントLEDのブレッドボードを追加したところ．モジュールとして，ブレッドボードを連結している．ディジタル・クロック本体と，I²C化7セグメントLEDとの接続はSCL，SDA，+5V，GNDの4本だけで足りるため拡張も容易である．

したものです．接続はSCL，SDA，GND，+5Vの4本だけです．

● プログラムの説明（I2cClockD7s.ino）

大部分は前述のI2cClock.inoと同じなので，変更点だけ説明します．

ドライバwI2cD7S4LedはwDisplayに含まれているので，インスタンス化だけ必要です．次のようにします．d7sledがインスタンス名です．

```
wI2cD7S4Led d7sled;
```

初期化処理のsetup()の中で次の処理を追加します．

```
d7sled.begin(0x10);    // 7segLED
d7sled.zeroPadding();
d7sled.setDP(3);
```

ここでドライバを初期化して0詰めとし，100の桁に小数点（":"の代わり）を表示させています．

ここまでで，I²CでI²C化7セグメントLEDへアクセスする準備が整いました．次に1秒周期で，LCD

Column⋯7-6　製作した小物アダプタの基板

本文中では特に説明していませんが，こんなのがあると便利かな，と思って製作したブレッドボード用の基板があるので，何点か紹介します．

● #337 電源ライン連結バー2（写真7-A）

ブレッドボードの上下にある2組の電源ラインを接続するものです．また，DCジャックが付いているため，ACアダプタを接続して電源供給アダプタとしても利用できます．

通電中はLEDが点灯します．取り付け方向に応じて，プラス/マイナス極性を入れ替えるジャンパが付いています．

● #294 レギュレータ・ボード（写真7-B）

こちらもDCジャック（またはナイロン・コネク

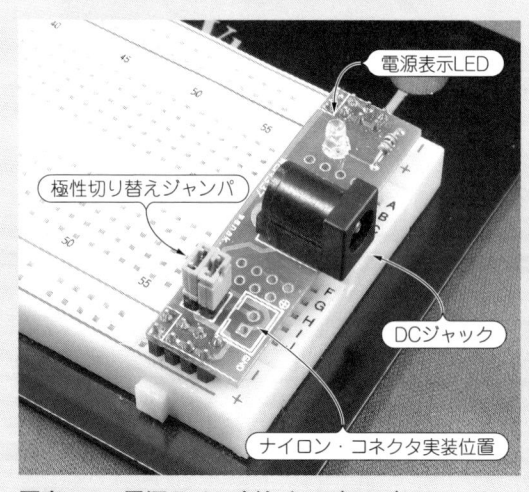

写真7-A　電源ライン連結バー2（#337）

写真7-B　レギュレータ・ボード（#294）

へ日時を表示させている処理ブロックの中に次のコードを追加します．

```
d7sled.putDigit(3,(hur>>4));        // 時(上位)
d7sled.putDigit(2,(hur&0x0F));      // 時(下位)
d7sled.putDigit(1,(min>>4));        // 分(上位)
d7sled.putDigit(0,(min&0x0F));      // 分(下位)
```

hur，minはBCDコードなので，4ビットずつ取り出して1桁とし，それをLEDへ設定します．こういう風に桁ごとに処理するときはBCDコードが便利です．

以上の変更で，LCDと同時に7セグメントLEDのほうにも時，分が表示されます．

タ）から電源を供給するための小型基板です．三端子レギュレータが実装可能で，3.3Vレギュレータを変更すれば，5V→3.3V降圧機能を持たせられます．レギュレータはジャンパによりバイパス可能です．

● #234 LCD BB直結ボード（写真7-C）
　一般的な2列×7ピンのLCDを直接ブレッドボードに接続するためのアダプタです．コントラスト調整用のVRが実装できるため，外部にVRを付ける必要がありません．そのほか，LCDの電源ピンの極性を入れ替えるジャンパが付いています．

● #206B LEDアレイ（写真7-D）
　LEDを4個直列に並べて，LEDの一端を結線してコモン信号としたものです．電流制限用の抵抗器が付いています．
　LEDの実装の向きにより，コモン・アノードまたはコモン・カソードとして製作できます（どちらかに固定）．
　チップ抵抗，チップLEDを使用して，基板幅を狭めたAタイプもあります．

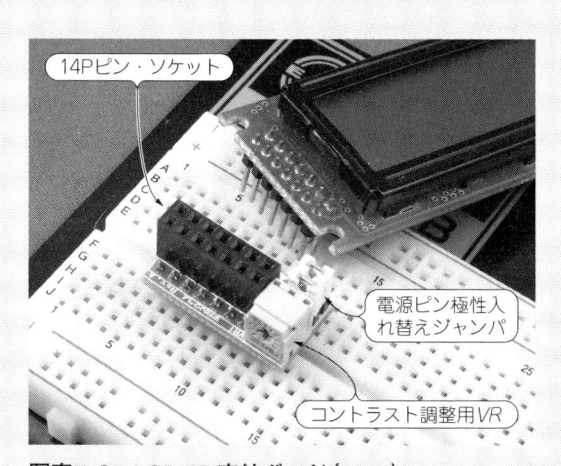

写真7-C　LCD BB直結ボード（#234）

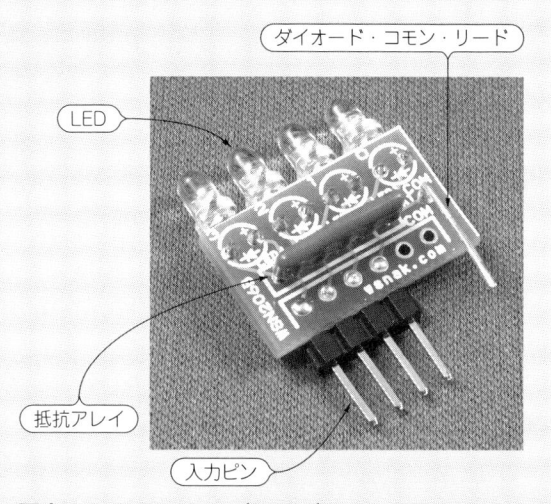

写真7-D　LEDアレイ（#206B）

[第8章] 応用事例：LCD表示器＋SDカード＋LEDアレイ・ボード

応用 ログ機能付き放電器の製作

　ここでは，ニカド電池やニッケル水素電池のメモリ効果（フル充電ができなくなる現象）をリフレッシュするための放電器を製作します．ニッケル水素電池のエネループ（パナソニック）は自己放電が少なく，継ぎ足し充電ができ，メモリ効果が少ないという，使いやすい充電式の電池ですが，やはり使っているうちにメモリ効果による容量低下が発生します．今回の製作例ではそのエネループを使っていますが，そのまま，または放電電流を加減すれば，エネループ以外の電池でも汎用的に使用できます．
　また，モニタ機能として放電の経過電圧を一定周期でSDカードへロギングしたり，LCDでリアルタイムに電圧値を読み出せるようにします．

8-1　放電器の機能と仕様

● 放電器のしくみ
　放電器のしくみ自体は簡単で，電池に適当な負荷を接続して放電させ，端子電圧が規定電圧まで降下したら放電を停止させるようにします．定電流で放電できれば理想的ですが，簡単にはできそうにないので，ここでは簡易的な方法で製作します．
　通常の「ニカド電池」や「ニッケル水素電池」で使用可能です．電池は1本ずつ放電させ，同時に4本まで放電できるようにしました．リチウム充電電池は使えません．
　今回は，電圧値をLCDへ表示して，途中経過をSDカードへ記録するようにしました．このようなモニタ機能が不要な場合は，それらを削除してシンプルに製作できます．

● 放電器の機器構成
　基本動作にはArduinoと放電用の負荷抵抗，放電を自動で止めるためのトランジスタによるスイッチング回路が必要です．また，SDカードへ記録する場合はSDカード・アダプタ，リアルタイムで電圧値を読みたい場合はLCDが必要です．Arduino互換機を使う場合，シリアル通信が不要なので，AVR部（P_1）ボードだけで製作できます（5V電源は別に必要）．

● 放電のためのスイッチング回路
　トランジスタによるスイッチング回路と負荷抵抗付近の回路例を図8-1に示します．この回路図は1系統分ですので，4本同時に放電させる場合は4組必要です．
　トランジスタのB（ベース）に電圧を印加するとC（コレクタ）とE（エミッタ）が導通して，電池と抵抗器

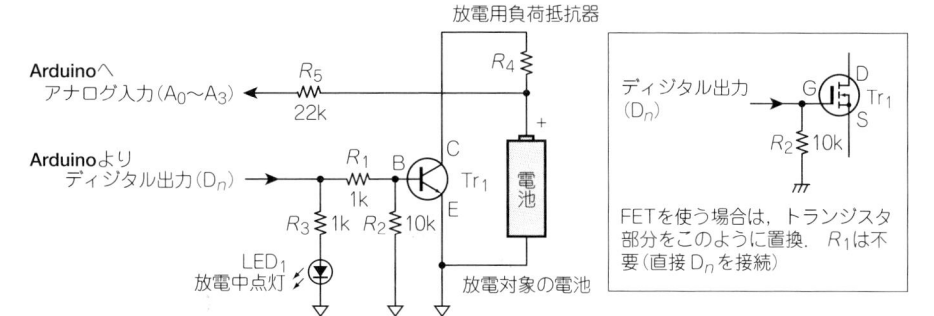

図8-1 放電器のスイッチング回路
トランジスタを使った電池1本分の放電回路を示す．トランジスタがONすると，電池の＋側が放電用負荷抵抗器を通してGNDに接続されて放電電流が流れる．放電終了時にトランジスタをOFFすると，電池の＋側はGNDから切り離されて放電が停止する．電池の＋極はArduinoのアナログ・ポートに接続して，A-D変換器で電圧を読み出し，放電終了のタイミングを判断する．トランジスタのB（ベース）側に付いているLEDは放電中という状態を示すもの．普通のトランジスタの代わりに電圧降下の少ないパワーMOSFETを使用する場合は同図の囲みように配線する．

R_4が直列に接続されて電流が流れます．トランジスタではなくMOSFETを使う場合はB-C-Eを順にG（ゲート）- D（ドレイン）- S（ソース）と読み替えてください．その場合，R_1は不要で，Gにディジタル・ポートを直結します．

放電中という状態を示すためにLEDを付けています．LEDが点灯中は放電中，LEDが消灯すると放電完了です．放電電流は最大で数百mA程度を想定しているので，トランジスタのコレクタ電流容量は余裕を見て500mA～1A程度あるとよいでしょう．2SK2961のような小型のパワーMOSFETを使ってもかまいません．

今回はトランジスタ・アレイTD62003を使って部品点数を減らしました．回路図など詳細は8-2項で説明します．なお，今回は使用していませんが，トランジスタ類の代わりにリレーを使ってもかまいません．

● **端子電圧の測定**

放電完了をモニタするため，電池の端子電圧を測定します．その測定に，ArduinoのA-Dコンバータを利用します．ニカド/ニッケル水素電池の端子電圧は高くても1.4V程度なので，最大2Vまで測定できるようにしました．リファレンス電圧は第7章でも使っているTL431で2.0Vを生成させて，ArduinoのAREF端子へ印加します．

A-Dコンバータの電圧変換係数を求めておくと，フルレンジで2Vとなるので，1ビットあたりの電圧は$2V \div 1024 = 1.953mV$です．

● **放電電流**

放電終了時の電圧を1.0V，放電量は0.1C，10時間程度で終了というように決めました．ここではエネループの単三タイプ（1900mAh）を使用します．1900mAhで0.1Cということは，1時間あたりの放電電流は190mAで10時間で放電終了となります．ただし，今回は放電電流は定電流制御にしていないため，電池の端子電圧が下がるにつれて放電電流も下がり，実際はそれよりも時間がかかりますが，すでに消費した状態から放電するとそのぶん早くなります．

Column…8-1　電池容量 'C' について

電池の容量を示すのに"C"という単位がよく使われます．これは電荷の量を表す 'C'（クーロン）とはまったく別もので，電池1個あたりの容量という意味で，セル（cell）ということのようです．

通常，電池の容量は電流と時間を掛けて"Ah"という単位で表しますが，この値が1Cとなります．注意が必要なのは，この1CのAh数は電池により変わるということです．

具体的には，1900mAhの電池では，1900mAhが1C，3000mAhの電池では3000mAhが1Cとなります．

従って0.1Cで充電する際の充電電流は，1900mAhの電池では190mAで10時間，3000mAhの電池では300mAで10時間という計算になります．

放電終了時に190mA流すように考えると，負荷抵抗器（図8-1のR_4）の抵抗値は$R = E/I = 1.0\text{V}/0.19\text{A} = 5.3\Omega$となります．開始時の電圧を1.2V，抵抗値を5Ωとすると，放電開始直後の最大電流は$I = E/R = 1.2\text{V}/5\Omega = 0.24\text{A}$となります．実際はスイッチング回路（トランジスタなど）により電圧がドロップするため，これより電流は少なくなります．

放電する電力は，負荷抵抗器の熱損失となります．抵抗器にかかる最大消費電力を計算しておくと，$P = IE = 1.2\text{V} \times 0.24\text{A} = 0.28\text{W}$，余裕をみて0.5～1Wあれば十分でしょう．この場合，10Ω 1/4Wの抵抗器を2本並列にして合成抵抗器5Ω 1/2Wとしてもかまいません．抵抗器が小さい場合は，許容電力内であっても放熱性が悪くなるため，熱くなるかもしれないので周囲に空間を取るとか実装に注意してください．

放電電流を多くすると，短時間に放電が完了しますが，標準的な電流で放電するのが，電池にも負担が少ないと思います．また，放電電流が大きいと，電池の内部抵抗による電圧低下も大きくなるため，放電不足になる可能性もあります．

8-2　放電器の製作

● 配線，接続図

制御部分の回路図を図8-2に示します．SDカード，LCD使用の有無により，適宜組み合わせてください．経過の電圧を測定する必要がない場合は，SDカードもLCDも不要です

図8-3は負荷抵抗，負荷切り離し回路周辺の回路図です．部品点数を減らすために東芝のトランジスタ・アレイTD62003を使っています．個別の回路は図8-1のトランジスタを使ったものと等価です．

図8-4はA-Dコンバータ用のリファレンス電圧生成回路です．TL431を使って2.5Vを生成し，それを半固定抵抗器で分圧して2.0Vを得ます．ディジタル・マルチメータなどで2.0Vを合わせてください．

本来，A_4とA_5はアナログ入力ポートですが，今回はディジタル入力に再設定して，スイッチ入力として使用しています．このために，専用ライブラリを用意してあります（詳細は後述）．内蔵プルアップを有効にしてあるため，外部へプルアップ抵抗器を付ける必要はありません．

● 使用した部品

Arduino，SDカード関係はこれまで説明してきたものと同じなので，それ以外で今回使用するおもな

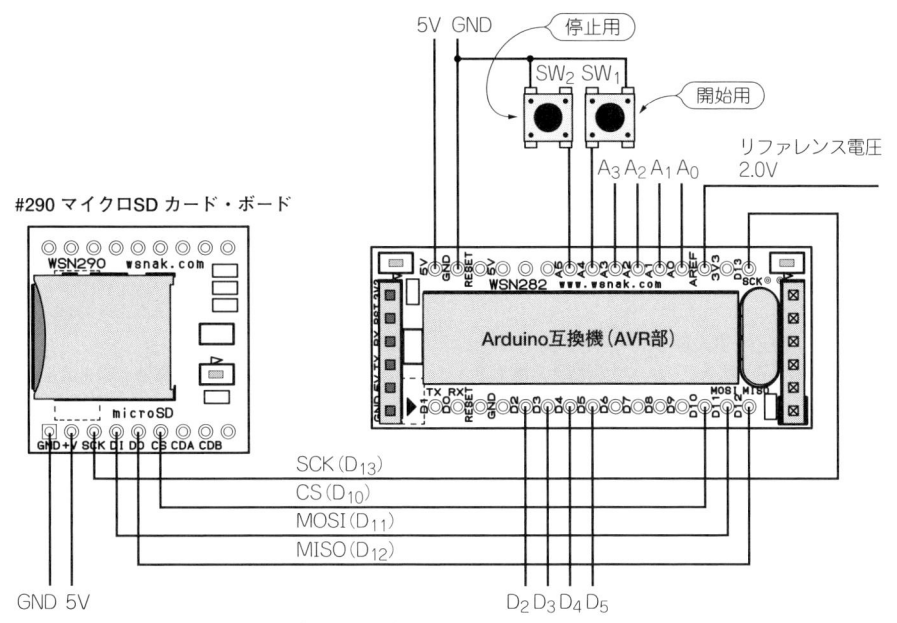

図8-2 放電器コントローラ部分の回路
4本同時放電式放電器の制御部分の回路図を示す．電池の端子電圧を測定するために，4本のアナログ入力（A_0〜A_3）を使用する．スイッチ入力にA_4，A_5を使用しているが，このポートはプログラムでプルアップ付きのディジタル入力ポートに設定している．途中経過を記録できるように，#290 SDカード・ボードを接続している．記録が不要な場合はこのボードは省略できる．

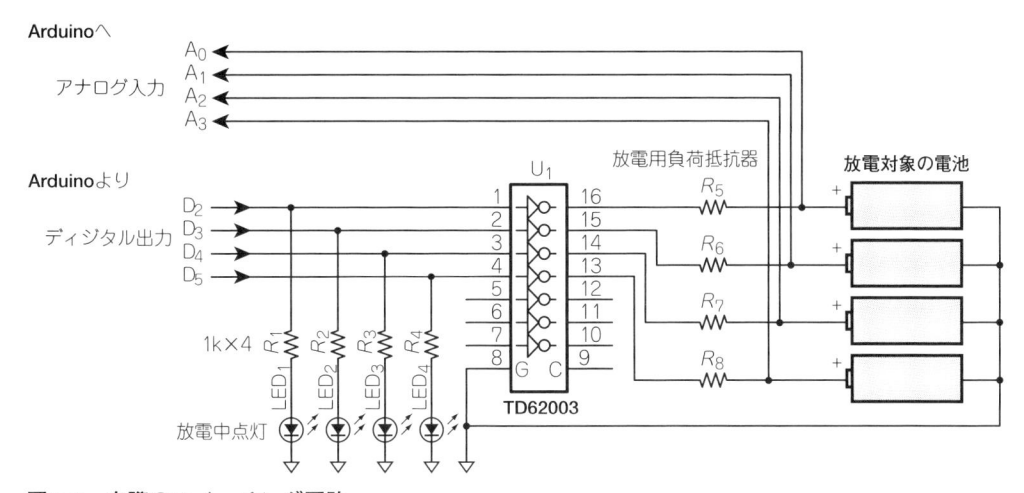

図8-3 実際のスイッチング回路
トランジスタ・アレイを使ったスイッチング回路．今回は個別のトランジスタを使う代わりにTD62003を使って製作してみた．チャネルごとの個別の回路は図8-1の回路と等価である．

部品について説明します．

　充電負荷の切り離し用に東芝のトランジスタ・アレイTD62003を使用しました．このICは1チャネルあたりのコレクタ電流が最大500mAですが，DIPタイプの場合でIC全体の最大許容損失は1.4W程度なの

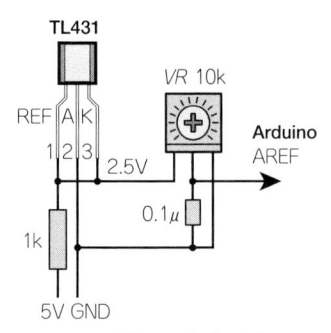

図8-4 リファレンス電圧の生成回路
A-Dコンバータのリファレンス電圧を作るための回路例を示す．シャント・レギュレータTL431で約2.5Vの電圧を生成させ，それをVRで分圧して2.0Vになるように調整しておく．製作例ではこの部分は#223Vrefボードを使用しているが，回路的には同じものである．

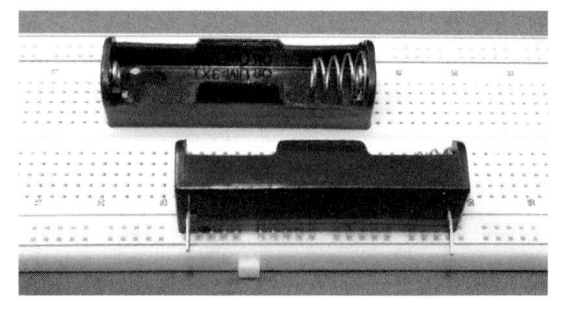

写真8-1 単三型電池ホルダ
今回放電器に使用した単三型電池ホルダのようす．リードがピン状になっているため，ブレッドボードに直接実装できる．

で，それを超えないように注意してください（マージンを考えて，実際は半分以下で使用）．

電池ホルダは**写真8-1**のようなリード線の付いたものが入手できたので，これを直接ブレッドボードにさしています．電池ごとに独立したものが必要なので，一般的な2本組，4本組のものは使用できません．4本付けるとなると，大きめのスペースが必要なので，ブレッドボードを一つ専用に当てて，**写真8-2**のように本体回路のボードと連結しています．

放電用の負荷抵抗器は前述のような条件で選定しますが，今回は手持ちの6.8Ω 1Wの抵抗器を使用しました．放電電流が大きくなる場合は，負荷抵抗器の許容電力，トランジスタの許容電流/電力に注意してください．抵抗器では，希望する抵抗値の2倍のものを2個並列に接続すると，電流が分散されるためトータルの許容電力が2倍になります（合成抵抗値は1/2）．同様に並列個数を増やして許容電力を稼ぐことができます．

長時間使用するものなので，余裕を多めにとったり，場合によっては放熱器を付けるなどの対策が必要です．

● 放電器の製作

今回もブレッドボードで製作しましたが，実用品にする場合は，ユニバーサル基板などを使ってちゃんとはんだ付けしたものを製作する必要があります．ブレッドボードだと，どうしても配線長が長くなってしまうので，特にアナログ回路ではノイズの影響などで，動作が安定しない場合があります．

測定中に配線に触れると，ジャンパとブレッドボードの接触状態が変わり，測定結果に影響する場合もあります．これはブレッドボードでは避けられないことです．とくに，GNDラインが弱いとアナログ測定が安定しないため，1か所だけで接続するのではなく，何本もケーブルを接続してGNDラインを太く補強したほうがよいでしょう．実際，**写真8-2**ではジャンパ・ワイヤでGNDを何か所かで接続してGNDラインのインピーダンスを下げています．このような配線で測定がかなり安定するようになりました．

ブレッドボードで製作する場合は配線間違いすることも多いと思いますので，電源や電池をつなぐ前によく配線を確認してください．とくに誤って電池を直接ショートさせないように注意してください．

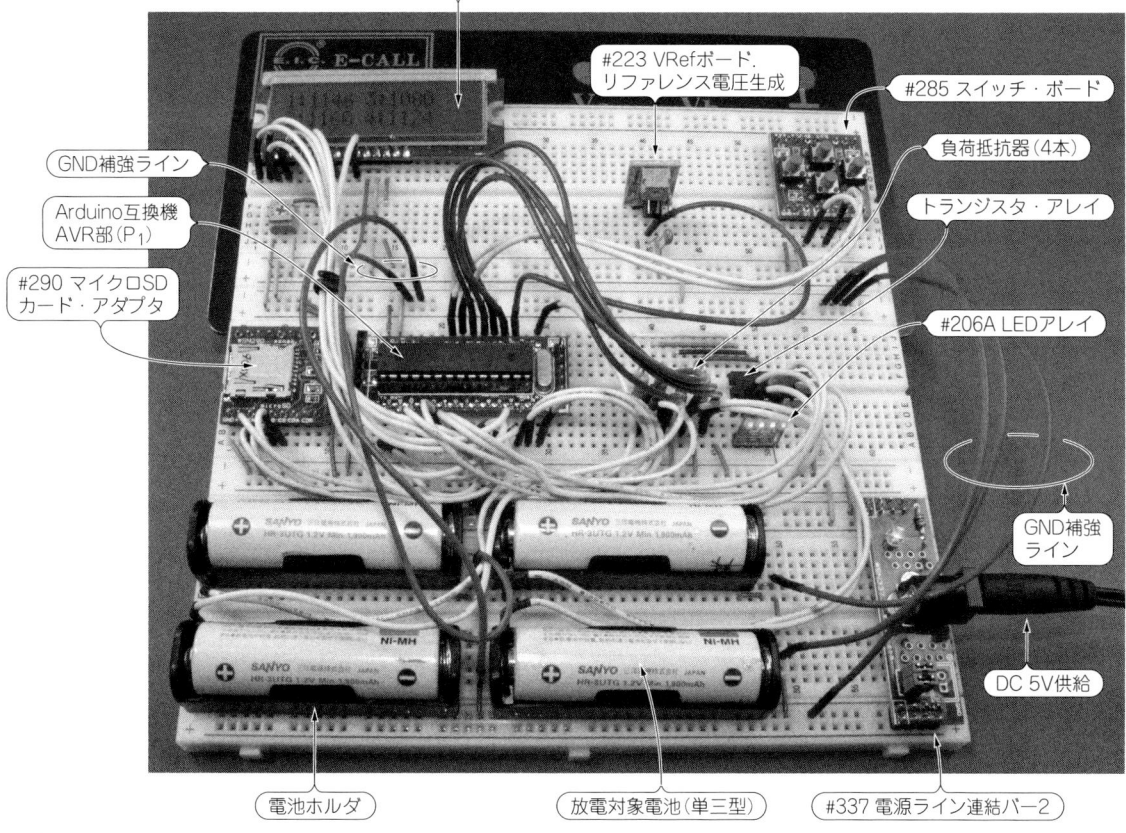

写真8-2 製作した4チャネル放電器
放電器の全体像を示す．電池ホルダがかさばるため，ブレッドボードを1枚割り当てている．放電中を示すLEDには#206A LEDアレイ・ボードを使って省スペース化している．アナログ入力を安定させるために，GNDのジャンパ・ワイヤを複線化してインピーダンスを下げている．GNDラインが弱いと電圧の読み取りが不安定になるので注意．

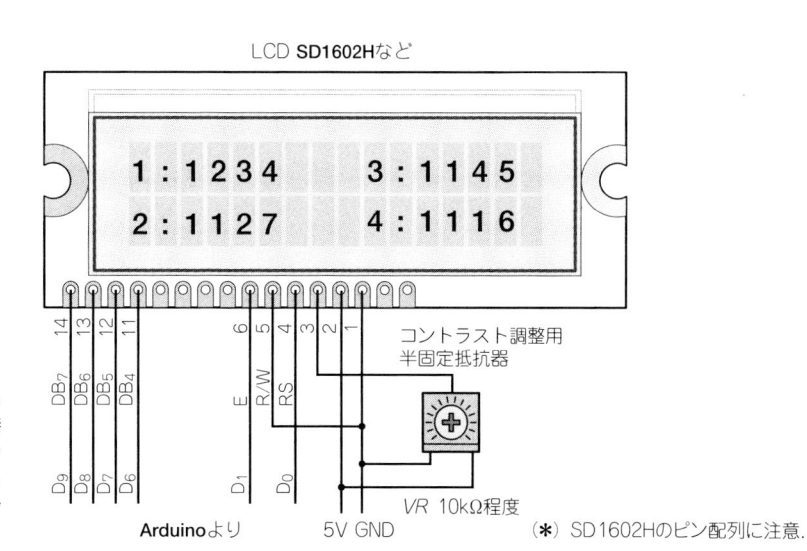

図8-5
LCDによる電圧表示回路
電池電圧をリアルタイムでモニタするためにLCDを付ける場合のLCDの接続図を示す．このLCDはオプションで，表示が不要な場合は省略できる．D_0，D_1を使っているため，シリアル通信は同時に使用できない．

(＊) SD1602Hのピン配列に注意．

8-2 放電器の製作

ニカド電池などは放電電流が大きいため，ショートさせるとダメージが大きく，最悪，電池が発火したり，破裂する可能性があります．

LCDを付ける場合は**図8-5**のようにします．この場合，D_0，D_1を使う関係でシリアル通信が利用できません．それ以外は配線が重複しないようにポートを割り付けてあります．

今回はシリアル通信は使用していませんが，LCDとシリアル通信を同時に使いたい場合は，第7章で紹介しているI^2C制御のLCDを使う方法があります．その場合，I^2CポートでA_4，A_5を使うため，スイッチはD_6～D_9のいずれかの2ポートに接続してください．スイッチ入力ドライバには自作ライブラリのw4Switchが使用できます．

LCDの制御に関しては，ライブラリのLiquidCrystalの代わりにWireとwI2cLcdを使い，初期化処理を少し修正すれば，本体プログラムは変更することなく，そのままI^2C制御でLCDが使用できます（手順などは第7章参照のこと）．

8-3 放電器のプログラミング

● プログラムの概要

基本動作は，アナログ入力の電圧を監視して，規定電圧に達したら，トランジスタをOFFにして放電を停止させるという簡単なものです．この動作を四つのアナログ入力に対して順次行います．

Arduino内蔵のA-Dコンバータを使い，2秒周期で4入力の電圧値を順次読み出して，それぞれのチャネルで放電を停止させるかどうか判定し，必要ならトランジスタをOFFして負荷抵抗器を切り離します．それ以外に用途に応じて，読み出した電圧値をSDカードへ保存したり，シリアル送信するなどの処理を行います．ここでは，SDカード＋LCD表示のプログラムを作成しましたが，適当に組み変えてください．

図8-5はLCDを接続する結線例ですが，D_0，D_1を使う場合はシリアル通信は使えません．スイッチ操作により，放電開始，停止を制御できるようにしています．

● スイッチ入力ドライバ

接続するデバイスの組み合わせによっては，ディジタル入力が不足するので，今回のアプリケーションでは未使用のアナログ入力ポートA_4，A_5をディジタル入力に再設定し，それをスイッチ入力とするドライバを作成しました．このドライバはw2SwitchA4A5という名称です．w4Switchとほぼ同じ使い方ができます．

スイッチ入力ハンドラを登録しておけば，スイッチが押されたときにそのハンドラがコールされます．

● プログラムの説明

これまで説明してきたことの組み合わせで，特に難しいところはないと思いますので，ポイントをかいつまんで説明します．

プログラム（未掲載，サポート・ページでダウンロードできる）の初めのほうで，DisChgOn1～4，DisChgOff1～4というマクロを定義していますが，これはトランジスタが接続されたポートをON/OFFさせるものです．放電開始時はDisChgOnX(Xは1～4)でトランジスタをONさせて負荷抵抗を電池に接続し，放電終了時はDisChgOffX(Xは1～4)でトランジスタをOFFさせて負荷抵抗を電池から切り離します．

リスト8-1 電圧読み出し，終了判定のスケッチ

```
// 電圧測定、停止判定
adval = analogRead(A0);   // 電圧のA-D変換値読み出し
ThTmp = adval * Factor;   // 電圧値に換算
val[0] = (int)ThTmp;      // 整数(mV)に変換
if(val[0] <= STOP_VOL) {  // 放電終了電圧判定
  DisChgOff1;             // 放電OFF
}
```

リスト8-1は1チャネル分の電圧を読み出して，電圧値へ変換する処理です．また，電圧を調べて1V以下の場合はトランジスタをOFFにします．これらの処理は1チャネル分ですので，2～4チャネルで同様の処理を順次実行します．A-D変換のリファレンス電圧は2.0Vにしているので，変換係数Factorは1.953mVになります．

読み出し，電圧判定の処理は2秒周期で実行されます．2秒の周期はライブラリwCtcTimer2Aで8ms周期を250回カウントすることで得ます．測定間隔を長くする場合はこの値を加減してください．

電圧値はsprintf()で文字列に変換します．あとは，この文字列をファイルへ書き込んだり，シリアルで送信したり，LCDへ表示させるだけです．

スイッチ1(SW_1)が押されたときは，ハンドラKeyProc()がコールされて，トランジスタをONにして放電を開始させます．このとき，放電中を示すフラグinDisChrgがTrueに設定されます．このフラグがTrueのときだけ，SDカードへデータを記録するようにしています．

スイッチ2(SW_2)が押されると同様にKeyProc()がコールされて放電を停止させます．このとき，inDisChrgフラグがFalseに設定されます．このスイッチは強制停止にも使用できますが，通常は放電が終了した後に，SDカードへの記録を停止させるのに使用します．

LCDへの表示は図8-5のようにしました．電池の並びにあわせてあります．記録中かどうかを示すLEDが付けられればよいのですが，ポートに空きがないため付いていません．放電が終わって，チャネルごとのLEDが消灯すると，記録しているかどうか判断できませんが，記録中は周期的にD_{13}に付いているオンボードのLEDとSDカード・ボード上のLEDがチカッと点灯するので，それで判断してください．

● 放電器の使用法

電池を接続するまえに，Arduino側に先に電源を入れるようにしてください．電源が入る前に入力ポートなどに電圧がかかるとICに良くありません．

電池を接続したあと，スイッチ1(SW_1)を押すと放電が始まり，LEDが点灯します．このときからSDカードへの記録が始まります．

放電終了電圧に達したら自動的に放電が停止し，LEDが消灯します．LEDが消灯後もSDカードへの記録は継続しています．それを止めるには，スイッチ2(SW_2)を押します．

電池を接続していないポートは入力が不定となり，でたらめな電圧値が表示されます．これを防ぐには，未使用のアナログ入力をGNDとショートさせるか，ダミー負荷として10kΩ程度の抵抗器でプルダウンしておきます．なお，このプルダウン抵抗器はほとんど電流が流れないため，電池を接続する場合もそのまま残しておいてかまいません．

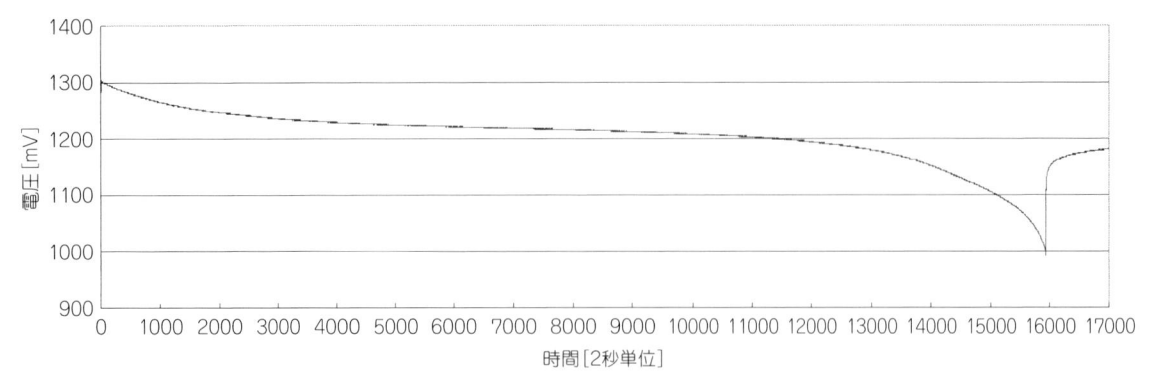

図8-6　放電特性グラフ
放電負荷のスイッチング回路にFETを使った場合の単三型エネループ1本分の放電特性を実測したグラフを示す．横軸は時間（2秒単位），縦軸は電圧（mV）を示す．電圧が急激に1000mVまで落ち込んでいるところが，放電の停止ポイント．そのあとすぐに回復しているのは，放電用負荷がなくなって電池に電流が流れなくなったため．

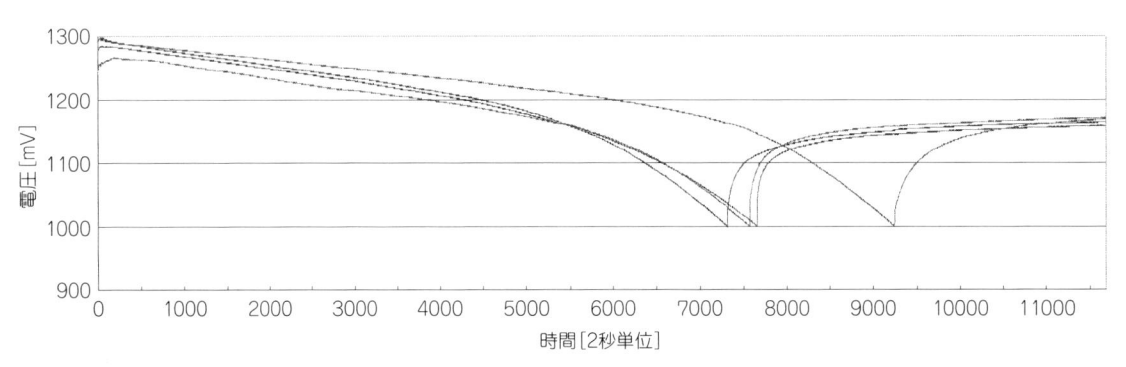

図8-7　放電特性グラフ（4チャネル同時）
放電負荷のスイッチング回路にトランジスタ・アレイを使って，単三型エネループ4本を同時に放電した際の放電特性グラフを示す．横軸は時間時間（2秒単位），縦軸は電圧（mV）．

● 実行結果

図8-6はスイッチングに小型のMOSFET（2SK2961）を使った1チャネルの試作回路で，負荷抵抗6.8Ωで単三型エネループ（公称1900mAh）を放電したときのグラフです．縦軸は電圧で単位はmV，横軸は経過時間で単位は2秒です．このグラフより，放電時間は約8.9時間でした．

時間とともに電圧が低下し，いったん1Vに達した後に電圧が回復していますが，これはこの時点でMOSFETがOFFして負荷抵抗が切断され，電流が流れなくなったためです（負荷がつながった状態では電流が流れるため，電池の内部抵抗で電圧がドロップしている）．

図8-7はスイッチングにトランジスタ・アレイ（TD62003）を使った4チャネルの回路で単三型エネループ4本を同時に放電させたものです．トランジスタの場合，C-E間で生じる電圧降下（実測値で約0.8V）がMOSFETのD-S間の電圧降下より大きいため，同じ負荷抵抗でも，放電電流が少なくなります．放電時間が長くなるので，負荷抵抗値をもう少し小さくして，電流を多くしたほうがよいでしょう．

参考までに，フル充電のエネループ4本を同時に放電させて30分後にトランジスタ・アレイなどの温度

を測定してみました．室温は32℃で，TD62003の表面温度34℃，6.8Ω抵抗器の表面温度37℃で，手で触れるとほんのり暖かいと感じるかどうかという程度です．

その時点での6.8Ω抵抗器の端子電圧は0.4V程度でした．電流値を計算してみると，

$I = E/R = 0.4V/6.8Ω = 58mA$

と，手持ちの抵抗器を使ったこともあり，当初予定していた設計値よりかなり少なくなってしまいました．

Appendix A
各種Arduinoの大きさ比較

市販のArduinoと，本書で製作したArduino互換機の各大きさを図Aに比較しました．

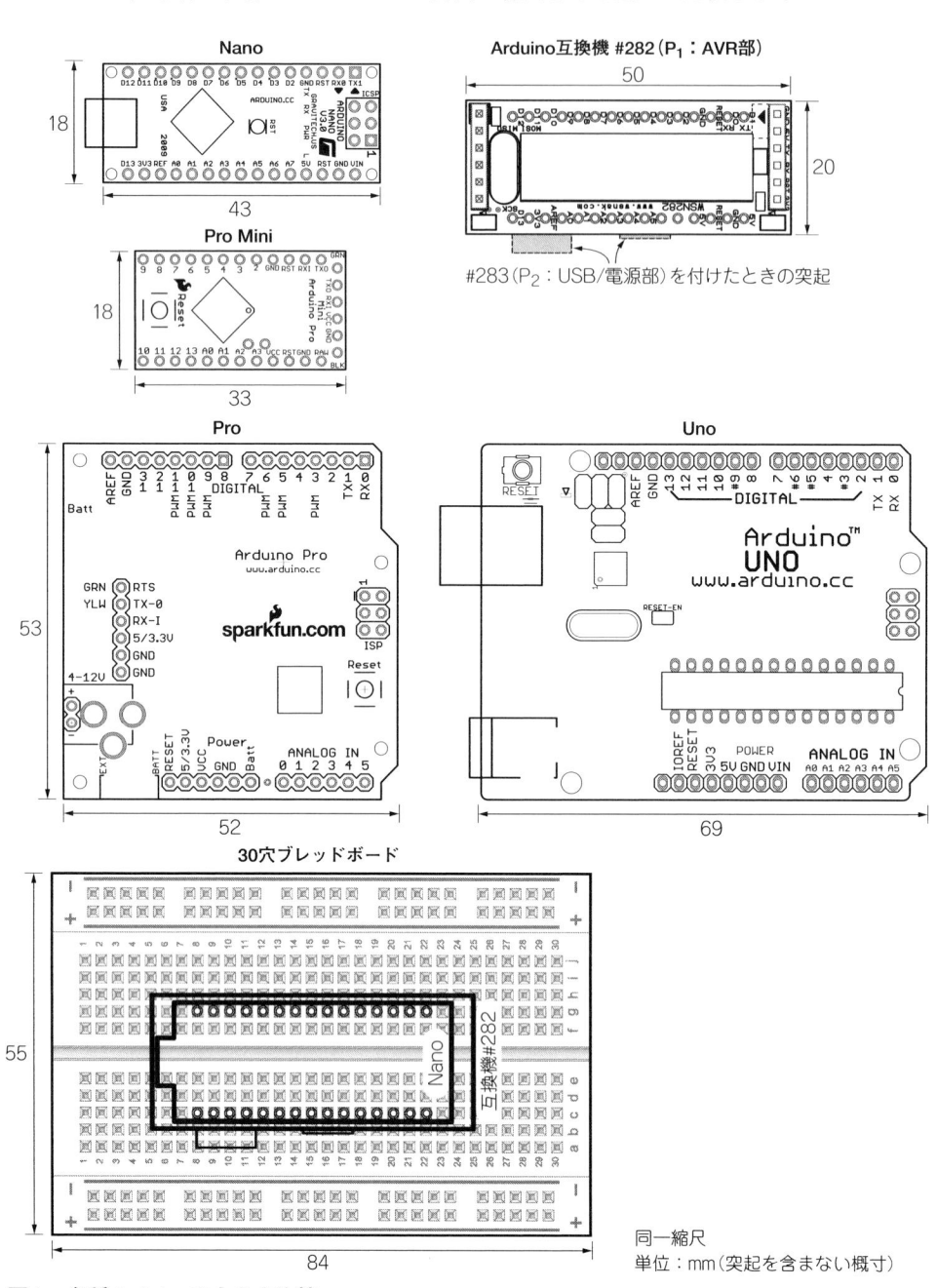

図A 各種Arduinoの大きさ比較

同一縮尺
単位：mm（突起を含まない概寸）

Appendix B
Arduino IDEバージョン1.0.1の画面周り

　原稿執筆時のArduino IDE の最新バージョンは1.0.1 です．このバージョンではマルチランゲージ化されていて，メニューなどが日本語で表示できます．IDE 下側のインフォメーション表示領域も日本語化され，文字が大きくなって見やすくなっています．

　そのほか，コンパイルの際，変更のあったファイルだけコンパイルするなど，パフォーマンス向上が図られているようです．

　日本語化されたIDEのスクリーン・キャプチャ画像を図B，図Cに示します．

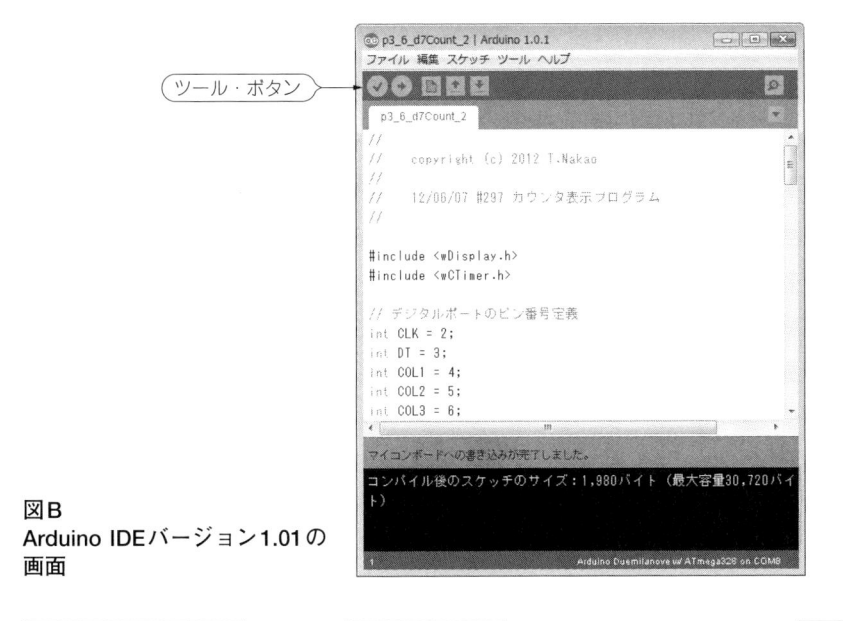

図B
Arduino IDEバージョン1.01の画面

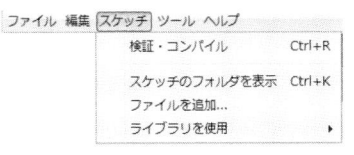

図C　Arduino IDEバージョン1.01の各種メニュー

ツール・メニュー（マイコンボード）

```
ファイル 編集 スケッチ [ツール] ヘルプ
              自動整形                  Ctrl+T
              スケッチをアーカイブする
              エンコーディングを修正
              シリアルモニタ            Ctrl+Shift+M
           ▶  マイコンボード          ▶   ● Arduino Uno
              シリアルポート          ▶     Arduino Duemilanove w/ ATmega328
              書込装置                ▶     Arduino Diecimila or Duemilanove w/ ATmega168
              ブートローダを書き込む          Arduino Nano w/ ATmega328
                                             Arduino Nano w/ ATmega168
                                             Arduino Mega 2560 or Mega ADK
                                             Arduino Mega (ATmega1280)
                                             Arduino Leonardo
                                             Arduino Mini w/ ATmega328
                                             Arduino Mini w/ ATmega168
                                             Arduino Ethernet
                                             Arduino Fio
                                             Arduino BT w/ ATmega328
                                             Arduino BT w/ ATmega168
                                             LilyPad Arduino w/ ATmega328
                                             LilyPad Arduino w/ ATmega168
                                             Arduino Pro or Pro Mini (5V, 16 MHz) w/ ATmega328
                                             Arduino Pro or Pro Mini (5V, 16 MHz) w/ ATmega168
                                             Arduino Pro or Pro Mini (3.3V, 8 MHz) w/ ATmega328
                                             Arduino Pro or Pro Mini (3.3V, 8 MHz) w/ ATmega168
                                             Arduino NG or older w/ ATmega168
                                             Arduino NG or older w/ ATmega8
```

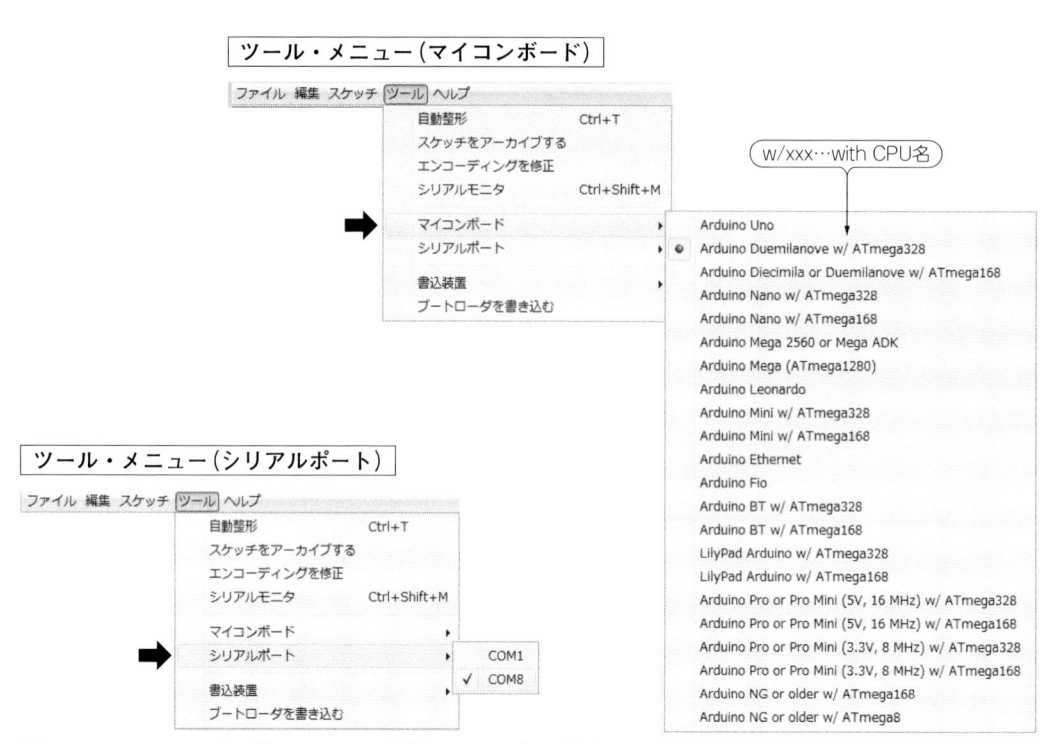

（w/xxx…with CPU名）

ツール・メニュー（シリアルポート）

```
ファイル 編集 スケッチ [ツール] ヘルプ
              自動整形                  Ctrl+T
              スケッチをアーカイブする
              エンコーディングを修正
              シリアルモニタ            Ctrl+Shift+M
              マイコンボード          ▶
           ▶  シリアルポート          ▶     COM1
              書込装置                ▶   ✓ COM8
              ブートローダを書き込む
```

図C　Arduino IDEバージョン1.01の各種メニュー（つづき）

Appendix C
基板製作までの手順

　昔は自分で基板を作る際は，銅箔の付いたベークやエポキシの生基板上に，パターンやランドを油性マジックやマスキング・テープで直接描き，それをエッチング液に浸してパターンを作成し，小径ドリルで穴を空ける，というようにして基板を製作していました．しかし，手間がかかるのと，大量には作れないこと，また，エッチング液の廃液処理など面倒なこともあり，いまではまったくやらなくなりました．

　現在ではレジスト(保護膜．一般に緑色や赤色をしている)の付いた，ちゃんとしたプリント基板の製造が比較的安価にインターネット上で製造依頼できるので，プリント基板が必要なときは，もっぱらそれを利用しています．

　ここでは筆者が基板を設計して，業者に発注するまでの大まかな手順などを簡単に紹介します．

● 大まかな工程

　筆者が基板を製造する際の過程を簡単に説明します．大まかには，次のような手順になります．

　　(1) 電気回路の設計
　　(2) 基板パターンの設計
　　(3) 基板製造業者へ発注

　設計ツールには，電気回路用のCADと基板パターン設計用のCADを利用します．EAGLEというCADソフトのように回路，基板パターン両方の設計機能をもつCADもありますが，ここでは筆者が長年使用している，D2 CADとCADLUS Xという二つのCADを使った例で説明します．次項より順に説明します．

● 電気回路の設計

　筆者は回路設計にシェアウェアの D2 CADという電気CADを利用しています．たしか，5000円ぐらいでした．**図D**のような外観です．CADにもいろいろありますが，最初に使い始めたのがこのCADで，使い込んでいるうちに，自作のライブラリも増えて，現在では何も考えずにさくさく使えるので，なくてはならないものになっています．

　設計の手順は，まず使用する部品を配置して，部品同士のピンをラインで接続します．ラインは始点と終点をクリックすることで引けます．直線または折れ線で部品のピン同士をつないでいきます．

　始点，終点はグリッドにスナップされるので，位置ずれは起きにくくなっています．**図E**はライン引きの途中のものです．

　部品には参照名(R1とかC1)などが必要です．部品配置時は未定義なので，一通り回路図が書けたら，番号が重複しないように参照名を振ります．自動でも振り付けできますが，自分で順序を決めたい場合は手動で振ります．**図D**は参照名を付けて，コメントなどを書き足し，完成した状態の画面の例です．

　回路図が完成したら，コンパイルしてネット・リストを生成します．これにより**リストA**のようなネット・リストが生成されます．参照名が重複しているなど回路図に問題がある場合は，ログ・ファイルにそれが表示されるため，修正してコンパイルし直します．

　ネット・リストとは，部品同士のどのピンがどこに接続されているかを示す，接続情報が書かれたテキスト・ファイルです．このネット・リストは，次に述べるパターン設計CADで使用します．

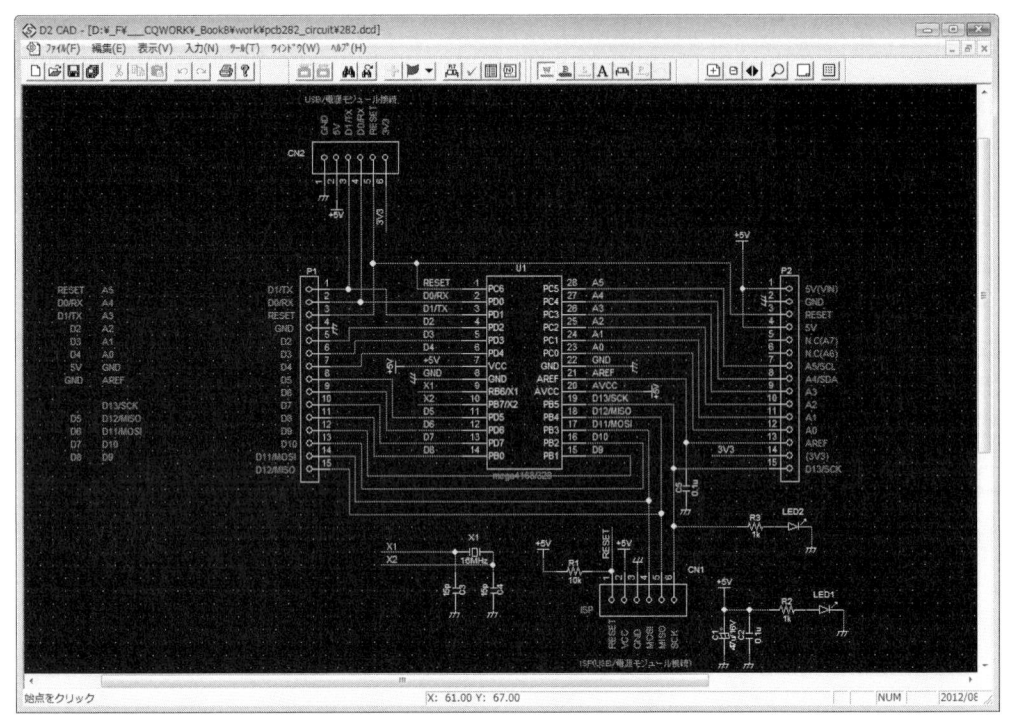

図D　回路設計に使っているD2 CADという電気CADで回路を引き終えたところ

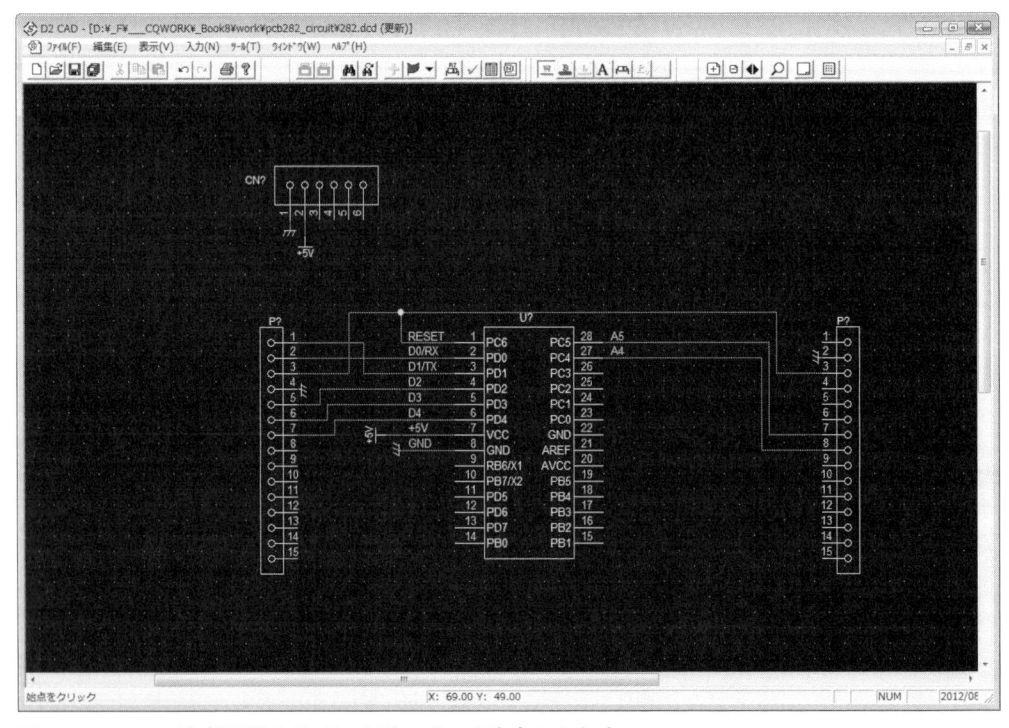

図E　D2 CADで各部品間のラインを引いている途中のようす

リストA　ネット・リスト(抜粋)

```
$CCF
{
  NET {
            +5V : C1(1) , C2(2) , CN1(2) , CN2(2) , P2(1) ,
                  P2(4) , R1(2) , R2(2) , U1(7) , U1(20) ;
            GND : C1(2) , C2(1) , C3(2) , C4(2) , C5(1) ,
                  CN1(3) , CN2(1) , LED1(2) , LED2(2) , P1(4) ,
                  P2(2) , U1(8) , U1(22) ;
             X1 : C3(1) , U1(9) , X1(1) ;
             X2 : C4(1) , U1(10) , X1(2) ;
           AREF : C5(2) , P2(13) , U1(21) ;
    (中略)
             A3 : P2(9) , U1(26) ;
             A2 : P2(10) , U1(25) ;
             A1 : P2(11) , U1(24) ;
             A0 : P2(12) , U1(23) ;
      }
}
```

● 基板パターンの設計

　基板パターンの設計には，基板製造業者のP板.com［(株)インフロー］が無償提供しているCADLUS Xというパターン設計用CADソフトを使っています．CADソフトは通常購入すると，数十万から数百万円はしますが，機能に制限はあるものの，このようなCADが無料で使えるようになったので基板設計の敷居がかなり低くなりました．

　昔は業者に設計製造を依頼すると，簡単なものでも数十万円はかかっていましたので，自分で設計できればすごくコストダウンになります．このCADLUS Xで作った基板データは，そのままP板.comに渡せるため発注も簡単です．

　次より手順を簡単に説明します．

　まず，図Fのように基板の大きさを決めて外形線を描きます．部品の数や配置によっては収まらない場合や無駄なスペースができることもあるので，その場合はあとから調整することもあります．

　次にライブラリから部品を読み込んで，図Gのように部品を配置します．ここがアートワークで一番楽しいところです．基板内に部品が収まるように部品を並べていきます．どうしても収まらないときは基板の大きさを調整します．

　部品の配置直後は部品の参照名C1，R1などは未定義ですが，電気CADで作成したネット・リストを先に読み込んでおくと，参照名を付けながら配置できます（あとから定義することも可能）．

　部品ライブラリは，最初の頃はCADに付随のものを利用していましたが，ライブラリにないものや使い難いものは自作しています．長年使っているとこのような自作部品が増えてきて，ほかのCADに乗り換えるということがなかなかできなくなります．

　部品を配置し終わったあとはいよいよライン引きです．ネット・リストの読み込みや全部品の参照名の定義は，先に済ませておく必要があります．

　基本的には，始点と終点をクリックして折れ線でパターンを引きます．EAGLEのように自動配線機能の付いたCADもありますが，楽である反面，どうも思ったように引けなかったので，筆者はあまり好き

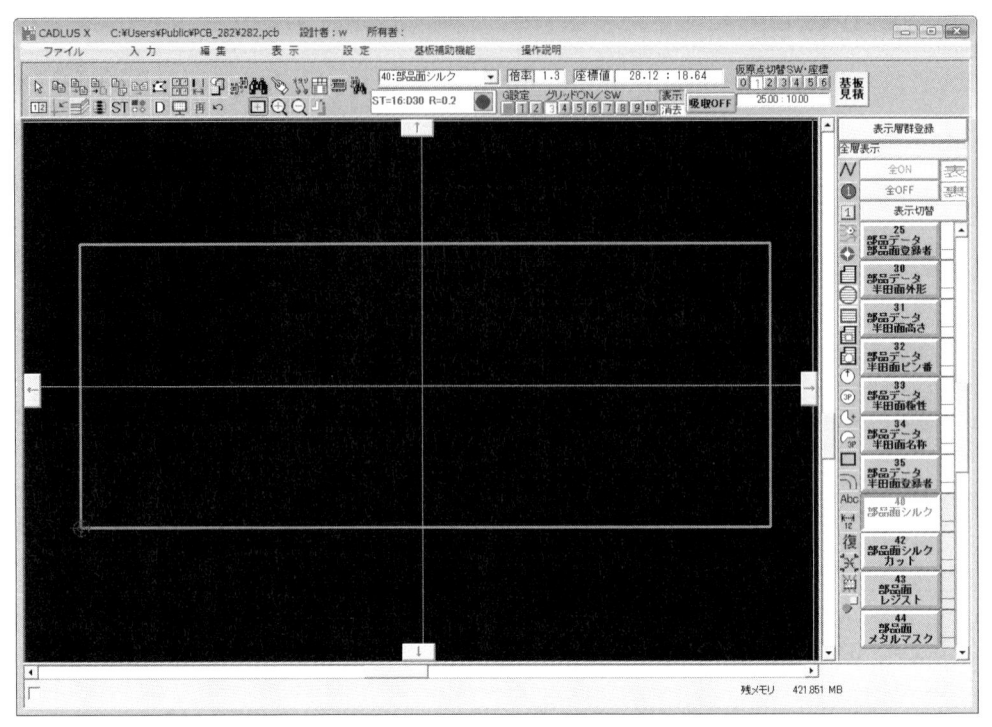

図F　CADLUS Xというパターン設計用CADソフトで，最初に基板の外形線を描いたところ

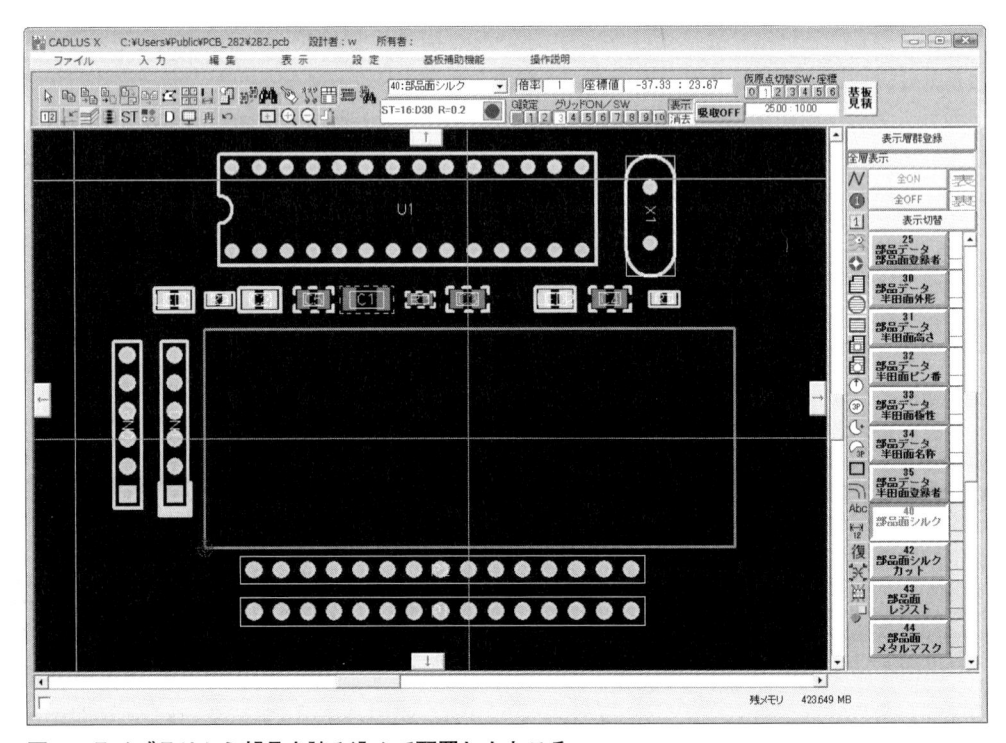

図G　ライブラリから部品を読み込んで配置したところ

Appendix C　基板製作までの手順

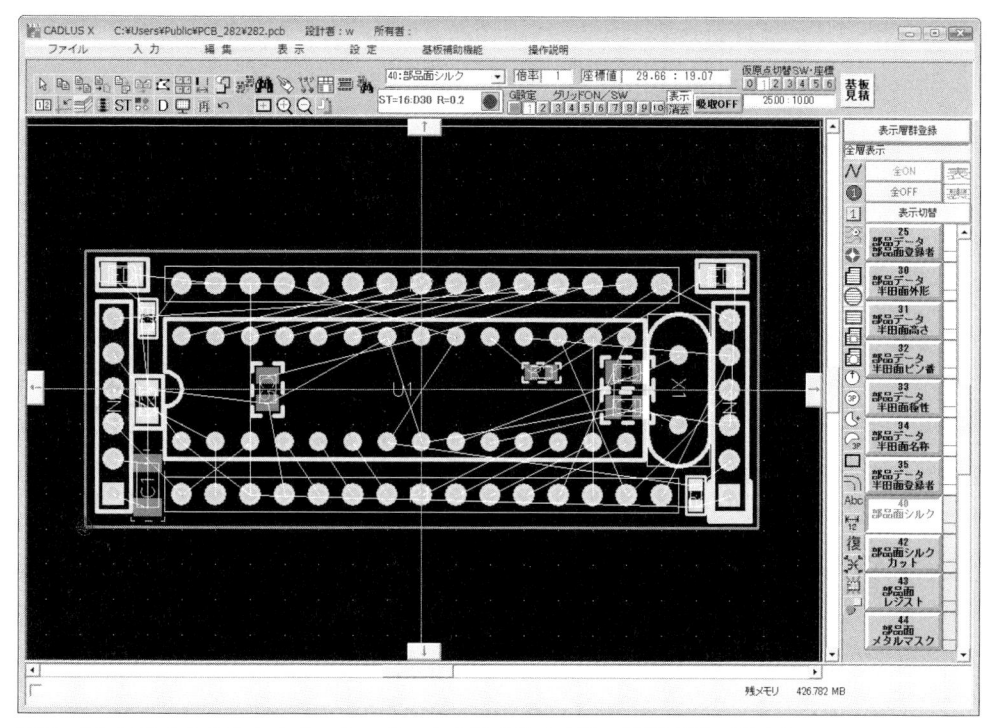

図H　D2 CADから出力したネット・リストを読み込んだ後，配線経路が示される

ではありません．もっぱら手作業で引いています．

　ネット・リストを読み込んだあとは図Hのように部品間に最短の配線経路が表示されます．これを頼りに折れ線で信号ラインを描いていくわけですが，DRC（デザイン・ルール・チェック）という機能を使うと，ネット・リストでつながっていないところには接続できないとか，ほかのパターンやランド上にまたがってラインが引けないとか，パターン，ランド間で規定クリアランスを満たしていないとラインが引けない，などの規制がかかり，変なラインを誤って引いてしまうことがないようになっています．従って，ちゃんと引けたラインは回路図どおりで誤配線の心配はないということです．

　両面基板の場合は，右クリックか左クリックかで，表裏どちらにラインを引くかが指定できます．ラインの途中で表裏を切り替えると，その点でビア（二つの面をショートするためのスルーホール）が自動で生成されます．

　図Iは途中経過のものです．このようにライン引きを繰り返して，全配線を結線します．最後の1～2本がなかなか引けない，ということもよくありますが，そのような場合はパターンを引く面を変えたり，ラインの経路や部品の配置を変えたりしてトライします．この作業はパズルのようなもので，最後のラインが引けたときは快感です．

　ラインが一通り引けたら，ラインの太さを調整します．たとえば電源やGNDラインは太くするとか，信号ラインはもっと細くするという具合に調整します．

　ラインを太くすると，パターン，ライン間のクリアランスが少なくなって，DRCエラーとなることがあります．この場合は経路を変えたり，部品を動かしたりして通るように修正します．

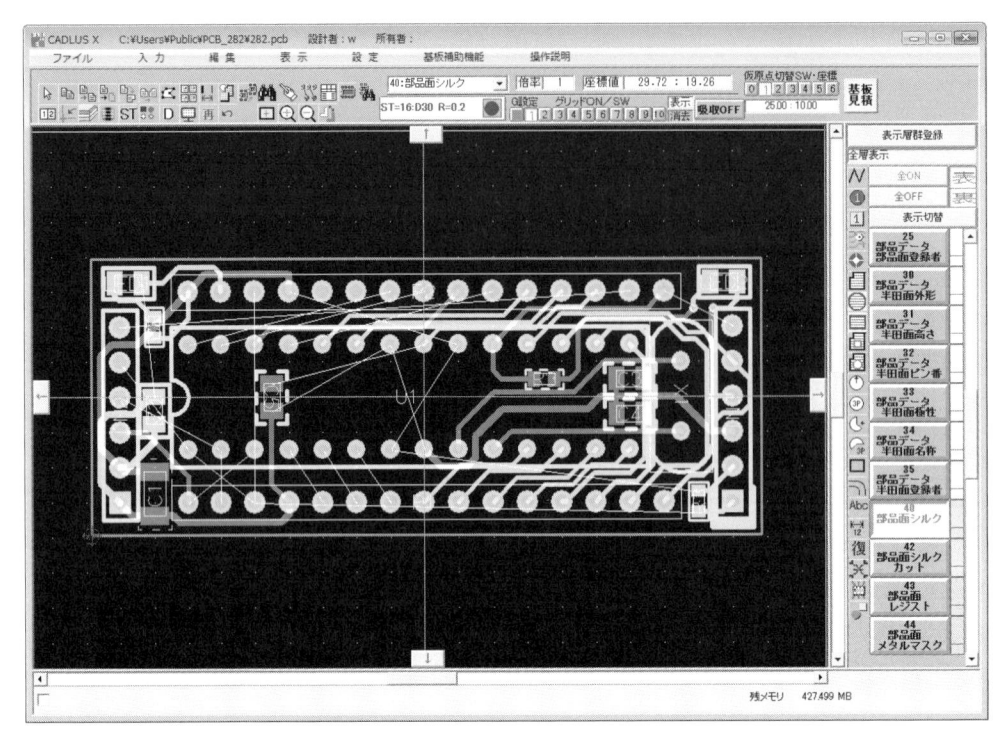

図I　部品間のラインを手作業で引いていく

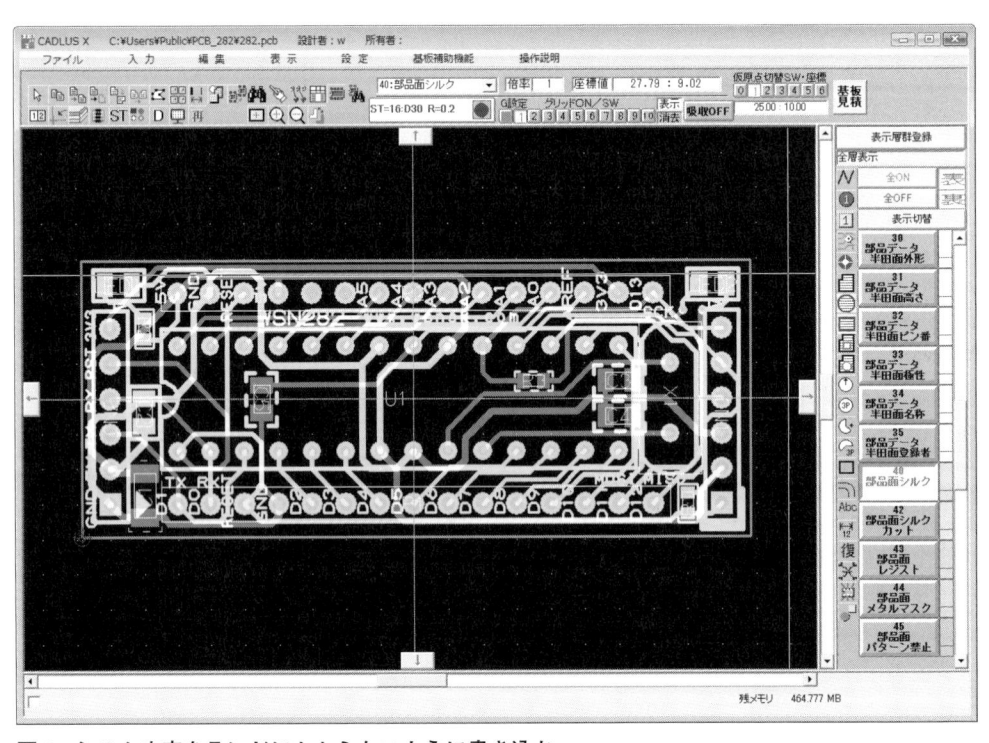

図J　シルク文字をランドにかからないように書き込む

Appendix C　基板製作までの手順

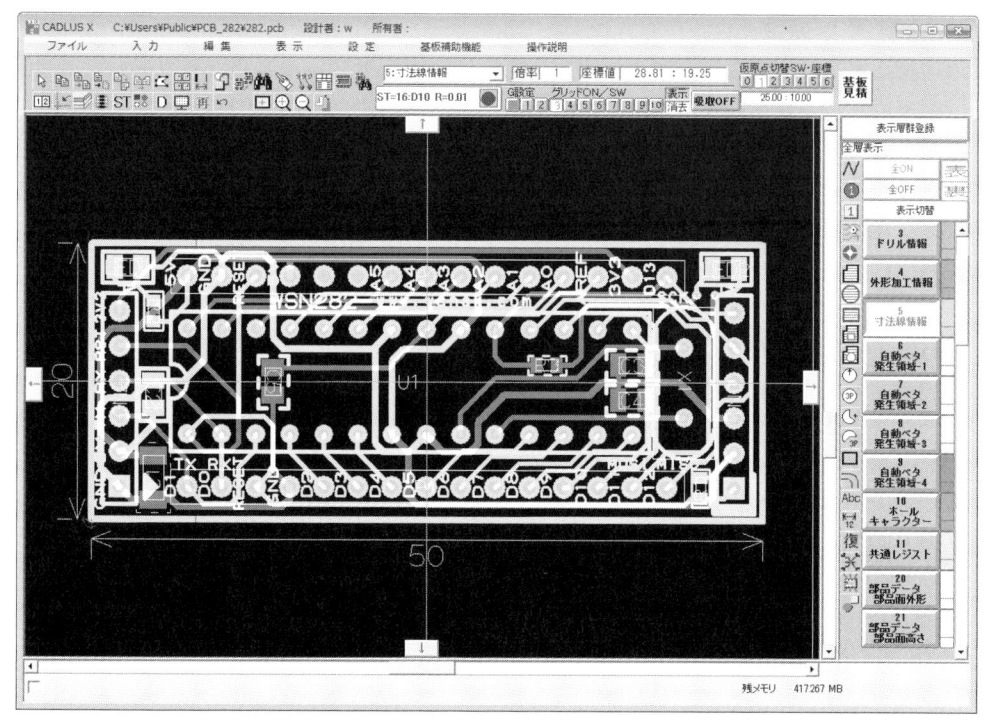

図K　基板の外形線や寸法線を指定のレイヤに書き込む

　次に，図Jのようにシルク文字を書き込みます．シルクはランドにかからないように注意して，大きさや向きを考慮して書き込みます．

　一通り終わったら，一括DRCチェックと逆ネット・リスト・チェックでクリアランスのチェックとネット・リスト通りに配線ができているかのチェックを行います．

　作業の都合上，DRCを一時的に切ってラインを引く場合がありますが，その場合，クリアランスが少なくなったり，踏んではいけないラインやランド上にラインを誤って引いてしまうことがあります．そのような不適切な所は，一括DRCチェックと逆ネット・リスト・チェックで見つけることができます．見つけたら修正します．

　このような補助機能のおかげで，回路図と違った基板ができることはありません．ただ，部品同士のクリアランスが少なくて実際に部品が乗らないとか，穴が小さすぎて部品のピンが入らない，というような不具合は起こる可能性があるので，そのあたりに注意が必要なところです．

　その後，基板発注の際のルールに従って，図Kのように基板外形線や寸法線などを指定のレイヤに書き込みます．

　最後にCADLUS X独自の圧縮形式で保存すると，そのファイルがそのまま発注時のデータ・ファイルになります．基板製造に必要な外形線データやランド径，穴径のデータなど一式がこの圧縮ファイルに含まれているため，P板.comへはこの圧縮ファイルだけ渡せばことは足ります．通常，基板製造時に必須のガーバデータも不要です（そもそも，CUDLUS Xでは無償版の機能制限によりガーバデータは出力できない）．

Appendix C　基板製作までの手順　**211**

● 基板製造業者へ発注

　発注はあらかじめユーザ登録が必要ですが，P板.comのWebサイトの見積もりフォームより，基板サイズ，製造枚数などの条件を設定して仮見積もり書を自動作成し，そのまま注文ページに進んで，先ほどの圧縮ファイルを送信すれば，注文が完了します．

　データに不備がある場合は，P板.comから連絡があるので，それを修正して再提出します．あとは，基板が製造されて来るのを待つだけです．製造日数によっても製造費は変わりますが，一番安価なコースで1週間〜10日ぐらいでできあがります．

● 基板製造コストについて

　安価に製造できるとはいっても，100×100mmの両面基板を6枚ほど製造すると，基板の製造費だけで数万円かかり，1枚あたり4〜5千円になってしまいます（1枚でも6枚でも製造費は変わらない）．そこで筆者は，面付けといって大きな1枚の基板に複数の基板を配置して製造し，後から切断して使用することで，面積あたりの単価を下げるようにしています．基板が大きくなると，その分高額になりますが，面付けされた個々の基板単体では割安になります．どちらにしてもたくさん作らないと単価は下がらないのですが．

　仕事の関係上，特注で製造依頼を受けた場合は，コスト高承知で単品基板を5〜10枚ほど製造することもよくあります．基板製造は20枚，50枚と製造枚数が多くなるほど1枚あたりの単価は下がるため，一度にたくさん製造するほど割安になります．

　最低でも数万円かかるうえ，失敗のリスクを考えると，なかなかホビーで利用するには敷居が高いと思いますが，機会があったら挑戦してみるのもよいでしょう．

Appendix D
アダプタ基板の回路図

● #206B LEDアレイ

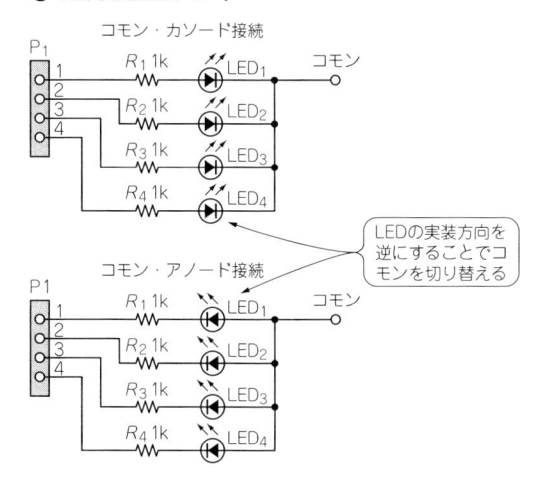

● #285 スイッチ・ボード

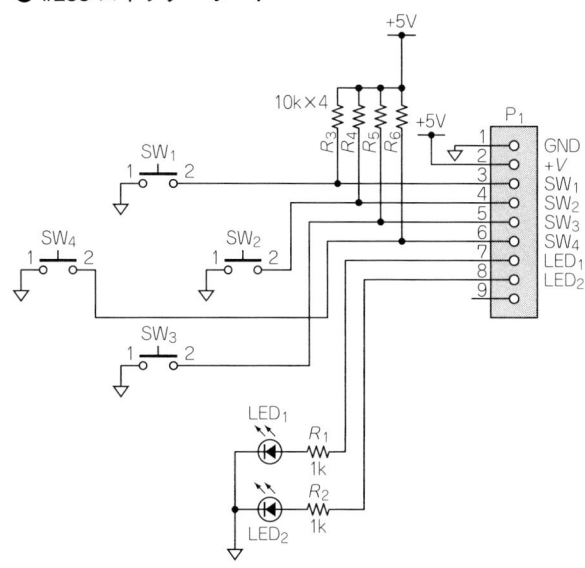

● #234 LCD BB 直結ボード

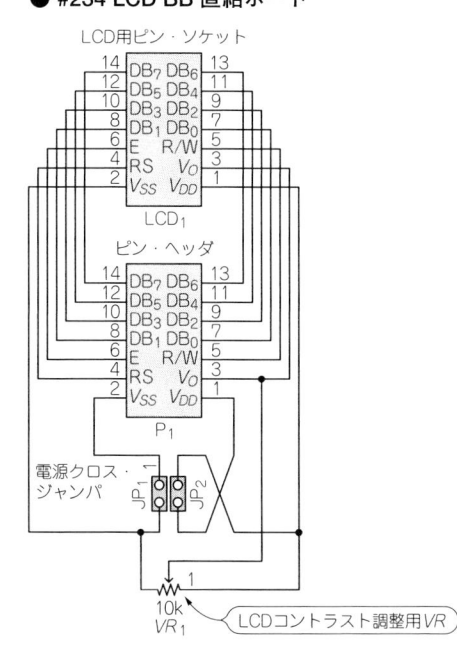

● #337 電源ライン連結バー2

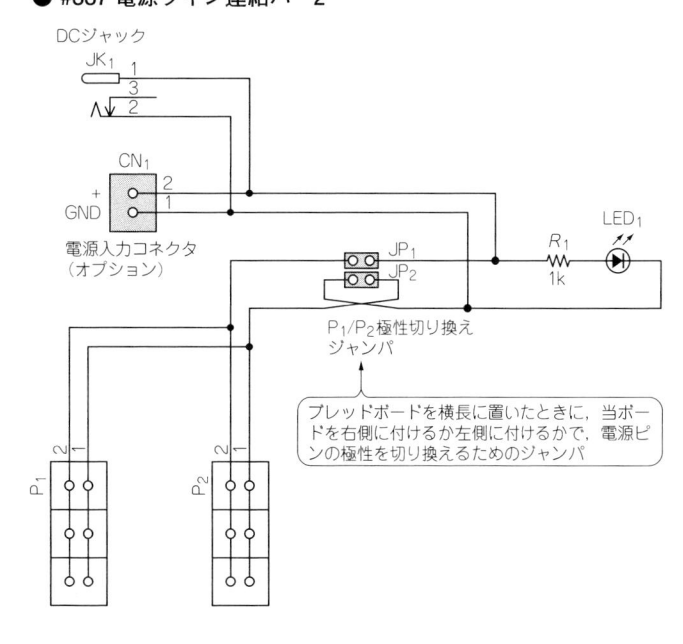

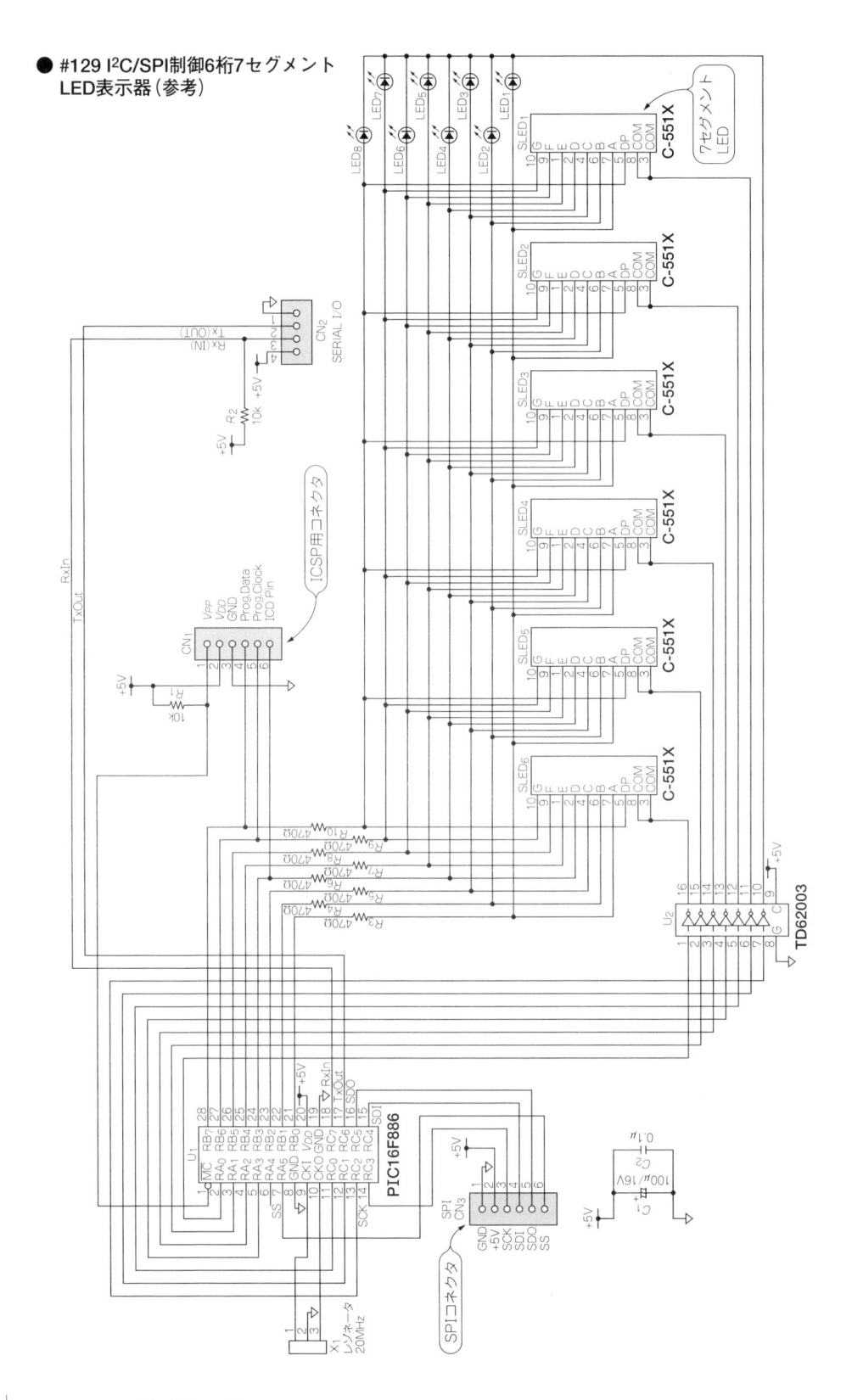

● #129 I²C/SPI制御6桁7セグメント
　LED表示器（参考）

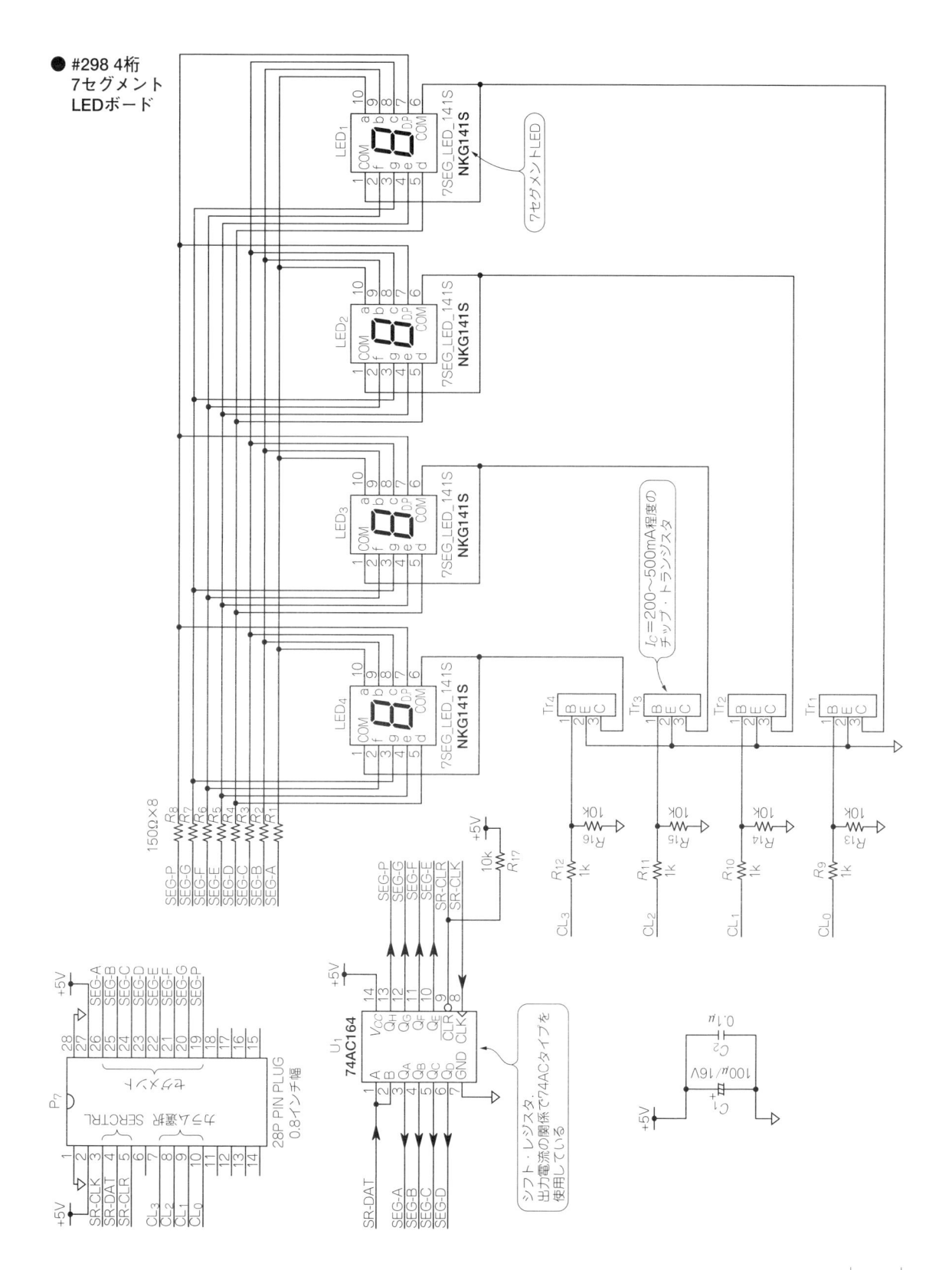

● #298 4桁7セグメントLEDボード

Appendix D　アダプタ基板の回路図

● #290 マイクロSDカード・ボード

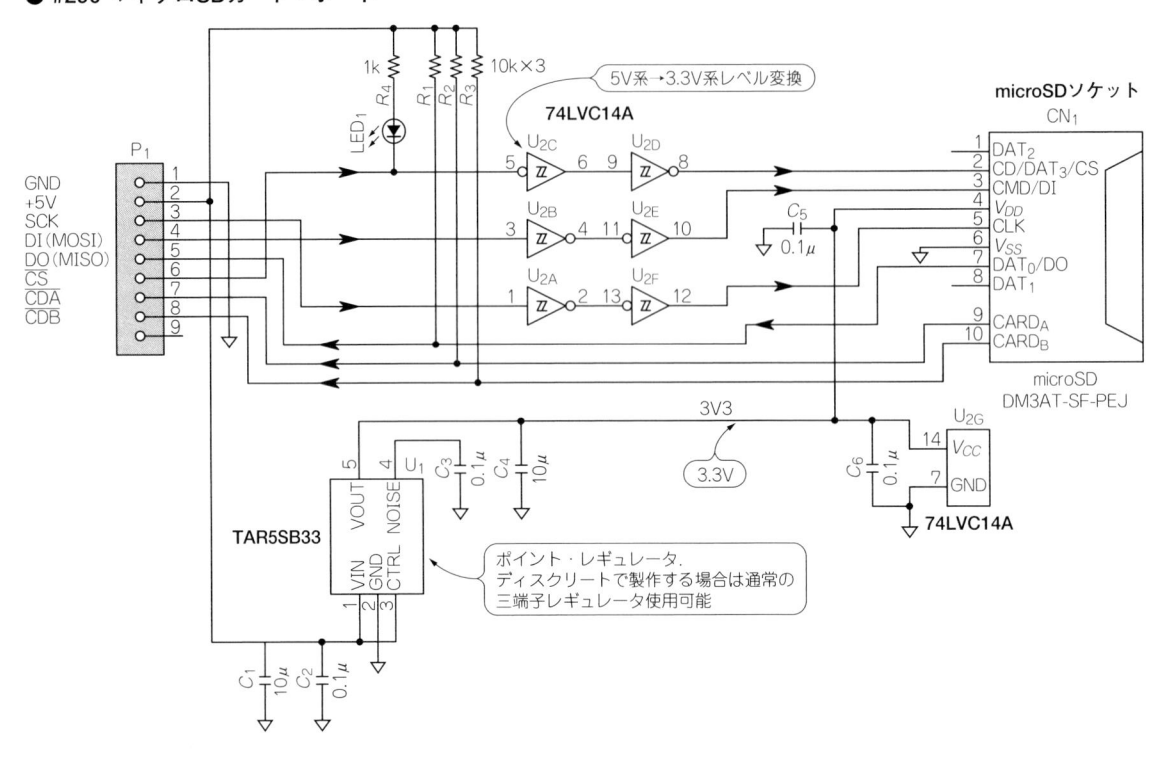

● #296 バーLEDボード

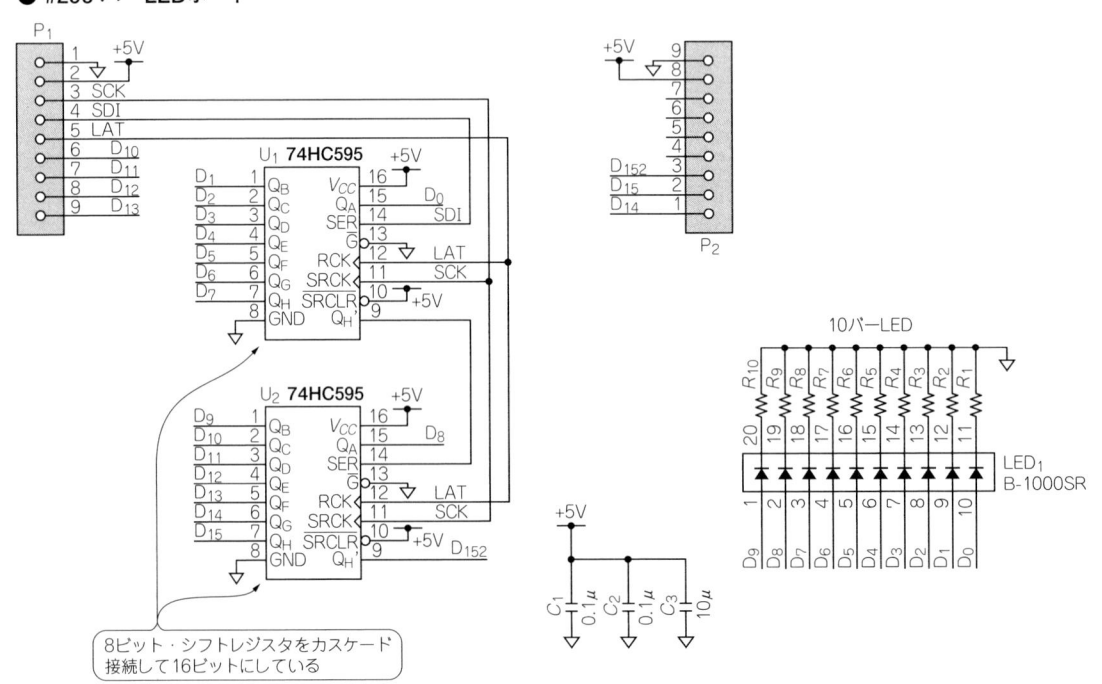

8ビット・シフトレジスタをカスケード接続して16ビットにしている

● #292 CANボード

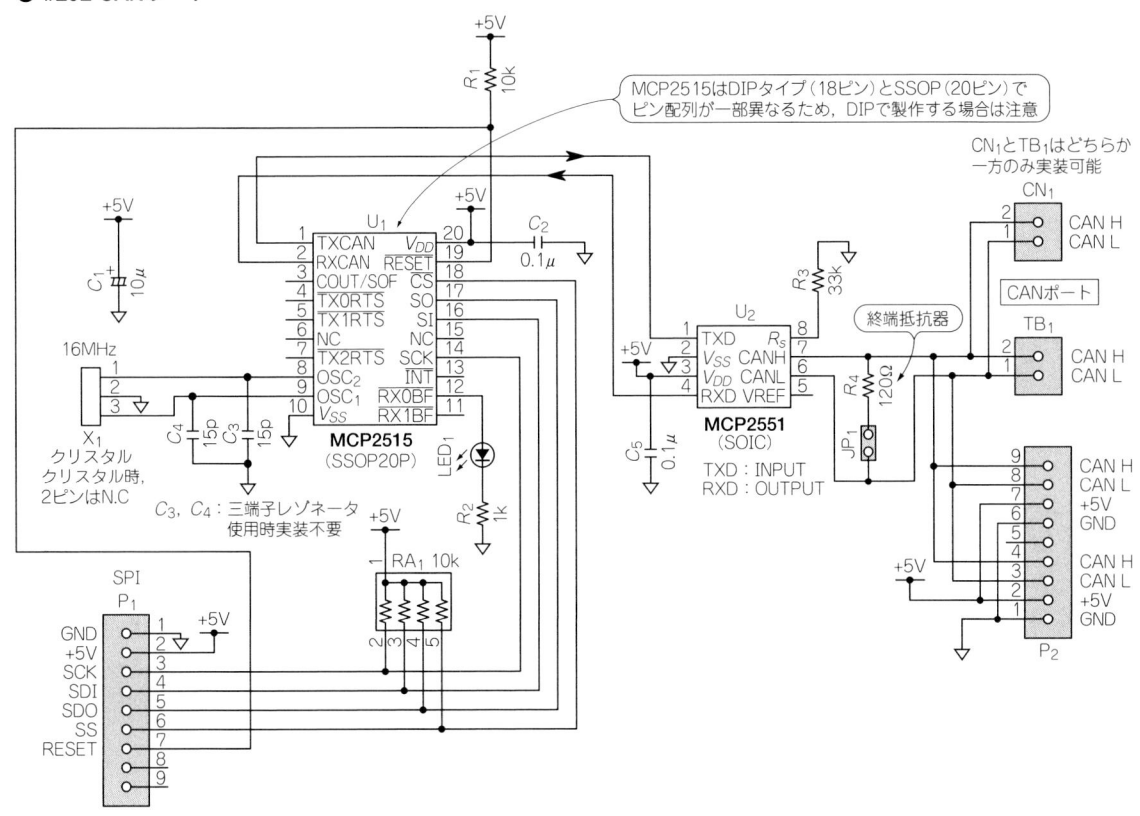

● #294 レギュレータ・ボード

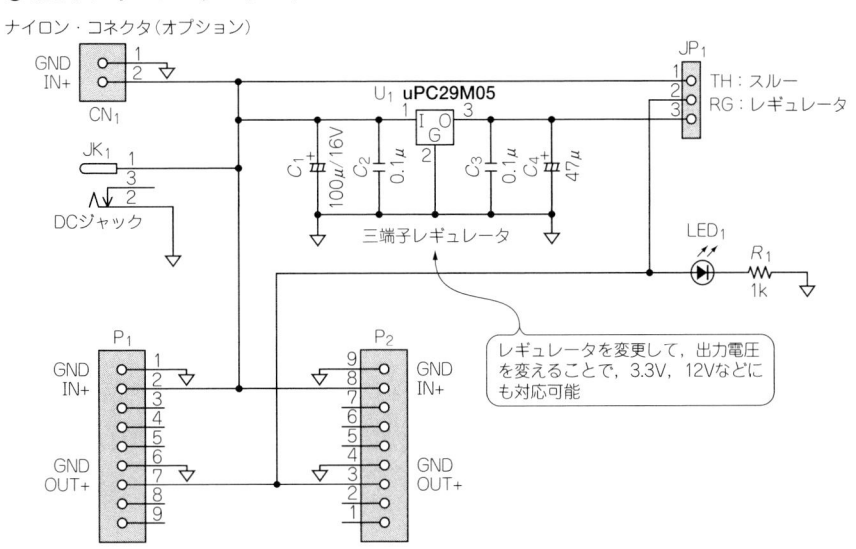

Appendix D　アダプタ基板の回路図

Appendix E
アダプタ基板を含むパーツ・ギャラリ

SC1602* 16文字×2行LCD
もっとも一般的なLCD．ピン配列が7ピン×2列のもの．

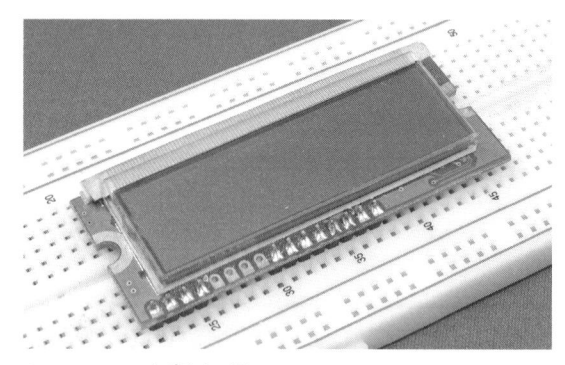

SD1602* 16文字×2行LCD
SC1602より少し小型のLCD．ピン配列が16ピン×1列でブレッドボードに実装しやすい．

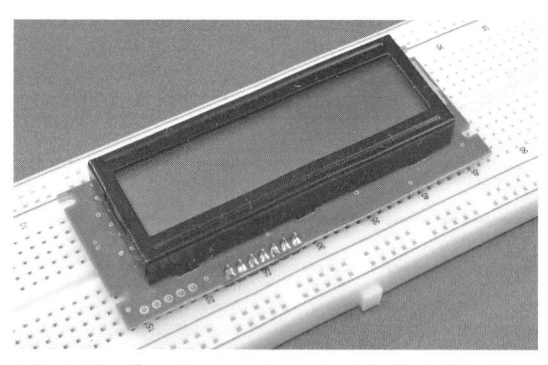

ACM1602* I^2Cインターフェース16文字×2行LCD
I^2Cインターフェースを内蔵したLCD．I^2Cの信号2本で制御可能．白色バックライト付き．

C-51549NFJ-SLW-ADN 40文字×4行LCD（写真手前）
40文字×4行の大型LCD．白色バックライト付き．写真奥は対比用のSC1602*．

OSL-40562-L* 4桁7セグメントLED
内部でダイナミックドライブ結線された4桁7セグメントLED．

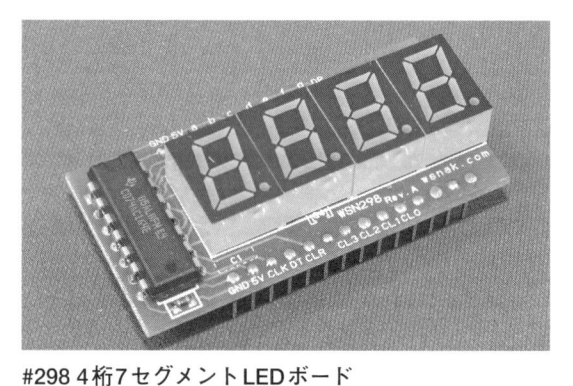

#298 4桁7セグメントLEDボード
8セグメントの信号をシリアル信号2本で制御可能な4桁数値表示器（桁信号は別に4本必要）．

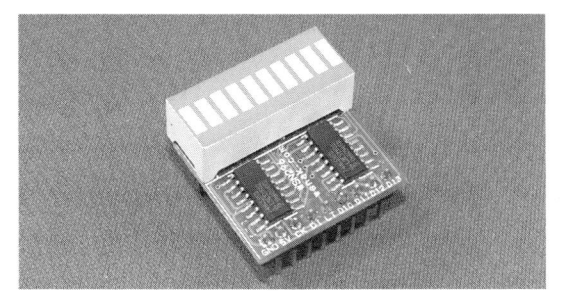

#296 10セグメント・バーLEDボード
10桁のバーLEDをシリアル信号（3本）で制御できるボード．

#285 ダイヤモンド配列スイッチ・ボード
タクト・スイッチを上下左右に配置したスイッチ・ボード．そのほかLEDも2個実装している．

#290 マイクロSDカード・ボード
5V系回路に直接接続できるSDカード・アダプタ．3.3Vレギュレータとレベル・コンバータ内蔵．

#294 レギュレータ・ボード
三端子レギュレータを内蔵した降圧型レギュレータ・ボード．DCプラグ直結可能．

#337 電源ライン連結バー（type2）
ブレッドボードの両サイドの電源ラインを接続するボード．DCジャックなどが直接接続できる．

#223 VRefボード
A-Dコンバータ用のリファレンス生成用ボード．出力に分圧用VRが付いているため，電圧調整可能．

#234 LCD BB直結ボード
SC1602など7ピン×2列のLCDを直接ブレッドボードに接続できるアダプタ．コントラスト調整VR付き．

#206A LEDアレイ（typeA）
LEDを4個並べて片側をコモン接続したボード．typeAは複数を横に並べて配置できる．

Appendix E　アダプタ基板を含むパーツ・ギャラリ

Appendix F
自作ライブラリ一覧

ライブラリ・ ヘッダ・ファイル	ライブラリ名	説　明	備　考
wCTimers.h	wCtcTimer2A	TIMER2使用のインターバル・タイマ	割り込みは使っていない
	wI2cRtc8564	RTC用ドライバ(I^2C)	Wire併用
wDisplay.h	wD7S4Led	4桁7セグメントLEDドライバ	ダイナミック・ドライブ接続の7セグメントLEDに使用可能
	wLcd404	40文字4行LCDドライバ	C-51549専用
	wB10Led	バーLEDドライバ	16ビット・シフト・レジスタ制御
	wD7Seg297	#297 7セグメントLED用ドライバ	ダイナミック・ドライブ接続の7セグメントLEDに使用可能
	wI2cD7S4Led	I^2C化4桁7セグメントLEDドライバ	Wire併用
	wI2cLcd	I^2C化LCDドライバ	Wire併用．40×4LCD，ACM1602にも使用可能
wSwitch.h	w4Switch	スイッチ入力（最大4入力）	汎用
	w2SwitchA4A5	スイッチ入力（A_4，A_5接続）	A_4，A_5をディジタル・ポートとして使用．内蔵プルアップ使用．汎用
wCan2515.h	wCan2515	CANドライバ（MCP2515 SPI用）	MCP2515使用なら#292以外にも使用可能

この表は，ライブラリのヘッダ・ファイルとそこに含まれるライブラリの対応を示す．
Arduino IDEの「ライブラリを使用」のリストで表示されるのは，個別のライブラリ名ではなく，ヘッダ・ファイルの拡張子を除いたファイル名になる．したがって，IDEでライブラリをリンクした場合でも，手動でコンストラクタを呼び出す必要がある．ライブラリ名はそのままコンストラクタ名となっている．
IDEを使わずにスケッチで直接ヘッダ・ファイルをインクルードしてもかまわない．実際の使い方は，本文のサンプル・スケッチなどを参照のこと．
I^2C関係のライブラリwI2cD7SLed，wI2cLcd，wI2cRtc8564を使用する場合は，同時にArduino標準のWireを併用する必要がある．その場合，初期化時にWire.begin()でI^2Cを初期化しておく．これらI^2C関係のライブラリは，I^2Cマスタ（ホスト）側で使用するもの．I^2C化デバイスの制御ソフト（I^2Cスレーブ）で使用するものではないので注意．

索　引

【記号・数字】
#285 ─── 22
#290 ─── 23
#292 ─── 23
#296 ─── 22
#337 ─── 24
10セグメント ─── 22
2の補数 ─── 142
3.3Vレギュレータ ─── 24
4桁7セグメントLED ─── 25, 28
4ビット・モード ─── 154
5V系 ─── 24
74AC164 ─── 78
7セグメントLED ─── 78
8セグメント ─── 35

【A】
ACK ─── 50
A-Dコンバータ ─── 33
A-D変換 ─── 28
analogWrite( ) ─── 32
Arduino ─── 9
AREF端子 ─── 193
ATmega168/328 ─── 13
ATmega328 ─── 26
AVR部 ─── 12

【B】
BCD ─── 176

【C】
CAD ─── 205
CADLUS X ─── 205
CAN ─── 22, 86
CANコントローラ ─── 23
CANトランシーバ ─── 23
CS ─── 83, 100

【D】
D2 CAD ─── 205
D-Aコンバータ ─── 32
delayMicroseconds ─── 47
DIP ─── 11
Display.h ─── 47
DLC ─── 87
DRC ─── 209
Duemilanove ─── 9

【E】
EAGLE ─── 205
EEPROM ─── 28
enable端子 ─── 159

【F】
FT232 ─── 10

【H】
HEXファイル ─── 15

【I】
I/Oエクスパンダ ─── 100
I²C化 ─── 144
I²C化LCD ─── 25
ino ─── 15

【K】
K型熱電対 ─── 121

【L】
LCD ─── 19
LED ─── 10
Libraries ─── 21
LiquidCrystal ─── 63
LM35 ─── 125
LM60 ─── 121, 127
loop( ) ─── 19
LSB ─── 36

【M】
main( ) ─── 19
Mini ─── 10
MISO ─── 100
MOSI ─── 100

【N】
Nano ─── 10
NOACK ─── 50

【P】
pde ─── 15
Pro ─── 10
process( ) ─── 46
PWM ─── 30
PWM制御 ─── 28

【R】
RS ─── 153
RTC ─── 21

【S】
SCK ─── 100
SCL ─── 44, 47
SD ─── 86
SDA ─── 44, 47
SDI ─── 100
SDO ─── 100
SDカード ─── 82
Serial.available ─── 29
Serial.begin ─── 29
Serial.print ─── 29
Serial.println( ) ─── 29
Serial.read ─── 29
Servo ─── 19, 24

【S】
setup( ) ─── 19
SID ─── 89
SOP ─── 177
SPI ─── 23, 82
sprintf ─── 65
SS ─── 100

【T】
TL431 ─── 126, 135
TWI ─── 48, 147

【U】
UART ─── 44
Uno ─── 10
Upload ─── 18
USB/電源部 ─── 12

【V】
Verify ─── 18

【W】
w2SwitchA4A5 ─── 198
w4Switch ─── 71
wCan2515 ─── 90
wD7S4Led ─── 20, 43
wDisplay ─── 20, 46, 76
wI2cD7S4Led ─── 170
wI2cLcd ─── 152, 170
wI2cRtc8564 ─── 170, 176
Wire ─── 24, 48
wLcd404 ─── 160

【Y】
Y字ケーブル ─── 137

【あ・ア行】
アービトレーション ─── 89
アクティブ ─── 31
アダプタ基板 ─── 12
アップロード ─── 14
アナログ出力 ─── 32
アノード ─── 31
アラーム ─── 108
アラーム時刻 ─── 110
アルメル ─── 122
イベント・ドリブン ─── 55
インクルード ─── 20
インスタンス ─── 20, 160
インターバル・タイマ ─── 66
インデックス ─── 41
ヴィジブル・ベル ─── 109
エコーバック ─── 30
エディタ ─── 18
エネループ ─── 192
延長ケーブル ─── 12
オーバヘッド ─── 183
オーバロード ─── 71, 160

索引　221

オープン・ドレイン出力	44
オープン・ハードウェア	8
オブジェクト	20
オフセット	108
温度センサ	33
オンボード・レギュレータ	10

【か・カ行】

カード・リーダ	84
ガーバデータ	211
外形線	211
外的要因	183
外部エディタ	18
外部電源	10
外部割り込み	176
カソード	31
カソード・コモン	35
合体	10
可変電圧	33
カラム	78
カレント・エリア	170
基準電圧	122
基数表現	65
キャラクタ文字表示用液晶	19
キャリッジ・リターン	29
許容電流不足	37
切り離し	26
クリスタル	10
グローバル	61
クロメル	122
桁切り替え	36
桁信号	40
桁並び	46
検証	18
合成抵抗	194
互換性	10
コモン・カソード	35
コモン信号	35
コンストラクタ	160
コントロール・バイト	48
コンパイル	15, 18
コンベア・レジスタ	66

【さ・サ行】

サーボ・モータ	10, 19
差動信号	88
サブ関数	19
参照名	205
三端子レギュレータ	13, 25
シールド	9
自己放電	192
支線	86
実体化	20
実体配線図	26
シフト・レジスタ	74
車載ネットワーク	86
シャント・レギュレータ	135
ジャンパ・ワイヤ	10
周期	31
終端	132
受信バッファ	92
出力ラッチ	44
剰余算	81
初期化処理	19
シリアル-USB変換用のIC	25
シリアル信号	25
シリアル・ポート	29

シリアル・モニタ	29
水晶発振子	10
スイッチ・ボード	22
スイッチング・ダイオード	182
スケッチ	15
スケッチブック	15
スタート・コンディション	48
スタック	12
スタティック・ドライブ	36
ストップ・コンディション	48
スルーホール	209
スレーブ	28
正論理	31
ゼーベック効果	121
摂氏温度	122
接地	32
ゼロ・サプレス	46
送信バッファ	92

【た・タ行】

ターミネータ	132
ダイナミック・ドライブ	36, 37
タクト・スイッチ	22
単線	11
チェーン接続	86
チャタリング	71
調停	89
ディジタル入力バッファ	44
ディジタル・マルチメータ	194
ディレイ	21
デバッグ	29
電位差	88
電源ライン連結バー2	24
電池ホルダ	196
点灯パターン	41
電流を吸い込む	32
電力	31
同期式シリアル通信	47
統合開発環境	15
ドミナント	88

【な・ナ行】

ニッケル水素電池	192
入力ピン	44
熱損失	194
熱電対アンプ	121
熱電対コンバータ	141
ネット・リスト	205

【は・ハ行】

バーLED	22
バイナリ	75
白色LED	158
バックライト	158
パブリック・メンバ	46
バラ線	11
半固定抵抗器	33
ハンドル	86
半二重	47
ビア	209
引数	35
ビット演算	44
ビット操作	75
ビットレート	91
非同期シリアル	16, 29
非同期シリアル通信モジュール	44
表計算	121

フィルタ	91
ブートローダ	9
負荷抵抗器	194
不揮発性メモリ	51
符号ビット	142
プリプロセッサ	76
プルアップ	44
プルアップ抵抗器	22
ブレッドボード	8
プロジェクト・ファイル	15
プロトタイプ宣言	19
負論理	31
分圧	33
分解能	33
分離	10
平均化	32
ページ・ライト	55
ヘキサ・ファイル	15
ヘッダ・ファイル	15
放電器	192
ポーリング	56
ボリューム	33

【ま・マ行】

マイクロSDカード	22
マイコン・ボードに書き込む	18
マクロ	41
マスク	91
マスタ	28
マッピング	44
マルチランゲージ	15
ミニUSB-Bコネクタ	13
ミノムシ・クリップ	124
メモリ効果	192
メンバ関数	46
メンバ変数	46
文字エンコード	18
モジュール	12

【や・ヤ行】

ユニバーサル基板	196
撚線	11

【ら・ラ行】

ライブラリ	19
ライブラリ・フォルダ	20
ランド径	211
リアルタイム・クロック	21, 175
リセッシブ	88
リセット信号	25
リセット・スイッチ	27
リチウム・ボタン電池	182
リピート・スタート・コンディション	55
リファレンス電圧	122
リフレッシュ	192
リンク	20
ループ処理	19
ループバック	29
冷接点補償回路	121
レベル・コンバータ	24

【わ・ワ行】

ワーク変数	188
割り込み	56
割り込みサービス・ルーチン	182
割り込み番号	181

参考・引用＊文献

(1) 中尾 司；動かして学ぶCAN通信，CQ出版社．
(2) 中尾 司；マイコンの1線2線3線インターフェース活用入門，CQ出版社．
(3) 中尾 司；Windowsで制御するPICマイコン機器，CQ出版社．
(4) ATMEL，ATmega48A/PA/88A/PA/168A/PA/328/P データシート (Rev.：8271E-AVR-07/2012)
(5) MAXIM，MAX31855 データシート 19-5793; Rev 0; 3/11
(6) Arduino-1.0.1 Reference
(7)＊ OSL40562-IR データシート，OptoSupply
(8)＊ MCP2515 データシート，Microchip Technology
(9)＊ AD595 データシート，Analog Devices
(10) LM60 データシート，Texas Instruments
(11)＊ RTC-8564NB データシート，秋月電子通商

サポート・ページ（ライブラリのダウンロード，訂正情報）
http://mycomputer.cqpub.co.jp/

筆者のWebページ
http://www.wsnak.com/index2.html

| 著 | 者 | 略 | 歴 |

中尾　司（なかお　つかさ）

1964年生まれ

執筆時現在，PIC関連のオリジナル製品の開発やインターネット販売，特注品の設計，製造，販売などを手がける．

本書のサポート・ページ

http://mycomputer.cqpub.co.jp/

- ●**本書記載の社名，製品名について** ── 本書に記載されている社名および製品名は，一般に開発メーカーの登録商標または商標です．なお，本文中では™，®，©の各表示を明記していません．
- ●**本書掲載記事の利用についてのご注意** ── 本書掲載記事は著作権法により保護され，また産業財産権が確立されている場合があります．したがって，記事として掲載された技術情報をもとに製品化をするには，著作権者および産業財産権者の許可が必要です．また，掲載された技術情報を利用することにより発生した損害などに関して，CQ出版社および著作権者ならびに産業財産権者は責任を負いかねますのでご了承ください．
- ●**本書に関するご質問について** ── 文章，数式などの記述上の不明点についてのご質問は，必ず往復はがきか返信用封筒を同封した封書でお願いいたします．ご質問は著者に回送し直接回答していただきますので，多少時間がかかります．また，本書の記載範囲を越えるご質問には応じられませんので，ご了承ください．
- ●**本書の複製等について** ── 本書のコピー，スキャン，デジタル化等の無断複製は著作権法上での例外を除き禁じられています．本書を代行業者等の第三者に依頼してスキャンやデジタル化することは，たとえ個人や家庭内の利用でも認められておりません．

[R]〈日本複製権センター委託出版物〉
　　本書の全部または一部を無断で複写複製（コピー）することは，著作権法上での例外を除き，禁じられています．本書からの複製を希望される場合は，日本複製権センター（TEL：03-3401-2382）にご連絡ください．

Arduino実験キットで楽ちんマイコン開発

2013年3月20日　初版発行　　　　　　　　　　　　　　　　　　　　　　　　© 中尾 司 2013
　　　　　　　　　　　　　　　　　　　　　　　　　　　　　　　　　　　（無断転載を禁じます）

　　　　　　　　　　　　　　　　　　　　　　　　　著　者　　中　尾　　　司
　　　　　　　　　　　　　　　　　　　　　　　　　発行人　　寺　前　裕　司
　　　　　　　　　　　　　　　　　　　　　　　　　発行所　　CQ出版株式会社
　　　　　　　　　　　　　　　　　　　　　　〒170-8461　東京都豊島区巣鴨1-14-2
　　　　　　　　　　　　　　　　　　　　　　　　電話　編集　03-5395-2123
ISBN978-4-7898-4220-4　　　　　　　　　　　　　　　　　販売　03-5395-2141
定価はカバーに表示してあります　　　　　　　　　　　　振替　00100-7-10665

乱丁・落丁本はお取り替えします　　　　　　　　　　　　　　　編集担当者　吉田　伸三
　　　　　　　　　　　　　　　DTP　西澤　賢一郎／印刷・製本　三晃印刷株式会社
　　　　　　　　　　　　　　　　　　　　　　　　　　カバー・表紙デザイン　千村　勝紀
　　　　　　　　　　　　　　　　　　　　　　　　　　　　　　　　　Printed in Japan